应用型本科院校"十三五"规划教材/土木工程类

主 编 邰连河 崔 艳
副主编 盖晓连 吴乃明

钢筋混凝土及砌体结构

上册 （第2版）

Reinforced Concrete and Masonry Structure

哈爾濱工業大學出版社

内 容 简 介

本书基本理论讲授以应用为目的,教学内容以必需够用为度,具有很强的应用性。本书共分上、下两册共 14 章,内容包括钢筋混凝土结构材料的物理力学性能,建筑结构设计的基本原则,受弯、受压、受拉、受扭构件截面承载力,钢筋混凝土构件变形、裂缝及耐久性,预应力混凝土构件,钢筋混凝土现浇楼盖、单层厂房结构、多层框架结构、砌体结构设计等。每章后都设有思考题和习题,以帮助学生学习及巩固、提高。

本书可作为应用型本科院校土木工程专业的专业课教材使用,也可供从事混凝土结构与砌体结构设计、施工技术人员参考。

图书在版编目(CIP)数据

钢筋混凝土及砌体结构. 上册/邰连河,崔艳主编.
—2 版. —哈尔滨:哈尔滨工业大学出版社,2016.7
应用型本科院校"十三五"规划教材
ISBN 978 - 7 - 5603 - 6044 - 7

Ⅰ.①钢… Ⅱ.①邰…②崔… Ⅲ.①钢筋混凝
土结构-高等学校-教材②砌体结构-高等学校-教材
Ⅳ.①TU375 ②TU36

中国版本图书馆 CIP 数据核字(2016)第 119756 号

策划编辑　赵文斌　杜　燕
责任编辑　张　瑞
出版发行　哈尔滨工业大学出版社
社　　址　哈尔滨市南岗区复华四道街 10 号　邮编 150006
传　　真　0451 - 86414749
网　　址　http://hitpress.hit.edu.cn
印　　刷　哈尔滨市工大节能印刷厂
开　　本　787mm×1092mm　1/16　印张 13.25　字数 320 千字
版　　次　2010 年 8 月第 1 版　2016 年 7 月第 2 版
　　　　　2016 年 7 月第 1 次印刷
书　　号　ISBN 978 - 7 - 5603 - 6044 - 7
定　　价　26.00 元

序

　　哈尔滨工业大学出版社策划的《应用型本科院校"十三五"规划教材》即将付梓，诚可贺也。

　　该系列教材卷帙浩繁，凡百余种，涉及众多学科门类，定位准确，内容新颖，体系完整，实用性强，突出实践能力培养。不仅便于教师教学和学生学习，而且满足就业市场对应用型人才的迫切需求。

　　应用型本科院校的人才培养目标是面对现代社会生产、建设、管理、服务等一线岗位，培养能直接从事实际工作、解决具体问题、维持工作有效运行的高等应用型人才。应用型本科与研究型本科和高职高专院校在人才培养上有着明显的区别，其培养的人才特征是：①就业导向与社会需求高度吻合；②扎实的理论基础和过硬的实践能力紧密结合；③具备良好的人文素质和科学技术素质；④富于面对职业应用的创新精神。因此，应用型本科院校只有着力培养"进入角色快、业务水平高、动手能力强、综合素质好"的人才，才能在激烈的就业市场竞争中站稳脚跟。

　　目前国内应用型本科院校所采用的教材往往只是对理论性较强的本科院校教材的简单删减，针对性、应用性不够突出，因材施教的目的难以达到。因此亟须既有一定的理论深度又注重实践能力培养的系列教材，以满足应用型本科院校教学目标、培养方向和办学特色的需要。

　　哈尔滨工业大学出版社出版的《应用型本科院校"十三五"规划教材》，在选题设计思路上认真贯彻教育部关于培养适应地方、区域经济和社会发展需要的"本科应用型高级专门人才"精神，根据黑龙江省委书记吉炳轩同志提出的关于加强应用型本科院校建设的意见，在应用型本科试点院校成功经验总结的基础上，特邀请黑龙江省9所知名的应用型本科院校的专家、学者联合编写。

　　本系列教材突出与办学定位、教学目标的一致性和适应性，既严格遵照学科体系的知识构成和教材编写的一般规律，又针对应用型本科人才培养目标及与之相适应的教学特点，精心设计写作体例，科学安排知识内容，围绕应用讲授理论，做到"基础知识够用、实践技能实用、专业理论管用"。同时注意适当融入新理论、新技术、新工艺、新成果，并且制作了与本书配套的 PPT 多媒体教学课件，形成立体化教材，供教师参考使用。

《应用型本科院校"十三五"规划教材》的编辑出版，是适应"科教兴国"战略对复合型、应用型人才的需求，是推动相对滞后的应用型本科院校教材建设的一种有益尝试，在应用型创新人才培养方面是一件具有开创意义的工作，为应用型人才的培养提供了及时、可靠、坚实的保证。

希望本系列教材在使用过程中，通过编者、作者和读者的共同努力，厚积薄发、推陈出新、细上加细、精益求精，不断丰富、不断完善、不断创新，力争成为同类教材中的精品。

第 2 版前言

本书是根据土木工程专业的教学大纲和最新修订的《混凝土结构设计规范》（GB 50010—2010）、《建筑结构荷载规范》（GB 50009—2012）、《建筑地基基础设计规范》（GB 50007—2011）和《砌体结构设计规范》（GB 50003—2011）编写的。

本书的编写力求内容充实简练，基本理论以够用、实用为度，突出工程实践能力的培养，强调学以致用和创新意识的激发，以适应于应用型本科院校的特点及国家高等教育事业发展的需要。全书分上、下两册共 14 章。本册（上册）共 10 章，第 1 章绪论，第 2 章混凝土结构材料的物理力学性能，第 3 章混凝土结构的基本设计原则，第 4 章受弯构件正截面承载力计算，第 5 章受弯构件斜截面承载力计算，第 6 章受压构件承载力计算，第 7 章受拉构件承载力计算，第 8 章受扭构件承载力计算，第 9 章钢筋混凝土构件的变形、裂缝和耐久性，第 10 章预应力混凝土构件。每章前有学习要点，后有小结，并有思考题和习题，以帮助学生学习、巩固及提高。

参加本书上册编写的单位和人员有：哈尔滨石油学院邰连河（第 1 章）；公路养护技术国家研究中心吴乃明（第 2 章、第 9 章）；黑龙江工程学院曹剑平（第 3 章）；哈尔滨石油学院崔艳（第 4 章、第 5 章、第 7 章）；哈尔滨石油学院盖晓连（第 6 章和附表）；哈尔滨石油学院张佰真铭（第 8 章）；哈尔滨石油学院肖红（第 10 章）。本书由邰连河、崔艳任主编，盖晓连、吴乃明任副主编，全书由崔艳、盖晓连统稿。

本书在编写过程中参阅、借鉴了一些优秀教材、专著和文献资料内容，在此一并向相关作者致谢。

由于编者水平有限，书中难免有不妥之处，还望广大读者及同行专家不吝赐教，以便修改完善。

编　　者

2016 年 5 月

目 录

第 1 章

绪 论

【学习要点】

学习本章要求掌握混凝土结构的定义及分类,混凝土结构的优缺点,混凝土结构的发展与应用情况。本章还介绍了钢筋混凝土结构课程的特点和学习方法。

1.1 混凝土结构的基本概念

1.1.1 混凝土结构的定义与分类

以混凝土为主要材料制成的结构称为混凝土结构。混凝土结构可作如下分类:

(1) 按结构的受力状态和结构外形可分为杆件系统和非杆件系统两大类。杆件系统中又包括有受弯构件、受压构件、受拉构件、受扭构件等。非杆件系统可以是空间薄壁结构,也可以是外形复杂的大体积结构等。

(2) 按结构的制造方法可分为整体式、装配式及装配整体式3种。整体式结构是在现场先架立模板、绑扎钢筋,然后现场浇捣混凝土而成的结构。它的整体性比较好,刚度也比较大,但生产较难工业化,施工期长,模板用料较多。装配式结构则是在工厂(或预制工厂)预先制备各种构件,然后运往工地装配而成。采用装配式结构可加速建筑事业的工业化进程(设计标准化、制造批量化、安装模式化);制造不受季节限制,能加快施工进度;利用工厂有利条件,提高构件质量;模板可重复使用,还可免去脚手架,节约木材或钢材。目前装配式结构在建筑工程中已普遍采用。但装配式结构的接头构造较为复杂,整体性差,对抗震不利,装配时还需要有必要的起重安装设备。装配整体式结构是一部分为预制的装配式构件,另一部分为现浇的混凝土。预制装配部分通常可作为现浇部分的模板和支架。它比整体式结构有较高的工业化程度,又比装配式结构有较好的整体性。

(3) 按结构的初始应力状态可分为普通钢筋混凝土结构和预应力钢筋混凝土结构。预应力钢筋混凝土结构是在结构承受荷载以前,预先在混凝土中施加压力,造成人为的压应力状态,预加的压应力可抵消荷载产生的全部或部分拉应力。预应力混凝土结构的主要优点是抗裂性能好,能充分利用高强度材料,可以用来建造大跨度的承重结构。

混凝土结构已经广泛应用于工业与民用建筑、桥梁、隧道、矿井,以及水利、海港等工程中。

1.1.2 混凝土结构的优缺点

1.钢筋混凝土结构的优点

（1）耐久性好。处于良好环境下的钢筋混凝土结构，混凝土强度随时间不断增长，且钢筋受到混凝土的保护而不易锈蚀，因而提高了混凝土结构的耐久性。

（2）耐火性好。由于有热传导性差的混凝土做钢筋的保护层，当火灾发生时，钢筋混凝土结构不像木结构那样易燃烧，也不像钢结构那样很快发生软化而破坏。

（3）整体性好，刚度大。现浇式或装配整体式钢筋混凝土结构，具有较好的整体性，因而有利于结构的抗震和抗爆。钢筋混凝土结构的刚度大，在使用荷载作用下仅产生较小的变形，因此能有效地用于对变形要求较严格的各种环境。

（4）就地取材，节约钢材。混凝土所用砂、石材料，一般可以就地、就近取材，节约运输费用，从而可以显著地降低工程造价；钢筋混凝土结构合理地利用钢筋和混凝土各自的优良性能，在某些情况下能代替钢结构，从而可节约钢材，降低工程造价。

（5）可模性好。钢筋混凝土结构可以根据设计需要，制作各种形状的模板，从而将钢筋混凝土浇捣成任何形状。

2.钢筋混凝土结构的缺点

（1）自重大。钢筋混凝土的重度大约为 25 kN/m³，大于砌体和木材的重度。虽然比钢材的重度小，但由于结构的截面比钢结构大，因而其结构自重远远超过相同跨度和高度的钢结构，所以不利于建造大跨度结构和超高层建筑。

（2）抗裂性差。由于混凝土抗拉强度低（约为抗压强度的 1/9 ～ 1/10）。因此，普通混凝土结构经常处于带裂缝工作状态。虽然从设计理论上讲裂缝的存在并不意味着结构就会发生破坏，但是可能要影响结构的耐久性和美观。

（3）混凝土的补强维修困难。

（4）隔热隔声效果差。

（5）施工比钢结构复杂，建造工期一般较长。施工质量易受到自然环境的影响。

1.2 混凝土结构的发展与应用情况

混凝土结构在 19 世纪初期开始得到应用，它与石、砖、木、钢结构相比是相当年轻的，但是在这短短的 200 多年中，作为一种土木工程材料，在土木工程各个领域取得了飞速的发展和广泛的应用。1824 年波特兰水泥发明之后，大约在 19 世纪 50 年代，钢筋混凝土开始被用来建造各种简单的楼板、柱、基础等。到 1910 年，德国混凝土委员会，奥地利混凝土委员会，美国混凝土学会，英国混凝土学会等相继建立，从而促进了混凝土理论和应用的明显进步。到 1920 年就已先后建造了许多混凝土建筑物、桥梁和液体容器，开始进入了直线形和圆形预应力钢筋混凝土结构的新时代。随着生产的需要，人们开始对钢筋混凝土性能进行实验，开展计算理论的探讨和施工方法的改进。进入 20 世纪以后，钢筋混凝土结构有了较快的发展，许多国家陆续建造了一些建筑、桥梁、码头和堤坝。20 世纪 30 年代，钢筋混凝土开始应用于空间结构，如薄壳、折板，在这期间预应力混凝土结构也得到了广泛的研究与应用。第二次世界大战以后，重建城市的任务十分繁重，必须加快建设速度，于是加速了钢筋混凝土结构工业化施工方法的发展，工厂生产的预制构件也得到了广泛的应用，由于混凝土和钢筋材料强度不断提高，钢筋混凝土结构和预应力混凝土结构的应用范围也在不断向大跨和高层发展。

从计算理论上看，最初混凝土结构的内力计算和截面承载力设计都是按照弹性方法进行的。到了 20 世纪 30 年代，截面设计方法由弹性计算法改进为按破损阶段计算法。20 世纪50 年代，随着对钢筋混凝土的进一步研究和生产经验的积累，以及将数理统计方法用于结构设计中，于是出现了极限状态设计法。

我国在 20 世纪 50 年代初期，钢筋混凝土的计算理论由按弹性方法的允许应力计算法过渡到考虑材料塑性的按破损阶段计算法。随着科学研究的深入和经验的积累，我国于 1966 年颁布了按多系数极限状态计算的设计规范《钢筋混凝土结构设计规范》（BJG 21—1966）。1970 年起又提出了单一安全系数极限状态设计法，并于1974 年正式颁布了《钢筋混凝土结构设计规范》（TJ 10—74）。1991 年我国又颁布了近似全概率的可靠度极限状态设计法国家规范《混凝土结构设计规范》（GBJ 10—89），2010 年又颁布全面修改后的《混凝土结构设计规范》（GB 50010—2010）。

目前钢筋混凝土结构应用已经到了一个较高的水平，在工程实践、理论研究和新材料的应用等方面都有了较快的发展。钢筋和混凝土均向高强度发展。工程上已大量使用了 C80 ～ C100 强度等级的混凝土，而实验室配置出的最高强度已达 266 N/mm²。国外预应力钢筋趋向于采用高强度、大直径、低松弛钢材，如热轧钢筋的屈服强度达到 600 ～ 900 N/mm²。为了减轻自重，各国都在发展各种轻质混凝土，如加气混凝土、陶粒混凝土等，其重力密度一般为 14 ～ 18 kN/m³，强度可达 50 N/mm²。为了改善混凝土的工作性能，国内外正在研究和应用在混凝土中加入掺和料以满足各种工程的特定要求，如纤维混凝土、聚合物混凝土等。在工程实践方面，国外在建筑工业化方面发展较快，已从一般的构件标准设计向工业化建筑体系发展，如推广梁板合一、墙柱合一的结构，如盒子结构体系、大型壁板体系等。工程应用上，美国芝加哥水塔广场大厦是世界上最高的混凝土建筑，76 层，总高度 262 m；我国广州国际大厦是目前最高的普通混凝土建筑，62 层（地下 2 层），总高 197.2 m；休斯敦贝壳广场大厦，52 层，总高 215 m，是世界最高的轻混凝土建筑。另外，德国修建的预应力轻骨料混凝土飞机库屋盖结构跨度达 90m；日本浜名大桥，采用预应力混凝土箱形截面桥梁跨度超过 240 m；俄罗斯和加拿大分别建成了 533 m 及 549 m 高的预应力混凝土电视塔。所有这些都显示了近代钢筋混凝土结构设计和施工水平日新月异的发展。

随着人们对混凝土的深入研究，钢筋混凝土结构在土木工程领域必将得到更广泛的应用。目前，钢管混凝土结构、钢骨混凝土结构和钢-混凝土组合结构的应用更加拓展了混凝土的使用范围。美国混凝土学会设想，在近期使混凝土的性质获得飞跃发展，把混凝土的拉、压强度比从目前的 1/10 提高到 1/2，并且具有早强、收缩徐变小的特性。同时还预言，未来将会建造 600 ～ 900 m 高的钢筋混凝土建筑，跨度达 500 ～ 600 m 的钢筋混凝土桥梁，以及钢筋混凝土海上浮动城市、海底城市、地下城市等。

1.3 导 学

钢筋混凝土结构是一门综合性较强的应用学科。它的发展需要综合运用数学、力学、材料科学和施工技术等成就,并涉及许多领域,以建立自己完整的设计理论、结构体系和施工技术。近年来,由于电子计算机技术及现代化的测试技术等新的科学技术成就被逐渐用于钢筋混凝土学科的研究中来,促使这门学科的面貌发生了巨大的变化,并逐渐向新的更高的阶段发展。本门课程主要是研究钢筋和混凝土的特性,钢筋混凝土基本构件的弯曲、剪切、扭曲、受压、受拉的强度设计问题,以及构件的变形和裂缝问题,另外还研究预应力构件的强度和刚度问题。为了学好这门课程,学习时应注意下列问题:

(1)先修课程之间的联系。学习本门课程前应先修完材料力学、建筑材料、结构力学等课程。这些课程与钢筋混凝土结构有必然的联系但又有很大的不同。我们所学过的材料力学是研究线弹性基本构件内力和变形问题,而钢筋混凝土结构原理是一门非线性复合材料力学,既有材料非匀质、非线性问题,又有两种材料的复合问题。原来在材料力学中学过的各种解决问题的思路可以借鉴,而计算理论和计算公式不能照搬,但可以互相对比以加深理解。

由于混凝土受力的复杂性,目前还没有建立起比较完整的混凝土强度理论。钢筋混凝土构件和结构是由两种材料组合而成的,其受力性能受材料内部组成和外部因素(荷载、环境等)影响,因此钢筋混凝土构件的计算理论和计算公式有很多是根据实验研究得出的半理论半经验公式,对初学者往往不易接受。它不像学习高等数学、材料力学、结构力学等课程时,它们的计算原理和计算公式是根据较系统而严密的数学、力学逻辑运算推导而得的。而本门课程学习时会感到"理论性不强、影响因素太多、杂乱而抓不住重点"。因此,学习时要特别注意,由于钢筋混凝土构件的计算公式是建立在实验的基础上,故应注意它的适用范围和条件。

(2)由于钢筋混凝土构件是由混凝土和钢筋两种力学性能相差很大的材料所组成的,因此存在着选定两种材料的不同强度等级和两种材料所用数量多少的配比问题。而这种配比可由设计者自行确定。因此对相同荷载、同一构件,就可以设计出多个均能满足使用要求的解答,也即是问题的解答不是唯一的,这与数学、力学习题的解答不同。正是由于材料的配比具有选择性,因此当比值超过了一定的范围就会引起构件受力性能的改变,为了防止构件出现非预期的破坏状态,往往对钢筋混凝土构件的计算公式规定出它们的适用条件,有时还规定出某些构造措施来保证。故在学习时不能忽视这些规定。

(3)钢筋混凝土结构是一门综合性的应用学科,需要满足安全、适用、经济以及施工方便等方面的要求。这些要求一方面可通过分析计算来满足,另一方面还应通过各种构造措施来保证。这些构造措施或是计算模型误差的修正,或是实验研究的成果,或是长期工程实践经验的总结,它们与分析计算同为本学科中重要的组成部分。学习时对构造要求,应加强理解,通过反复应用来掌握。

(4)本课程是实践性很强的一门课,学习时除阅读教材外,还应了解有关规范,完成有关习题和课程设计。认真进行设计计算并绘制必要的配筋图。通过实践熟悉设计方法和构造措施。

练 习 题

1. 简述钢筋混凝土结构的分类。
2. 混凝土结构有哪些优缺点?
3. 本课程包含哪些内容,它与哪些课程密切相关?

第 2 章

混凝土结构的物理力学性能

【学习要点】

由于钢筋混凝土是由钢筋和混凝土两种材料组成的,学习本章,要求掌握钢筋混凝土材料的特点和力学性能。为以后各章的学习打下必要的基础。另外构件和结构的承载力除了构造因素外,就取决于这两种材料的强度。构件和结构的变形也与这两种材料的变形性能有关。本章即叙述钢筋和混凝土的强度、变形和两者共同工作的性能。

本章内容多为根据科学研究和材料试验所观察到的现象和测定到的数据,要求宏观理解,以便通晓材料的性能,达到应用的目的。

2.1 钢 筋

2.1.1 钢筋的品种和级别

钢筋混凝土结构的钢筋形式分为柔性钢筋和劲性钢筋两种。一般所称的钢筋指柔性钢筋,劲性钢筋指用于钢筋混凝土中的型钢(如角钢、槽钢、工字钢及 H 型钢等)。而柔性钢筋分为热轧钢筋、中高强钢丝和钢绞线以及冷加工钢筋 3 大类。

1. 热轧钢筋

热轧钢筋可分为热轧碳素钢和普通低合金钢两种,二者的区别主要在于化学成分不同。

碳素钢除含有铁(Fe)元素外,还含有少量的碳(C)、硅(Si)、锰(Mn)、磷(P)、硫(S)等元素,其力学性能与含碳量有关,含碳量高,强度高,质地硬,但钢筋的塑性和可焊性就差。在钢筋混凝土中常用的钢筋为低碳钢,其中碳的质量分数小于 0.25%。

普通的低合金钢,是在碳素钢的元素中加入少量的合金元素,如硅(Si)、锰(Mn)、钒(V)、钛(Ti)、铌(Nb)等,从而改善了钢材的塑性性能。

按照我国《混凝土结构设计规范》(GB 50010—2010),在钢筋混凝土结构中所用的国产钢筋有以下 4 种级别:

(1)HPB300,热轧光面钢筋 300 级;

(2)HRB335(20MnSi),热轧带肋钢筋 335 级;

(3) HRB400(20MnSiV,20MnSiNb,20MnTi),热轧带肋钢筋 400 级；

(4) RRB400(K20SiMn),余热处理钢筋 400 级,公路桥规为 KL400。

在上述 4 种级别钢筋中,HPB300 级为光圆钢筋,其质量稳定,塑性好,易焊接,易加工成型,以直条或盘圆交货,大量用于钢筋混凝土板和小型构件的受力钢筋以及各种构件的构造钢筋。HRB335 级、HRB400 级钢筋,外形为月牙肋,主要用于大中型钢筋混凝土结构,是我国钢筋混凝土结构构件受力钢筋用材的主要品种。RRB400 级钢筋,是由 HRB335 级钢筋(20MnSi)经热轧后,穿过生产作业线上的高压水湍流管进行快速冷却,再利用钢筋芯部的余热自行回火而成的钢筋。这种钢筋和 HRB400 级钢筋一样,其强度较高。

2. 中、高强钢丝和钢绞线

中、高强钢丝的直径为 4 ~ 10 mm,捻制成钢绞线后不超过 25.2 mm。钢丝外形有光面、刻痕、月牙肋及螺旋肋几种,如图 2.1 所示。而钢绞线为绳状,由 2 股、3 股或 7 股捻制而成,均可盘成卷状。中、高强钢丝和钢绞线用作预应力混凝土结构的预应力钢筋。

3. 冷加工钢筋

所谓冷加工钢筋是指在常温下采用某种工艺对热轧钢筋进行加工得到的钢筋。

冷加工钢筋都有专门的设计与施工规程,在设计与施工时参照相关的行业标准。

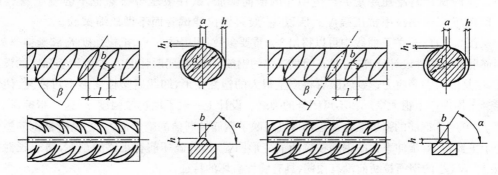

图 2.1   月牙纹钢筋

2.1.2   钢筋强度与变形

钢筋的强度与变形可通过拉伸试验曲线 σ-ε 关系说明,有的钢筋有明显流幅,如图 2.2 所示;有的钢筋没有明显的流幅,如图 2.3 所示。一般的混凝土构件常用有明显流幅的钢筋,没有明显流幅的钢筋主要用在预应力混凝土构件上。

图 2.2 所示为有明显流幅的典型拉伸应力-应变关系曲线(σ-ε 曲线)。A 点以前 σ 与 ε 呈线性关系,AB' 段是弹塑性阶段,一般认为 B' 点以前应力和应变接近线性关系,B' 点是不稳定的(称为屈服上限)。B' 点以后曲线降到 B 点(称为屈服下限),这时相应的应力称为屈服强度 f_y。在 B 点以后应力不增加而应变急剧增长,钢筋经过较大的应变到达 C 点,一般 HPB300 级钢的 C 点应变是 B 点应变的十几倍。过 C 点后钢筋应力又继续上升,但钢筋变形明显增大,钢筋进入强化阶段。钢筋应力达到最高应力 D 点,D 点相应的峰值应力 f_u 称为钢筋的极限抗拉强度。D 点以后钢筋发生颈缩现象,应力开始下

降,应变增加,到达 E 点时钢筋被拉断,E 点相对应的钢筋平均应变 δ 称为钢筋的延伸率。

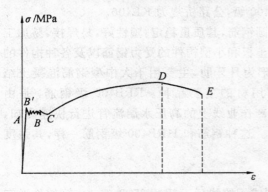
图 2.2 有明显流幅钢筋的 σ-ε 曲线

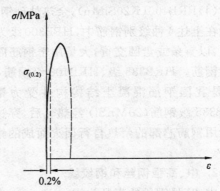
图 2.3 无明显流幅钢筋的 σ-ε 曲线

有明显流幅钢筋的受压性能通常是用短粗钢筋试件在试验机上测定的。应力未超过屈服强度以前应力-应变关系与受拉时基本相重合,屈服强度与受拉时基本相同。在达到屈服强度后,受压钢筋也将在压应力不增长的情况下产生明显的塑性压缩,然后进入强化阶段。这时试件将越压越短并产生明显的横向膨胀,试件被压得很扁也不会发生材料破坏。因此很难测得极限抗压强度。所以,一般只做拉伸试验而不做压缩试验。

从图 2.2 的 σ-ε 关系曲线中可以得出 3 个重要参数:屈服强度 f_y、抗拉强度 f_u 和延伸率 δ。在钢筋混凝土构件设计计算时,对有明显流幅的钢筋,一般取屈服强度 f_y 作为钢筋强度的设计依据,这是因为钢筋应力达到屈服后将产生很大的塑性变形,卸载后塑性变形不可恢复,使钢筋混凝土构件产生很大变形和不可闭合的裂缝。设计上一般不用抗拉强度 f_u 这一指标,抗拉强度 f_u 可度量钢筋的强度储备。延伸率 δ 反映了钢筋拉断前的变形能力,它是衡量钢筋塑性的一个重要指标,延伸率大的钢筋在拉断前变形明显,构件破坏前有足够的预兆,属于延性破坏;延伸率 δ 小的钢筋拉断前没有预兆,具有脆性破坏的特征。

没有明显流幅的钢筋拉伸,σ-ε 曲线如图 2.3 所示。当应力很小时,具有理想弹性性质;应力超过 $\sigma_{0.2}$ 之后钢筋表现出明显的塑性性质,直到材料破坏时曲线上没有明显的流幅。破坏时它的塑性变形比有明显流幅钢筋的塑性变形要小得多。对无明显流幅钢筋,在设计时一般取残余应变的 0.2% 相对应的应力 $\sigma_{0.2}$ 作为假定的屈服点,称为"条件屈服强度"。由于 $\sigma_{0.2}$ 不易测定,故极限抗拉强度就作为钢筋检验的唯一强度指标,$\sigma_{0.2}$ 大约为极限抗拉强度的 80%。

2.1.3 冷加工钢筋的性能

冷拉和冷拔是将钢筋在常温下用机械的方法进行再加工,它可以使钢筋的强度大为提高,但塑性性能会下降。

1. 冷拉

冷拉是将钢筋拉到超出屈服强度即强化阶段中的某一应力值,如图 2.4 中的 K 点然后卸荷。由于 K 点的应力已经超过比例极限,故卸荷应力为零时应变并不等于零。其残

余应变为 O'。若立即重新加荷,应力应变曲线仍将沿 $O'KDE$ 变化。此时,屈服点已由 B 点提高到 K 点,表明钢筋经冷拉后,屈服强度提高(称冷加工强化),但塑性降低。如果卸荷后,停顿一段时间再重新加荷,则应力应变曲线将沿 $O'K'D'E'$ 变化。屈服点又由 K 提高到 K',D' 也比 D 点的应力值要高,但 E' 点的伸长率比 E 点又要减小。这表明经过一段时间后(称冷拉时效)屈服强度还会提高,但伸长率减小,塑性性能降低。为了增加强度又保证钢筋有一定的塑性,应选择合适的 K 点,即选择合适的冷拉控制应力和冷拉伸长率。能同时控制冷拉控制应力和冷拉伸长率的称为双控,仅控制冷拉伸长率的称为单控。冷拉后钢筋需进行质量检查,满足规范和施工规程要求。具体冷拉参数的确定可参阅有关施工规程。冷拉可提高屈服强度,使钢筋伸长,起到节省钢材、调直钢筋、自动除锈、检查对焊焊接质量的作用。

2. 冷拔

冷拔是把热轧光面钢筋用强力拉过比钢筋直径还小的拔丝模孔,迫使钢筋截面减小、长度增大,使内部组织结构发生变化,强度大为提高,但脆性增加。钢筋一般需要经过多次冷拔,逐渐减小直径、提高强度,才能成为强度明显高于母材的钢丝。图 2.5 所示为冷拔低碳钢丝受拉的 $\sigma-\varepsilon$ 曲线,经冷拔后的钢丝没有明显的屈服点,它的屈服强度一般取条件屈服强度 $\sigma_{0.2}$。

冷拔既可以提高钢筋的抗拉强度,也可以提高其抗压强度。

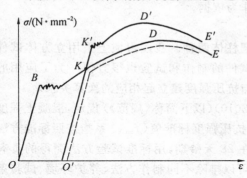 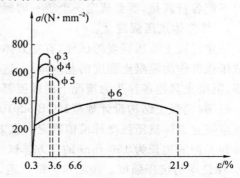

图 2.4　钢筋冷拉前后的拉伸 $\sigma-\varepsilon$ 曲线　　　图 2.5　冷拔低碳钢丝受拉的 $\sigma-\varepsilon$ 曲线

2.1.4　混凝土结构对钢筋质量的要求

1. 强度高

钢筋的强度包括屈服强度和极限强度。钢筋的强度越高,钢材的用量越少。采用较高强度的钢筋可以节约钢材,获得较好的经济效益。在预应力混凝土结构中,用高强钢筋作预应力钢筋时,预应力效果比用低强度钢筋好。

2. 塑性好

为了保证人民生命财产的安全,要求混凝土结构构件在破坏前要有较明显的破坏预兆,也就是要求要有较好的塑性。而钢筋混凝土构件的塑性性能在很大程度上取决于钢筋的塑性性能和配筋率。如果钢筋的塑性性能越好,配筋率又合适,构件的塑性性能就好,破坏前的预兆也就越明显。此外,钢筋的塑性性能越好,钢筋加工或成形也就越容易。因此,应保证钢筋的伸长率和冷弯性能合格。

3. 可焊性好

可焊性是评定钢筋焊接后的接头性能的指标,钢筋的可焊性好,即在一定的条件下钢筋焊接后不产生裂纹及过大的变形。

4. 与混凝土的粘结性能好

为了保证钢筋与混凝土共同工作,要求钢筋与混凝土之间必须有足够的粘结力。就钢筋来说,钢筋表面的形状对粘结力有重要的影响。此外,钢筋的锚固以及有关的构造要求,也是保证两者之间具有良好粘结力的措施。

2.2　混凝土

2.2.1　混凝土强度

混凝土是一种不均匀、不密实的混合体,且其内部结构复杂。混凝土的强度也就受到许多因素的影响,诸如水泥的品质和用量、骨料的性质、混凝土的级配、水灰比、制作的方法、养护环境的温湿度、龄期、试件的形状和尺寸、试验的方法等,因此,在建立混凝土的强度时不能各行其是,而要规定一个统一的标准作为依据。

1. 立方体抗压强度 f_{cu}

测定混凝土抗压强度的试件,有立方体和圆柱体两种。我国习惯上采用立方体试件的抗压强度作为混凝土强度的基本指标,这种试件的制作和试验也很方便。为了应用的需要,混凝土其他各种受力情况下的强度都可与抗压强度建立起相应的换算关系。

我国《混凝土结构设计规范》(GB 50010—2010)(以下简称《规范》)规定,混凝土强度等级应按立方体抗压强度标准值确定。立方体抗压强度标准值($f_{cu,k}$)系指按照标准方法制作和养护的边长为 150 mm 的立方体试件,在 28 天龄期,用标准试验方法测得的具有 95% 保证率的抗压强度。按照这样的规定,就可以排除不同制作方法、养护环境、试验条件和试件尺寸对立方体抗压强度的影响。

在工程实际中,不同类型的构件和结构对混凝土强度的要求是不同的。为了应用的方便,我国《规范》将混凝土的强度按照其立方体抗压强度标准值的大小划分为 14 个强度等级, 即 C10、C15、C20、C25、C30、C35、C40、C45、C50、C60、C65、C70、C75、C80 等十四级。14 个等级中的数字部分即表示以 N/mm² 为单位的立方体抗压强度数值。在钢筋混凝土结构中,混凝土强度等级的选用,除取决于结构和构件受力的状况和性质外,同时应考虑与钢筋强度相匹配,工程经验以及技术经济等方面的问题。

试块应按规定的标准制作。其养护环境规定为温度在 20 ± 3 ℃、相对湿度 $\geqslant90\%$。试块的标准试验方法也规定有具体的措施:因为混凝土的立方体抗压强度与试验的方法有着密切的关系,在通常情况下,由于试验机钢压板的刚度很大,压板除了对试块施加竖向压力外,还对试块表面产生向内的摩擦力,如图 2.6(a) 所示,摩擦力约束了试块的横向变形,阻滞了裂缝的发展,从而提高了试块的抗压强度。破坏时,远离承压板处的混凝土所受的约束最少,混凝土也就脱落得最多,形成两个对顶叠置的截头方锥体。要是在承压板和试块上下表面之间涂以油脂润滑剂,则试验加压时摩擦力将大为减少,因此对试块的横向约束也就大为减小,于是试块遂呈纵裂破坏,如图 2.6(b)所示,所测强度也就较前为小。《规范》规定的标准试验方法是不涂油脂试块的试验数据,不涂油脂当然是符合工程实际情况的。试块的强度还和试验时的加荷速度有关系。加荷速度过快,则材料来不及反应,内部裂缝也难以开展,于是得出较高的强度数值。反之,若加荷速度过慢,则所得强度数值偏低。标准的加荷速度为 $0.15 \sim 0.25 \ \text{N}/(\text{mm}^2 \cdot \text{s})$。

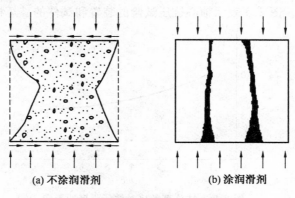

(a) 不涂润滑剂　　　　　　　　　(b) 涂润滑剂

图 2.6　混凝土立方体的破坏情况

我国取边长为 150 mm 的混凝土立方体作为标准试块,其材料消耗和重量都较适中,便于搬运和试验。但若用边长为 200 mm 或 100 mm 的立方体试块来测定混凝土的强度时,就会发现前者的数值偏低,而后者的数值偏高,这就是所谓的"尺寸效应"。因为试块的尺寸小,则摩擦力的影响较大;而试块的尺寸大,则摩擦力的影响较小,且试块内部结构含瑕疵的可能性也较大。所以,根据对比试验的研究结果,《规范》规定,当用边长为 200 mm 和 100 mm 的立方体试块时,所得强度数值要分别乘以强度换算系数 1.05 和 0.95 加以校正。

混凝土的强度还和龄期有关。在一定的温度和湿度情况下,混凝土强度的增长,开始很快,其后趋慢,但可以持续增长多年,如图 2.7 所示。图中也标出了 28 天龄期时强度的位置。

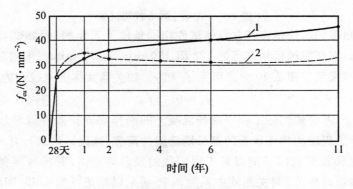

图 2.7　混凝土强度随龄期的增长

2. 轴心抗压强度 f_c

在工程中,钢筋混凝土受压构件的尺寸,往往是高度 h 比截面的边长 b 大很多,形成棱柱体,也就是说端部的摩擦力影响失去约束作用。在棱柱体上所测得的强度称为混凝土的轴心抗压强度 f_c,f_c 能更好地反映混凝土的实际抗压能力。从图 2.8 所作试验的曲线可知,当 $h/b = 3 \sim 4$ 时,轴心抗压强度即摆脱了摩擦力的作用而趋稳定,达到纯压状态。所以轴心抗压强度的试件往往取 150 mm×150 mm×450 mm、150 mm×150 mm×600 mm 等尺寸。另外,试件尺寸也不宜取得过高,过高后如产生偏心,则对轴心抗压强度试验数据的干扰较大。图 2.9 表示轴心抗压试验的装置和试件的破坏情况。

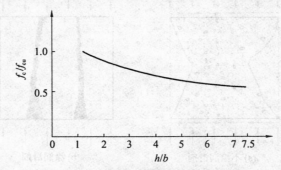

图 2.8　柱体高宽比对抗压强度的影响

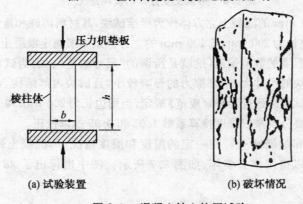

(a) 试验装置　　　　　　　　(b) 破坏情况

图 2.9　混凝土轴心抗压试验

轴心抗压强度的试件是在与立方体试件相同条件下制作的,经测试其数值要小于立方体抗压强度。根据我国近年进行的 122 组 150 mm×150 mm 截面的棱柱体轴心抗压强度的试验其结果示于图 2.10 中。可见 f_c 和 f_{cu} 的关系大体上是线性的,其统计公式为

$$f_c = 0.76 f_{cu} \tag{2.1}$$

但在实用上,考虑到实际工程中现场混凝土的制作和养护条件通常远不及试验室试件的条件,实际工程结构构件承受的是长期持续的荷载,这比试件试验时承受的常速加荷要不利得多,再顾及到我国长期以来工程实践的经验等原因,并参考其他国家的有关规范,为了稳妥慎重,《规范》将关系式中系数 0.76 再乘以修正系数 0.88(即除以系数 1.15)予以降低,最后取为

$$f_c = 0.67 f_{cu} \tag{2.2}$$

此外,对于强度等级较高的 C45、C50、C60 三级混凝土,由于实践经验较少,加以脆性破坏特征明显,其轴心抗压强度经式(2.2)求得后,还需分别乘以折减系数 0.975、0.95 和 0.90 再予以降低。

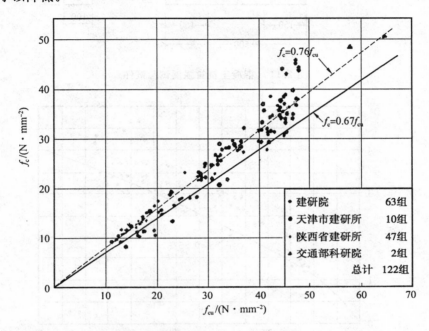

图 2.10　混凝土轴心抗压强度 f_c 与立方体抗压强度 f_{cu} 的关系

3. 抗拉强度 f_t

混凝土的抗拉强度很低,但它是一项重要的强度指标,有时也间接地用于衡量混凝土的其他力学性能。混凝土的抗拉强度一般只有其立方体抗压强度的 $1/7 \sim 1/8$,所以通常在钢筋混凝土构件的强度计算中不考虑混凝土承受拉力,但对于水池以及一些不允许出现裂缝的构件,抗拉强度却成为构件抗裂度验算的指标。

中国建筑科学研究院等单位近年来曾对混凝土的抗拉强度作了系统的测定,试件用 $100 \text{ mm} \times 100 \text{ mm} \times 500 \text{ mm}$ 的钢模筑成,两端各预埋一根 $\phi 16$ 钢筋,钢筋埋入深度为 150 mm 并置于试件的中心轴线上,如图 2.11 所示。试验时用试验机的夹具夹紧试件两端外伸的钢筋施加拉力,破坏时试件在中部没有钢筋的截面被拉断,其平均拉应力即为混凝土的轴心抗拉强度 f_t,根据 72 组试件所得混凝土抗拉强度的试验结果如图 2.12 所示。

混凝土轴心抗拉强度 f_t 与混凝土立方体抗压强度 f_{cu} 的关系为

$$f_t = 0.26 f_{cu}^{2/3}$$

在实用上,上式还需乘以降低系数 0.88,《规范》最后取值为

$$f_t = 0.23 f_{cu}^{2/3} \tag{2.3}$$

混凝土的轴心抗拉强度 f_t 与立方体抗压强度 f_{cu} 呈线性关系,f_{cu} 越大,比值 f_t/f_{cu} 越小。对于强度等级高的混凝土,还需在式(2.3)计算的基础上分别再乘以折减系数。故而 f_t 的增加不如 f_{cu} 来得快,要提高混凝土的抗拉强度,较有效的方法是增加混凝土的密实度。

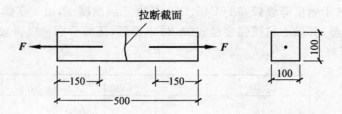

图 2.11　混凝土抗拉强度试验试件

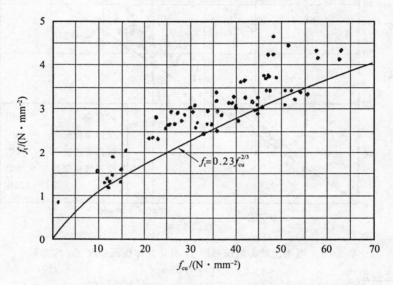

图 2.12　混凝土轴心抗拉强度 f_t 与立方体抗压强度 f_{cu} 关系图

　　在用上述方法测定混凝土的轴心抗拉强度时,保持试件轴心受拉是很重要的,也是不容易完全做到的,因为混凝土内部结构不均匀,试件的质量中心往往不与几何中心重合,钢筋的预埋和试件的安装都难以对中,而偏心和歪斜又对抗拉强度有很大的干扰。鉴于此,也有用弯曲抗拉试验,但更常用劈拉试验来测定混凝土的抗拉强度,劈拉试验的试件可做成圆柱体或立方体,如图 2.13 所示,试件与立方体抗压强度的试件相仿或相同。劈拉试验不需用拉力机,用压力机通过垫条对试件中心面施加均匀线分布荷载 P,除垫条附近外,中心截面上将产生均匀的拉应力,当拉应力达到混凝土的抗拉强度时,试件即被劈裂成两半。按照弹性理论,截面的横向拉力,即混凝土的抗拉强度为

$$f_t = \frac{2P}{\pi dl} \tag{2.4}$$

式中　　P—— 破坏荷载;

　　　　d—— 圆柱体直径或立方体边长;

　　　　l—— 圆柱体长度或立方体边长。

　　当然,试件大小和垫条尺寸都会影响劈拉试验的结果,所以应根据情况乘以不同的修正系数。

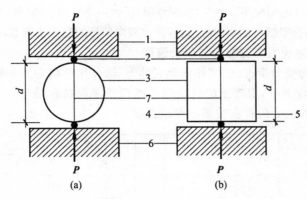

图 2.13　用劈拉试验测定混凝土抗拉强度

1— 压力机上压板；2— 垫条；3— 试件；4— 浇模顶面；

5— 浇模底面；6— 压力机下压板；7— 试件破裂线

4. 在复合受力状态下的混凝土强度(简称复合受力强度)

以上所述各种单向受力状态，在钢筋混凝土实际结构中是较少的，比较多的则是处于双向、三向或兼有剪应力的复合受力状态。复合受力强度是钢筋混凝土结构的重要理论问题，但由于问题的复杂性，至今还在大力研究探讨之中，目前对于混凝土复合受力强度主要还是凭借试验所得的经验分析数据来确定。

(1) 双向受力强度

图 2.14 表示双向受力混凝土试件的试验结果。试验时沿试件的两个平面作用着法向应力 σ_1 和 σ_2，沿板厚方向的法向应力 $\sigma_3 = 0$，试件处于平面应力状态。图 2.14 中第一象限为双向受拉应力状态，σ_1 和 σ_2 相互间的影响不大，无论 σ_1/σ_2 比值如何，实测破坏强度基本上接近单向抗拉强度 f_t。第三象限为双向受压情况，由于双向压应力的存在，相互制约了横向的变形，因而抗压强度和极限压应变均有所提高。混凝土的强度与 σ_1/σ_2 的比值有关，由图 2.14 可见，双向受压强度比单向受压强度最多可提高 27% 左右。不过却

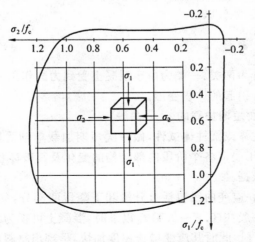

图 2.14　混凝土双向受力的强度曲线

不是发生在 $\sigma_1/\sigma_2 = 1$ 的情况下。在第二、四象限,试件一个平面受拉,另一个平面受压,其相互作用的结果,正好助长了试件的横向变形,故而在两向异号的受力状态下,强度要降低。

(2)受平面法向应力和剪应力的组合强度

图 2.15 所示的受力情况,在试件的单元体上,除作用有剪应力 τ 外,还作用有法向应力 σ。在有剪应力作用时,混凝土的抗压强度略低于单向抗压强度。所以在钢筋混凝土结构构件中,若有剪应力的存在将影响受压强度。

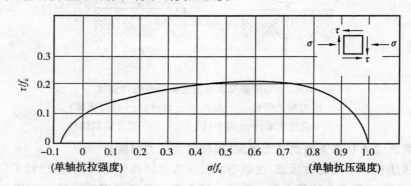

图 2.15　混凝土受平面法向应力和剪应力的强度曲线

(3)三向受压强度

混凝土试件三向受压则由于变形受到相互间有利的制约,形成约束混凝土,其强度有较大的增长,根据圆柱体试件周围加侧向液压的试验结果,三向受压时混凝土纵向抗压强度的经验公式为

$$f_{cc} = f_c + k f_1 \tag{2.5}$$

式中　f_{cc}—— 三向受压时轴心抗压强度(变形受约束试件);

　　　f_c—— 混凝土轴心抗压强度(非约束试件);

　　　f_1—— 侧向压力(约束力);

　　　k—— 侧向压力效应系数,早年试验资料定为 4.1,其后的试验资料取 4.5～7,其平均值定为 5.60。

2.2.2　混凝土变形

混凝土的变形可分为两类:一类为由于混凝土受到力的作用而产生的变形;另一类为混凝土的收缩和温度等引起的体积变形。

1. 受压混凝土一次短期加载的 σ-ε 曲线

用混凝土标准棱柱体或圆柱体试件,做一次短期加载单轴受压试验,所测得的应力-应变曲线,反映了混凝土受荷各个阶段内部结构的变化及其破坏状态,是研究钢筋混凝土结构强度机理的重要依据。

典型的混凝土应力-应变曲线包括上升段和下降段两部分,如图 2.16 所示。在上升段,当应力比较小时,一般在 $(0.3 \sim 0.4)f_c$ 以下时,混凝土可视为线弹性体。超过 $(0.3 \sim 0.4)f_c$,即曲线上的 ab 段,此时其应变增长速度加快,呈现出材料的塑性性质。在这一阶段,混凝土试件内部的微裂缝虽然有所发展,但最终是处于稳定状态。当应力超过 b 点增

加到接近于 f_c 时,即曲线上的 bc 段,此时混凝土的内部微裂缝不断扩展,裂缝数量及宽度急剧增加,试件进入裂缝的不稳定状态,试件即将破坏。此时曲线上的 c 点为混凝土受压应力到达最大时的应力值,称为混凝土的轴心抗压强度 f_c,相应于 f_c 的应变值 ε_0 在 0.002 附近。

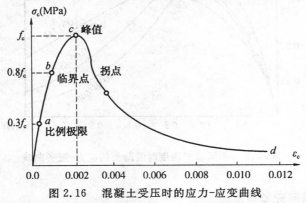

图 2.16　混凝土受压时的应力-应变曲线

对于下降段,即图 2.16 中的 cd 段,在 c 点后,裂缝迅速发展、传播,内部结构的整体性受到越来越严重的破坏。当其变形达到曲线上的 d 点时,试件真正被压坏,相应于 d 点的应变值,称为混凝土的极限应变值,以 $\varepsilon_{c,\max}$ 或 ε_{cu} 表示。试验结果表明,影响混凝土应力-应变曲线的因素很多,诸如混凝土的强度、组成材料的性质、配合比、试验方法以及箍筋约束等。试验表明,混凝土的强度对其应力-应变曲线有一定的影响。如图 2.17 所示,对于上升段影响较小,与应力峰值点相应的应变大致为 0.002,随着混凝土强度增大,则应力峰值处的应变也稍大些。而对于下降段混凝土强度有较大的影响,混凝土强度越高,应力下降越剧烈,混凝土的延性越大。另外,加荷速度也影响着混凝土应力-应变曲线的形状。图 2.18 为相同强度混凝土在不同应变速度下的应力-应变曲线。由图 2.18 可见,应变速度越大,下降段就越陡,反之,下降段就越平缓。

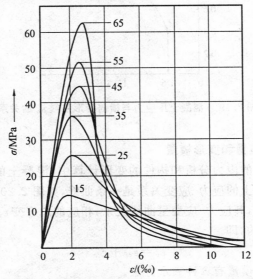

图 2.17　不同强度等级混凝土的受压应力-应变曲线

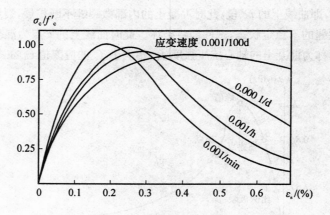

图 2.18　不同应变速度时混凝土的应力-应变曲线

2. 混凝土的横向变形系数

混凝土在一次短期加压时,在其纵向产生压缩应变 ε_{cv},而横向会产生膨胀应变 ε_{ch},则横向变形系数 υ_c 可表示为

$$\upsilon_c = \varepsilon_{ch}/\varepsilon_{cv} \tag{2.6}$$

根据国外资料,试件在不同应力 σ 作用下,其 σ-υ_c 的关系曲线如图 2.19 所示。我国《混凝土结构设计规范》和《公路钢筋混凝土及预应力混凝土桥涵设计规范》,将混凝土横向变形系数 υ_c 称为泊松比,并取 $\upsilon_c = 0.2$。

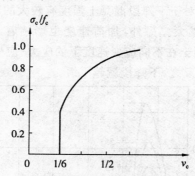

图 2.19　混凝土压应力与横向变形系数 υ_c 的关系

3. 混凝土的弹性模量和变形模量

在钢筋混凝土结构的内力分析和构件的变形计算中,混凝土的弹性模量是重要的力学性能指标。但是混凝土的应力-应变关系是一条曲线,如图 2.20 所示,只是应力很小时接近直线。一般情况下,其应力-应变呈曲线关系,相应的总应变 ε_c 是由弹性应变 ε_{ce} 和塑性应变 ε_{cp} 两部分组成的,即

$$\varepsilon_c = \varepsilon_{ce} + \varepsilon_{cp} \tag{2.7}$$

混凝土的受压变形模量有 3 种表示方法。

(1)混凝土的弹性模量(原点模量)E_c

如图 2.20 所示,在混凝土应力-应变曲线的原点 O 作一切线,其倾角的正切称为混凝土的原点模量,简称弹性模量,以 E_c 表示

$$E_c = \tan \alpha_0 = \frac{\sigma_c}{\varepsilon_{ce}} \tag{2.8}$$

式中　　α_0—— 混凝土应力-应变曲线在原点处的切线与横坐标的夹角。

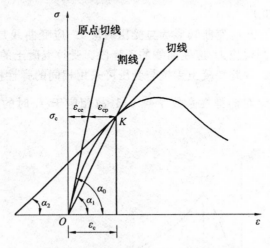

图 2.20　混凝土的弹性模量、变形模量和切线模量

目前我国《混凝土结构设计规范》和《公路钢筋混凝土及预应力混凝土桥涵设计规范》中弹性模量值是用下列方法确定的:采用棱柱体试件,取应力上限为 $0.5f_c$,重复加载 $5 \sim 10$ 次。由于混凝土的塑性性质,每次卸载为零时,存在有残余变形。但随着荷载多次重复,残余变形逐渐减小,重复 $5 \sim 10$ 次之后,变形趋于稳定,混凝土的应力-应变曲线接近于直线,自原点至应力-应变曲线上 $\sigma_c = 0.5f_c$ 对应点的连线的斜率为混凝土的弹性模量。

按照上述方法,对不同强度等级混凝土测得的弹性模量,经统计分析得出下列经验公式

$$E_c = \frac{10^5}{2.2 + \dfrac{34.74}{f_{cu,k}}} \tag{2.9}$$

式中　　$f_{cu,k}$—— 混凝土立方体抗压强度标准值。

（2）混凝土的变形模量（割线模量）E'_c。

连接混凝土应力-应变曲线的原点 O 及曲线上的某点 E'_c 作一割线（图 2.20）,K 点混凝土应力为 σ_c,则该割线（OK）的斜率即为混凝土变形模量,也称为割线模量或弹塑性模量,即

$$E'_c = \tan \alpha_1 = \frac{\sigma_c}{\varepsilon_c} = \frac{\varepsilon_{ce}}{\varepsilon_c} \cdot \frac{\sigma_c}{\varepsilon_{ce}} = \gamma E_c \tag{2.10}$$

式中　　γ—— 混凝土弹性模量系数。

混凝土变形模量 E'_c 是一个变值,此时弹性系数 γ 也是随某点应力 σ_c 的增大而减小的。γ 值可根据构件的应用场合,按试验资料来确定。通常在计算中取:$\sigma \leqslant 0.3f_c$ 时,$\gamma = 1.0$;$\sigma = 0.5f_c$ 时,$\gamma = 0.85$;$\sigma = 0.9f_c$ 时,$\gamma = 0.4 \sim 0.7$。

（3）混凝土的切线模量 E''_c

在混凝土应力-应变曲线上某一点 σ_c 处作一切线，该切线的斜率即为相应于应力 σ_c 时的切线模量，即

$$E''_c = \frac{\mathrm{d}\sigma_c}{\mathrm{d}\varepsilon_c} = \tan\alpha_2 \tag{2.11}$$

4. 受拉混凝土的变形

混凝土受拉时的应力-应变曲线形状与受压时应力-应变曲线是相似的，当采用等应变速度加载时，同样可测得应力-应变曲线的下降段。受拉混凝土的 $\sigma-\varepsilon$ 曲线的原点切线斜率与受压时基本一致，因此混凝土受拉与受压可采用相同的弹性模量 E_c。应力等于混凝土的轴心抗拉强度 f_t 时的弹性系数 $\gamma \approx 0.5$，故相应于 f_t 时的变形模量 $E'_c = \dfrac{f_t}{\varepsilon_t} = 0.5E_c$，如图 2.21 所示。

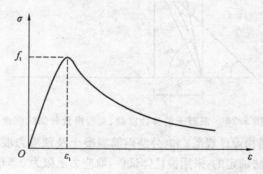

图 2.21　混凝土受拉应力-应变曲线

混凝土的极限拉应变 ε_{tu} 与混凝土的强度、配合比、养护条件等有很大关系，其值在 $(0.5\sim2.7)\times10^4$ 的范围内波动。混凝土强度越高，极限拉应变也越大。在混凝土构件计算中，对一般混凝土强度，可取 $\varepsilon_{tu} = (1.0\sim1.5)\times10^4$。

5. 混凝土在荷载重复作用下的变形（疲劳变形）

混凝土的疲劳是在荷载重复作用下产生的，混凝土在荷载重复作用下引起的破坏称为疲劳破坏。疲劳现象大量存在于土木工程结构中，如钢筋混凝土吊车梁受到吊车自重及其重物所产生荷载的重复作用；在公路桥梁中钢筋混凝土桥梁结构受到车辆振动的影响；在港口海岸的混凝土结构受到波浪冲击而引起损伤等，都属于疲劳破坏现象。疲劳破坏的特征是裂缝小而变形大，在重复荷载作用下，混凝土的强度和变形有着重要的变化。

图 2.22 是混凝土棱柱体在多次重复荷载作用下的应力-应变曲线。从图 2.22 中可以看出，对混凝土棱柱体试件，一次加载应力 σ_1 小于混凝土疲劳强度 f^f_c 时，其加载卸载应力-应变曲线 OAB 形成了一个环状。而在多次加载、卸载作用下，应力-应变环会越来越密合，经过多次重复，这个曲线就闭合成一条直线。如果再选择一个较高的加载应力 σ_2，但是 σ_2 仍小于混凝土疲劳强度 f^f_c 时，其加载卸载的规律同前，多次重复以后仍形成密合直线。如果选择一个高于混凝土疲劳强度 f^f_c 的加载应力 σ_3，刚开始时，混凝土应力-应变曲线凸向应力轴，在重复荷载过程中逐渐变成直线，在经过多次重复加载卸载后其应力-应变曲线由凸向应力轴而逐渐凸向应变轴，以致加载卸载不能形成封闭环，这就标志着混凝土内部微裂缝的

发展加剧,趋近破坏。随着重复荷载次数的增加,应力-应变曲线倾角不断减小,至荷载重复到某一定次数时,混凝土试件会因严重开裂或变形过大而导致破坏。

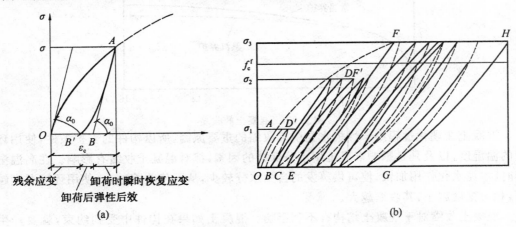

图 2.22　混凝土在重复荷载作用下的应力-应变曲线

混凝土的疲劳强度用疲劳试验确定。疲劳试验的试件采用 100 mm × 100 mm × 300 mm 或 150 mm × 150 mm × 450 mm 的棱柱体,把能使棱柱体承受 200 万次或其以上循环重复荷载而发生破坏的压应力值称为混凝土的疲劳抗压强度,施加荷载时混凝土的应力大小是影响应力-应变曲线不断发展和变化的关键因素,即混凝土的疲劳强度与重复荷载作用时的应力变化幅度有关。在相同的重复次数下,疲劳强度随着疲劳应力比值的增大而增大。疲劳应力比值 ρ_c^f 按下式计算

$$\rho_c^f = \frac{\sigma_{c,\min}^f}{\sigma_{c,\max}^f} \tag{2.12}$$

式中　　$\sigma_{c,\min}^f$ ——构件疲劳验算时,截面同一纤维上的混凝土最小应力值;

　　　　$\sigma_{c,\max}^f$ ——构件疲劳验算时,截面同一纤维上的混凝土最大应力值。

2.2.3　混凝土的时随变形——收缩和徐变

1. 混凝土的收缩与膨胀

混凝土在空气中硬化时体积会缩小,称为混凝土的收缩;混凝土在水中结硬时体积会增大,称为混凝土的膨胀。

如图 2.23 所示,混凝土的收缩变形随着时间而增长,初期收缩变形发展较快,两周后可完成全部收缩量的 25%,1 个月后约可完成 50%。3 个月后增长缓慢,一般两年后趋于稳定,最终收缩应变值约为 $(2 \sim 5) \times 10^4$。

引起混凝土收缩的原因有两部分,一是在硬化初期主要是水与水泥的水化作用,形成的水泥结晶体,这种晶体化合物较原材料体积小,因而引起混凝土体积的收缩,即所谓凝缩;二是在后期主要是混凝土内部自由水蒸发而引起的干缩。

混凝土的组成、配合比是影响混凝土收缩的重要因素。水泥用量越多、水灰比越大,收缩就越大。集料的级配好、弹性模量高,可减少混凝土的收缩量。这是因为集料对水泥石的收缩有制约作用,粗集料所占体积比越大,强度越高,对收缩的制约作用就越大。

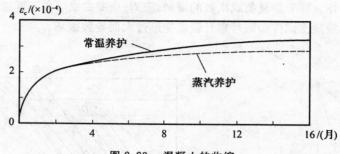

图 2.23　混凝土的收缩

　　混凝土在硬化过程中干燥失水是引起收缩的重要原因,所以构件的养护条件,使用环境的温湿度,以及凡是影响混凝土中水分保持的因素,都对混凝土收缩有影响。在高温湿养时,水泥水化作用加快,使可供蒸发的自由水分较少,从而使收缩减少;使用环境温度越高,相对湿度越小,其收缩越大。

　　混凝土收缩对于混凝土结构有不利影响。混凝土如果在构件中受到约束,就要产生收缩应力,收缩应力过大,就会使得混凝土内部或表面产生裂缝,因此应尽量设法减少混凝土的收缩应力。如在结构中设置温度收缩缝,可以减少其收缩应力。在构件中设置构造钢筋,使收缩应力均匀,可避免发生集中的大裂缝。

　　2. 混凝土的徐变

　　混凝土在荷载长期作用下,混凝土的变形将随时间而增长。也就是在应力不变的情况下,混凝土的应变随时间继续增长,这种现象称为混凝土的徐变。

　　混凝土受力后水泥胶体的粘性流动要持续很长的时间,这是产生徐变的主要原因。由于混凝土收缩与外荷载无关,因此在徐变试验中测得的变形中也包含了混凝土收缩所产生的变形。故在进行混凝土徐变试验的同时,需要用同批混凝土浇筑同样尺寸的不受荷试件,在同样的环境下进行收缩试验。从量测的混凝土徐变试件的变形中扣除对比的收缩试件的变形,便可得到混凝土徐变变形。

　　混凝土的徐变与时间的关系如图2.24所示,横坐标为时间,以月表示。从2.24图中

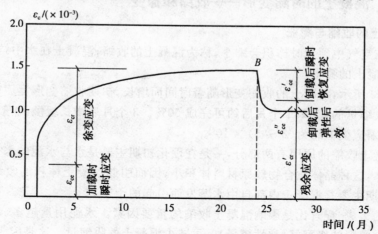

图 2.24　混凝土的徐变-时间曲线

可看出,加荷至 $\sigma = 0.5 f_c$ 后使应力保持不变,变形与时间呈增长的关系。图 2.24 中 ε_{ce} 为加荷时立即出现的弹性变形,ε_{cr} 为混凝土的徐变。前 4 个月徐变增长较快,6 个月可达最终徐变的 $70\% \sim 80\%$,以后增长逐渐缓慢,2 年的徐变约为弹性变形的 $2 \sim 4$ 倍。如图 2.24 所示,在 B 点卸载时瞬时恢复的变形为 ε'_{ce},经过一段时间(约为 20 d),由于水泥胶体粘性流动又逐渐恢复的变形 ε''_{ce} 称为弹性后效,最后剩下的不可恢复变形为 ε'_{cr}。

影响混凝土徐变的因素较多,其主要规律如下:

(1) 施加的初应力对混凝土徐变的影响,如图 2.25 所示。当压应力 $\sigma_c < 0.5 f_c$ 时,徐变大致与应力成正比,称为线性徐变。混凝土的徐变随加荷时间的增长而逐渐增加,在加荷初期增长较快,以后逐渐减缓;当压应力 $\sigma_c > 0.5 f_c$ 时,混凝土徐变的增长较应力的增大为快,这种现象称为混凝土的非线性徐变;应力过高($\sigma_c > 0.8 f_c$) 时的非线性徐变往往是不收敛的,从而导致混凝土破坏。

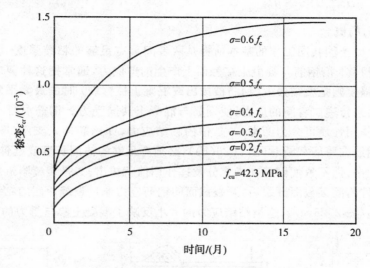

图 2.25　混凝土徐变与初应力的关系

(2) 加荷龄期对混凝土徐变的影响。受荷时混凝土的龄期越短,混凝土中尚未完全结硬的水泥胶体在混凝土中所占的比例也越大,因此,混凝土结构过早的受荷(如拆模过早)将产生较大的徐变,对结构不利。

(3) 混凝土的组成成分对混凝土徐变的影响。水灰比越大,水泥水化后残余的游离水越多,徐变也越大;水泥用量越多、水泥凝胶体在混凝土中所占比重越大,徐变也就越大;骨料越坚硬,弹性模量越高,则徐变越小。

(4) 外部环境对混凝土徐变的影响。受荷前养护的湿度越大,温度越高,水泥水化作用越充分,则徐变越小。加荷期间温度越高,湿度越低,徐变越大。

混凝土的徐变对混凝土结构或构件受力性能将产生重要的影响。如受弯构件在长期荷载作用下由于压区混凝土的徐变,可加大混凝土构件的挠度;由于混凝土的徐变,在构件截面上引起钢筋和混凝土之间的应力重分布;在预应力混凝土中,可能引起预应力损失等。

2.2.4 混凝土的选用原则

按我国《混凝土结构设计规范》规定,在建筑工程中,素混凝土结构的混凝土强度等级不应低于 C15;当采用 HRB335 级钢筋时,混凝土强度等级不应低于 C20;当采用 HRB400 和 RRB400 级钢筋以及承受重复荷载的构件,混凝土强度等级不得低于 C25。预应力混凝土结构的混凝土强度等级不应低于 C30;当采用钢绞线、钢丝、热处理钢筋作为预应力钢筋时,混凝土强度等级不宜低于 C40。

2.3 混凝土与钢筋的粘结

2.3.1 粘结力的组成

1. 粘结力的概念

钢筋与混凝土能共同工作的基本前提是两者间具有足够的粘结强度,能够承受由于变形差(相对滑移)沿钢筋与混凝土接触面上产生的剪应力,通常把这种剪应力称为粘结应力,而粘结强度则指粘结失效(钢筋被拔出或混凝土被劈裂)时的最大平均粘结应力。通过粘结应力来传递二者间的应力,使钢筋与混凝土共同受力。钢筋混凝土构件中的粘结应力,按其作用性质可分为两类:一是锚固粘结应力,如钢筋伸入支座(图 2.26(a))或支座负弯矩钢筋在跨间截断时(图 2.26(b)),必须有足够的锚固长度或延伸长度,将钢筋锚固在混凝土中,而不致使钢筋在未充分发挥作用前就拔出;二是裂缝附近的局部粘结应力,如受弯构件跨间某截面开裂后,开裂截面的钢筋应力通过裂缝两侧的粘结应力部分地向混凝土传递(图 2.26(c)),这类粘结应力的大小反映了混凝土参与受力的程度。

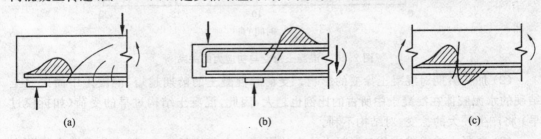

(a)   (b)   (c)

图 2.26 锚固粘结应力和局部粘结应力

2. 粘结力的组成

光面钢筋的粘结性能试验表明,钢筋和混凝土的粘结力主要有下面 4 种力构成。

(1) 化学胶结力

钢筋与混凝土接触面上的化学吸附作用力。这种力一般很小,当接触面发生相对滑移时就消失,仅在局部无滑移区内起作用。

(2) 摩擦力

混凝土收缩后将钢筋紧紧地握裹住而产生的力。钢筋和混凝土之间的挤压力越大、接触面越粗糙,则摩擦力越大。光面钢筋压入试验得到的粘结强度比拉出试验要大,这是因为钢筋受压变粗,增大对混凝土的挤压力,从而使摩擦力增大所致。

（3）机械咬合力

钢筋表面凹凸不平与混凝土产生的机械咬合作用而产生的力。变形钢筋的横肋会产生这种咬合力,它的咬合作用往往很大,是变形钢筋粘结力的主要来源。

（4）钢筋端部的锚固力

一般在钢筋端部弯钩、弯折,在锚固区焊短钢筋、短角钢等方法来提供锚固力。

各种黏接力在不同的情况下（钢筋的截面形式、不同受力阶段和构件部位）发挥各自的作用。机械咬合力可提供很大的粘接应力,如布置不当,会产生较大的滑移、裂缝和局部混凝土破碎的现象。

2.3.2　粘结机理

钢筋和混凝土之间的粘结力破坏过程为:当荷载较小时,钢筋与混凝土接触面上的剪应力完全由胶结力承担,接触面基本不滑动。随着荷载的增加,胶结力的粘结作用被破坏,钢筋与混凝土产生相对滑移,此时其剪应力由接触面上的摩擦力承担。对于光面钢筋来讲,粘结力主要靠摩擦阻力。当荷载继续增加,抵抗接触面上的剪应力就要靠咬合力承担。光面钢筋的咬合力是指钢筋表面的凸凹不平而形成的机械咬合力;对于带肋钢筋,咬合力是指带肋钢筋肋间嵌入混凝土而形成的机械咬合作用。如图 2.27 所示为带肋钢筋与混凝土的相互作用,横肋对混凝土的挤压就像一个楔,斜向挤压力不仅产生沿钢筋表面的切向分力,而且产生沿钢筋径向的环向分力,当荷载增加时,因斜向挤压作用,在肋顶前方首先斜向开裂形成内裂缝,同时肋前混凝土破碎形成楔的挤压面。在环向分力作用下的混凝土,就像承受内压力的管壁,管壁的厚度就是混凝土保护层厚度,径向分力使混凝土产生径向裂缝,沿构件长度方向形成纵向劈裂破坏。

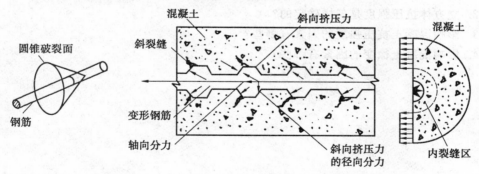

图 2.27　粘结破坏机理

2.3.3　保证可靠粘结的构造措施

为了保证钢筋和混凝土的粘结强度,应使钢筋之间的距离和混凝土保护层厚度不能太小。一般要求板的保护层厚度不小于 15 mm,梁、柱保护层厚度不小于 20 mm,钢筋间距不小于 25 mm。具体结构和构件的混凝土保护层和钢筋间距的取值,参见第 4 章。

开裂构件裂缝间的局部粘结应力使裂缝间的混凝土受拉。为了增加局部粘结作用和减小裂缝宽度,在同等钢筋面积的条件下,优先采用小直径的变形钢筋。光面钢筋粘结性能较差,应在钢筋末端设弯钩增大其锚固粘结能力。

为保证钢筋伸入支座的粘结力,应使钢筋伸入支座有足够的锚固长度,如支座长度不够时,可将钢筋弯折,弯折长度计入锚固长度内,也可在钢筋端部焊短钢筋、短角钢等方法加强钢筋和混凝土的粘结能力。实际工作中,由于材料的供应条件和施工条件的限制,钢筋常常需要搭接,钢筋的搭接要有一定长度才能满足粘结强度的要求。钢筋的锚固长度和搭接长度由混凝土的强度等级、钢筋的强度等级、抗震设防等级和钢筋直径确定,一般为钢筋直径的若干倍,具体数值详见第5章。

钢筋不宜在混凝土的拉区截断,若必须截断,则必须满足理论上不需要钢筋点和钢筋强度的充分利用点外伸一段长度才能截断,具体内容详见第5章。

横向钢筋的存在约束了径向内裂缝的发展,使混凝土的粘结强度提高,故在大直径钢筋的搭接和锚固区域内设横向钢筋(箍筋加密等),增大该区段的粘结能力。

小　　　结

通过本章学习,应掌握如下几点:

(1) 钢筋的级别、分类及其强度和变形性能。

(2) 混凝土的强度指标与变形性能。

(3) 钢筋和混凝土共同工作的基本原理。针对不同建筑结构,应如何选定钢筋和混凝土。

练 习 题

1. 混凝土结构对钢筋性能有什么要求?

2. 立方体抗压强度是怎样确定的?

3. 影响混凝土抗压强度的因素有哪些?

4. 影响混凝土徐变的因素有哪些?

第3章

混凝土结构的基本设计原则

【学习要点】

本章所介绍的内容是学习本门课程的一个理论基础,为以概率理论为基础的极限状态设计方法提供一些基本的、宏观的知识。对于极限状态设计法这一节,所讨论的都是关于建筑结构设计和安全度的基本内容和定义,需要加以领会和理解。对于荷载和材料强度的取值,要能理解。

3.1 结构设计的要求

3.1.1 结构的功能要求

结构设计的目的,是使所设计的结构能满足各种预定的功能要求,对建筑结构应具备的功能要求有:

(1)安全性

结构构件能承受在正常施工及使用条件下可能出现的各种不利作用,在偶然事件中及事后保持整体稳定性。

(2)适用性

结构正常使用时,具有良好的工作性能,不出现过大变形和过宽裂缝(有的结构不允许出现裂缝),不妨碍正常使用。

(3)耐久性

在正常使用和正常维护下,在规定的时间内有足够的耐久性能。如不发生由于保护层碳化或裂缝宽度开展过大导致的钢筋锈蚀,混凝土不发生严重风化、老化、腐蚀而影响结构的使用寿命。

安全性、适用性、耐久性是衡量结构可靠的标志,总称为结构的可靠性。

结构的设计使用年限,是指设计规定的结构或结构构件不需进行大修即可按其预定目的使用的时期。根据《建筑结构可靠度设计统一标准》(GB 50068—2001)的规定,设计使用年限分为4类,具体规定见表3.1。需要说明的是,当结构的实际使用年限达到并超过结构的设计使用年限后,并不意味结构不能继续使用或应该拆除重建,而是指它的可靠性水平下降,结构仍然可以继续使用。

表 3.1　设计使用年限分类

类别	设计使用年限	示例
1	5 年	临时性结构
2	25 年	易于替换的结构构件
3	50 年	普通房屋和建筑物
4	100 年及以上	纪念性建筑和特别重要的建筑结构

3.1.2　结构的极限状态

结构能满足功能要求而且能够良好地工作,称结构"可靠"或"有效";否则,称结构"不可靠"或"失效"。区分结构工作状态的"可靠"与"失效"的界限是"极限状态",极限状态是结构或其构件能够满足前述某一功能要求的临界状态。超过这一界限,结构或其构件就不能满足设计规定的该项功能要求,而进入失效状态。

根据功能要求,结构极限状态分为两类。

1. 承载能力极限状态

承载能力极限状态指结构或其构件达到最大承载能力、疲劳破坏或不适于继续承载的变形时的状态。当结构或其构件出现下列状态之一时,即认为超过了承载能力极限状态:

(1) 整个结构或结构的一部分作为刚体失去平衡(如倾覆、滑移和飘浮);

(2) 结构构件或连接因材料强度破坏(包括疲劳强度被超过的破坏),或因过度的塑性变形而不适于继续承受荷载;

(3) 结构转变为机动体系;

(4) 结构或构件丧失稳定(如压屈等)。

2. 正常使用极限状态

正常使用极限状态是指结构或其构件达到正常使用或耐久性能的某项规定限值时的状态。当结构或其构件出现下列状态之一时,即认为超过了正常使用极限状态:

(1) 影响正常使用或外观的变形;

(2) 影响正常使用或耐久性能的局部损坏(包括裂缝);

(3) 影响正常使用的振动;

(4) 影响正常使用的其他特定状态。

通常按承载能力极限状态计算结构构件,按正常使用极限状态来验算构件。

3.1.3　作用效应 S 与结构抗力 R

1. 作用的定义及其分类

所谓结构上的作用,是指施加在结构上的集中或分布荷载,以及引起结构外加变形或约束变形的原因。前者称直接作用(习惯上称荷载),后者称间接作用(如地基变形、混凝土收缩、温度变化或地震等引起的作用)。

结构上的作用可按下列原则分类。

（1）按随时间的变异分

永久荷载（恒荷载）：在结构使用期间，其值不随时间变化，或其变化与其平均值相比可以忽略不计，或其变化是单调的并能趋于限值的荷载。例如，结构自重、土压力、预应力等。

可变荷载（活荷载）：在结构使用期间，其值随时间变化，且其变化与平均值相比不可以忽略不计的荷载。例如，楼面活荷载、屋面活荷载和积灰荷载、吊车荷载、风荷载、雪荷载等。

偶然荷载：在结构使用期间不一定出现，一旦出现，其值很大且持续时间很短的荷载。例如，爆炸力、撞击力等。

（2）按空间位置的变异分

固定作用：在结构空间位置上具有固定的分布，如结构构件的自重、固定设备荷载等。

可动作用：在结构空间位置上的一定范围内可以任意分布，如吊车荷载、人群荷载等。

（3）按结构的反应状态分

静态作用：不使结构或构件产生加速度，或所产生的加速度很小可以忽略不计，如结构的自重、楼面活荷载等。

动态作用：是结构或结构构件产生不可忽略的加速度，如地震、吊车荷载等。

2.作用效应

作用效应是指由作用引起的结构或结构构件的反应，例如内力、变形和裂缝等。内力包括弯矩、剪力、轴力和扭矩；变形包括挠度、侧移和转角。作用效应常用大写字母 S 表示。

工程实际设计中，结构或构件上的直接作用（即荷载）应用最多，在一般情况下，其作用效应 S 与荷载（永久荷载 G 或可变荷载 Q），两者之间有如下对应关系

$$S = CG \quad 或 \quad S = CQ \tag{3.1}$$

式中　　C——荷载效应系数，由力学计算求得；

　　　　S——荷载引起结构或结构构件的内力、变形等，统称荷载效应。

3.结构抗力

结构的抗力，是指结构或构件承受作用效应的能力，如结构构件承载力（轴力、剪力、弯矩、扭矩）、抵抗变形（挠度）、抗裂等的统称。与作用效应一样，结构构件的抗力 R 的变化规律受混凝土、钢筋材料性能（强度标准值 f_{ck}，f_{yk}）、几何参数（a_k）和计算模式的精确性等的影响，也是随机变量，其标准值 $R_k = R(f_{ck}, f_{yk}, a_k, \cdots)$。$R_k$ 的计算将随不同构件受力类别而不同。

3.1.4　结构功能函数

结构构件完成预定功能的工作状态，可用下列结构功能函数 Z 来描述

$$Z = g(x_1, x_2, x_3, \cdots, x_n) \tag{3.2}$$

式中　　x_i——"基本变量"，如荷载、材料性能、几何参数、计算公式精确性等因素，$i = 1, 2, 3, \cdots n$。

3.2　概率极限状态设计法

3.2.1　失效概率与可靠指标

结构在规定的时间内、规定的条件下,完成预定功能的概率,称为结构的可靠度。可见,可靠度是对结构可靠性的一种定量描述,亦即概率度量。

结构能够完成预定功能的概率称为可靠概率 p_s;结构不能完成预定功能的概率称为失效概率 p_f。两者互补,即

$$p_s + p_f = 1 \tag{3.3}$$

因此,也可以采用 p_s 或 p_f 来度量结构的可靠性,而一般习惯采用失效概率 p_f。

设基本变量 R、S 均为正态分布,则结构的功能函数

$$Z = R - S \tag{3.4}$$

亦为正态分布,如图 3.1 所示。

在图 3.1 中,$Z < 0$ 部分(阴影)面积即为失效概率 p_f。但是,计算 p_f 在数学处理上比较复杂,因此,《统一标准》采用可靠指标 β 来度量结构的可靠性,计算分析较为方便。

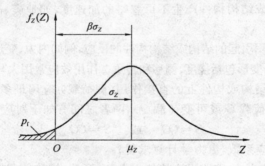

图 3.1　Z 的概率密度函数

可靠指标 β 是度量结构可靠性的一种量化的指标,它与 p_f 具有数值上一一对应的关系。

已知 $Z = R - S$,现设 μ_Z、μ_R、μ_S 分别为 Z、R、S 的平均值;σ_Z、σ_R、σ_S 分别为 Z、R、S 的标准差;R 与 S 相互独立。则有

$$\mu_Z = \mu_R - \mu_S \tag{3.5}$$

$$\sigma_Z = \sqrt{\sigma_R{}^2 + \sigma_S{}^2} \tag{3.6}$$

设 $\mu_Z = \beta \sigma_Z$,则

$$\beta = \frac{\mu_Z}{\sigma_Z} = \frac{\mu_R - \mu_S}{\sqrt{\sigma_R{}^2 + \sigma_S{}^2}} \tag{3.7}$$

可靠指标 β 与失效概率 p_f 的对应关系,见表 3.2。

由表 3.2 可知,β 值越大,p_f 就越小,即结构越可靠。因此,β 被称为"可靠指标"。

表 3.2　β 与 p_f 的对应关系

β	p_f	β	p_f
1.0	1.59×10^{-1}	3.2	6.40×10^{-4}
1.5	6.68×10^{-2}	3.5	2.33×10^{-4}
2.0	2.28×10^{-2}	3.7	1.10×10^{-4}
2.5	6.21×10^{-3}	4.0	3.17×10^{-5}
2.7	3.50×10^{-3}	4.2	1.30×10^{-5}
3.0	1.35×10^{-3}		

3.2.2　目标可靠指标和结构的安全等级

由上述可知,在正常条件下,失效概率 p_f 尽管很小,但总是存在,所谓"绝对可靠"($p_f = 0$)是不可能的。因此,要确定一个适当的可靠度指标,使结构的失效概率降低到人们可以接受的程度,即做到既安全可靠又经济合理。于是,《统一标准》规定

$$\beta \geqslant [\beta] \tag{3.8}$$

式中　$[\beta]$——目标可靠指标,见表 3.3。

表 3.3　不同安全等级的目标可靠指标 $[\beta]$

破坏类型	安全等级		
	一级	二级	三级
延性破坏	3.7	3.2	2.7
脆性破坏	4.2	3.7	3.2

当结构构件属延性破坏时,由于破坏之前有明显的变形或其他预兆,目标可靠指标可取略小一些;而当结构构件属脆性破坏时,因脆性破坏比较突然,破坏前无明显的变形或其他预兆,目标可靠指标应取大一些。

此外,根据建筑物的重要性不同,一旦发生破坏时对生命财产的危害程度以及对社会影响的不同,《统一标准》将建筑结构分为 3 个安全等级:

一级 —— 破坏后果很严重的重要建筑物;

二级 —— 破坏后果严重的一般建筑物;

三级 —— 破坏后果不严重的次要建筑物。

按可靠指标的设计准则虽然是直接运用概率论的原理,但在确定可靠指标时,我们将效应和抗力作为两个独立的随机变量,只考虑其平均值和标准差,而没有考虑二者联合分布的特点等因素,计算中又作了一些简化,所以这个准则只能称为近似概率准则。

可靠指标的设计方法只能在基本变量 R 及 S 的概率分布、统计参数等为已知的条件下进行。若结构的极限状态方程中的基本变量多于两个或两个以上,且基本变量不服从正态分布和极限状态方程为非线性时,则计算工作是相当复杂的。对于一般结构构件,直接根据目标可靠指标进行设计是过于繁琐和没有必要的。因此,《统一标准》给出了以概率极限状态设计方法为基础的实用设计表达式。

3.3 概率极限状态设计法的实用设计表达式

3.3.1 荷载的代表值和设计值

荷载是随机变量,任何一种荷载的大小都具有程度不同的变异性,因此进行建筑结构设计时,对于不同的设计情况采用不同的荷载代表值。

1. 永久荷载的代表值

永久荷载的代表值是标准值,荷载的标准值是指结构在其使用期间的正常情况下可能出现的最大荷载值,要求有 95% 的保证率。对结构自重,可按结构构件的设计尺寸与材料单位体积的自重计算确定。对于自重变异较大的材料和构件(如现场制作的保温材料、混凝土薄壁构件等),自重的标准值应根据对结构的不利状态,取上限值或下限值。

常用材料和构件的设计取值可参考《建筑结构荷载规范》(GB 50009—2012)附录 A 采用。

2. 可变荷载的代表值

可变荷载的代表值有可变荷载标准值、可变荷载组合值、可变荷载准永久值、可变荷载频遇值。

(1) 可变荷载标准值:可变荷载标准值按《建筑结构荷载规范》查用。

(2) 可变荷载组合值:结构上作用多种可变荷载时,各种可变荷载同时达到最大值的概率很小,为使结构在两种或两种以上可变荷载作用时的情况与仅有一种可变荷载作用时可靠指标大致相同,应对其进行折减。

可变荷载组合值应为可变荷载标准值 Q_k 乘以荷载组合值系数 φ_c。

(3) 可变荷载准永久值:可变荷载准永久值是按正常使用极限状态设计时,考虑可变荷载长期效应组合时采用的荷载代表值。

可变荷载准永久值应为可变荷载标准值 Q_k 乘以荷载准永久值系数 φ_q。

(4) 可变荷载频遇值:可变荷载频遇值是在设计基准期内,其超越时间较小比率或超越频率为规定频率的荷载值。

可变荷载频遇值应为可变荷载标准值 Q_k 乘以荷载频遇值系数 φ_f。

可变荷载的组合值系数、准永久值系数、频遇值系数按《建筑结构荷载规范》查用。

3. 偶然荷载的代表值

对偶然荷载应按建筑结构使用的特点确定其代表值。

4. 荷载的设计值

荷载设计值为荷载标准值乘以荷载分项系数,其大体上相当于结构在非正常使用情况下荷载的最大值。

(1) 永久荷载分项系数 γ_G

当其效应对结构不利时,由可变荷载效应控制的组合,$\gamma_G = 1.2$;由永久荷载效应控制的组合,$\gamma_G = 1.35$。

当其效应对结构有利时,一般取 $\gamma_G = 1.0$。

当验算结构倾覆和滑移时，取 $\gamma_G = 0.9$。

(2) 可变荷载分项系数 γ_Q

一般情况取 $\gamma_Q = 1.4$，对工业建筑楼面均布活荷载 $q \geqslant 4\ kN/m^2$ 的情况，取 $\gamma_Q = 1.3$。

3.3.2 材料强度的标准值和设计值

1. 材料强度的标准值

材料强度标准值是指在总的材料强度实测值中，强度标准值应具有不小于 95% 的保证率。钢筋材料强度标准值见附表 1、附表 2；混凝土材料强度标准值见附表 6。

2. 材料强度的设计值

考虑到材料强度小于标准值的可能性，结构承载力设计应采用材料强度设计值。材料强度设计值为材料强度标准值除以相应材料分项系数。

(1) 混凝土材料分项系数 γ_c：一般情况取 $\gamma_c = 1.4$。混凝土材料强度设计值见附表 7。

(2) 钢筋材料分项系数 γ_s：对 HPB300、HRB335、HRB400 钢筋，$\gamma_s = 1.1$；对预应力钢筋、钢绞线和热处理钢筋，$\gamma_s = 1.2$。钢筋材料强度设计值见附表 3、附表 4。

3.3.3 承载能力极限状态设计表达式

《规范》规定：结构构件的承载力设计值应采用下列极限状态设计表达式

$$\gamma_0 S \leqslant R \tag{3.9}$$

式中　γ_0——结构重要性系数。安全等级为一级或设计使用年限 $\geqslant 100$ 年，$\gamma_0 = 1.1$；安全等级为二级或设计使用年限 50 年，$\gamma_0 = 1.0$；安全等级为三级或设计使用年限 $\leqslant 50$ 年，$\gamma_0 = 0.9$；

　　　　R——结构构件抗力设计值；

　　　　S——作用（荷载）效应设计值，分别表示为弯矩设计值、剪力设计值、轴力设计值、扭矩设计值等。

1. 作用（荷载）效应设计值

当作用于结构上的可变荷载有两种或两种以上时，荷载基本不可能同时以其最大值出现，此时的荷载代表值采用组合值，即通过荷载组合值系数进行折减。

对于承载能力极限状态荷载效应 S 的基本组合，应从下列组合值中取其最不利值确定：

(1) 由可变荷载效应控制的组合

$$S = \gamma_G S_{GK} + \gamma_{Q1} S_{Q1K} + \sum_{i=2}^{n} \gamma_{Qi} \varphi_{ci} S_{QiK} \tag{3.10}$$

式中　γ_G——永久荷载分项系数。当其效应对结构不利时，对由可变荷载效应控制的组合，取 1.2；对由永久荷载效应控制的组合，取 1.35；当其效应对结构有利时，一般情况下取 1.0；对结构的倾覆等验算，应取 0.9；

　　　　S_{GK}——按永久荷载标准值计算的荷载效应值；

　　　　γ_{Qi}——第 i 个可变荷载的分项系数，其中 γ_{Q1} 为可变荷载 Q_1 的分项系数，其取值为：一般情况下取 1.4；对标准值大于 $4\ kN/m^2$ 的工业房屋楼面结构的活荷载取

1.3;

S_{QiK}—— 按可变荷载标准值 Q_i 计算的荷载效应值,其中 S_{Q1K} 为诸可变荷载效应中起控制作用者;

φ_{ci}—— 可变荷载标准值 Q_i 的组合值系数,按建筑结构《建筑结构荷载规范》的规定采用,其值一般为 0.7;

n—— 参与组合的可变荷载数。

对常见住宅、办公楼等民用建筑,当仅有一个可变荷载时

$$S = 1.2S_{GK} + 1.4S_{Q1K} \tag{3.11}$$

(2)由永久荷载效应控制的组合

$$S = \gamma_G S_{GK} + \sum_{i=1}^{n} \gamma_{Qi} \varphi_{ci} S_{QiK} \tag{3.12}$$

对常见住宅、办公楼等民用建筑,一般情况取 $\varphi_{ci} = 0.7$。

当仅有一个可变荷载时

$$S = 1.35S_{GK} + 1.4 \times 0.7S_{QiK} \tag{3.13}$$

当仅有一个可变荷载时

$$S = \gamma_G S_{GK} + \gamma_{Qi} S_{QiK} \tag{3.14}$$

对于偶然组合,内力的组合设计值宜按下列规定确定:偶然荷载(如地震)的代表值不乘分项系数;与偶然荷载同时出现的其他荷载,可以根据观测资料或工程经验采用适当的代表值;各种情况下荷载效应的设计值公式,可由有关规范另行规定。

2.结构抗力设计值

结构抗力设计值的大小取决于截面几何尺寸、截面材料种类与强度等级等多种因素,它的一般形式为

$$R = R(f_c, f_s, \alpha_k, \cdots) \tag{3.15}$$

式中 f_c—— 混凝土的强度设计值;

f_s—— 钢筋的强度设计值;

α_k—— 几何参数标准值。

3.3.4 正常使用极限状态设计表达式

正常使用极限状态主要验算构件变形和裂缝宽度,以满足结构适用性和耐久性要求。正常使用极限状态比承载能力极限状态可靠指标低,故取荷载标准值,不考虑 γ_0,并应按下列表达式进行设计

$$S \leqslant C \tag{3.16}$$

式中 C—— 结构或结构构件达到正常使用要求的规定限值,可查规范有关规定。

(1)对于标准组合,其荷载效应组合 S 的表达式为

$$S = S_{GK} + S_{Q1K} + \sum_{i=2}^{n} \varphi_{ci} S_{QiK} \tag{3.17}$$

(2)对于频遇组合,其荷载效应组合 S 的表达式为

$$S = S_{GK} + \varphi_{f1} S_{Q1K} + \sum_{i=2}^{n} \varphi_{qi} S_{QiK} \tag{3.18}$$

式中　　φ_{f1}——可变荷载 Q_1 的频遇系数；

　　　　φ_{qi}——可变荷载标准值 Q_i 的准永久值系数。

（3）对于准永久组合，荷载效应组合 S 的表达式为

$$S = S_{GK} + \sum_{i=1}^{n} \varphi_{qi} S_{QiK} \tag{3.19}$$

小　　结

1. 设计任何工程结构，都必须满足"安全性、适用性、耐久性"3 方面功能要求。

2. 结构的抗力达到或超过某预定状态时结构是安全的，这个状态称为极限状态。根据功能要求不同，极限状态分为承载能力极限状态和正常使用极限状态两类。

3. 结构上的作用，是指施加在结构上的集中或分布荷载，以及引起结构外加变形或约束变形的原因。作用可按随时间的变异、按空间位置的变异、按结构的反应状态进行分类。

4. 建筑结构设计时，对不同荷载应采用不同的代表值。对永久荷载应采用标准值作为代表值。对可变荷载应根据设计要求采用标准值、组合值、频遇值或准永久值作为代表值。对偶然荷载应按建筑结构使用的特点确定其代表值。

5. 作用效应是指由作用引起的结构或结构构件的反应，例如内力、变形和裂缝等。结构的抗力，是指结构或构件承受作用效应的能力，如结构构件承载力、抵抗变形、抗裂等的统称。

6. 结构在规定的时间内、规定的条件下，完成预定功能的概率，称为结构的可靠度。《统一标准》采用可靠指标 β 来度量结构的可靠性。

练　习　题

1. 结构的功能要求是什么？《建筑结构可靠度设计统一标准》对建筑结构的设计使用年限和安全等级是如何划分的？结构的重要性系数如何取值？

2. 什么是结构的极限状态？如何分类？

3. 什么是结构上的作用？如何分类？

4. 什么是结构上的作用效应？其表现形式有哪些？

5. 什么是结构的抗力 R？

6. 什么是荷载？荷载的分类如何？荷载代表值的表现形式是什么？荷载标准值与荷载设计值之间有怎样的关系？

7. 结构出现哪些情况表示达到了正常使用极限状态？

8. 已知一钢筋混凝土简支梁，截面尺寸 $b \times h = 200 \text{ mm} \times 500 \text{ mm}$，计算跨度 $l_0 = 4.2 \text{ m}$，梁净跨 $l_n = 3.96 \text{ m}$，梁上承受的恒荷载标准值 $g_k = 15 \text{ kN/m}$（含梁自重），活荷载标准值 $q_k = 9 \text{ kN/m}$，组合值系数 $\varphi_c = 0.7$，频遇值系数 $\varphi_f = 0.6$，准永久值系数 $\varphi_q = 0.5$。

求：（1）承载能力极限状态和正常使用极限状态下跨中弯矩设计值；

（2）承载能力极限状态下支座剪力设计值。

9. 某教学楼的内廊为简支在砖墙上的现浇钢筋混凝土平板,计算跨度为 2.5 m,板上作用的可变荷载标准值 $q_k = 2.4$ kN/m²,水磨石地面及细石混凝土垫层共 30 mm 厚(重度为 22 kN/m³),板底粉刷白灰砂浆 12 mm 厚(重度为 17 kN/m³),板厚为 80 mm(重度为 25 kN/m³),试计算板跨中截面的弯矩设计值。

第4章

受弯构件正截面承载力计算

【学习要点】

房屋建筑中梁、板是典型的受弯构件。在荷载作用下，受弯构件的截面将承受弯矩 M 和剪力 V 的作用。因此，设计受弯构件时，一般应满足两方面的要求：一是由于弯矩 M 的作用，构件可能沿某个正截面（即垂直于梁轴的各个截面）发生破坏，故需进行正截面受弯承载力计算；二是由于弯矩 M 和剪力 V 的共同作用，构件还可能沿剪压区段内的某个斜截面发生破坏，故还需进行斜截面承载力计算。

本章主要讨论梁的正截面受弯承载力计算，目的是根据荷载作用来确定梁、板的截面形式和尺寸，以及纵向受力钢筋的直径和数量。

受弯构件是指受弯矩和剪力共同作用的构件，它是工程应用中最广泛的一类构件，房屋中的梁、板都是典型的受弯构件。

受弯构件可能沿弯矩最大的截面发生破坏，也可能沿剪力最大或弯矩及剪力都较大的截面发生破坏。前者的破坏截面与构件的轴线垂直，称为正截面破坏；后者的破坏截面与构件的轴线斜交，称为斜截面破坏，如图 4.1 所示。在进行受弯构件设计时，既要保证构件不发生正截面破坏，又要保证构件不发生斜截面破坏，可分别通过正截面和斜截面承载力计算来保证。这便是本章与下一章要介绍的问题。

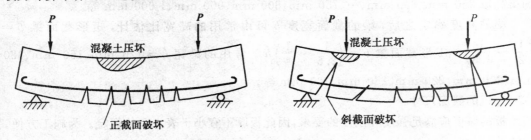

图 4.1　受弯构件破坏

4.1　梁板构造要求

4.1.1　截面形式与尺寸

1.截面形式

梁的截面形式,常见的有矩形、T形及工字形等;板的截面形式为有矩形、槽形、空心形等,如图 4.2 所示。板与梁的主要区别在于宽高比不同,板的宽度远大于高度。

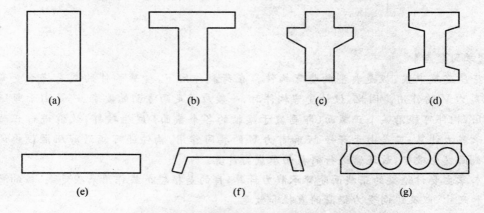

图 4.2　建筑工程常用梁板截面形式

2.梁的截面尺寸

梁的截面尺寸除了满足强度条件外,还应满足刚度要求和施工上的方便。从刚度条件看,构件截面高度可根据高跨比(h/l)来估计,如简支梁可取梁高为跨度的 $\frac{1}{8} \sim \frac{1}{12}$,悬臂梁的截面高度一般取挑出长度的 $\frac{1}{6}$ 左右。为了施工方便,便于模板周转,梁高 h 一般以 50 mm 的模数递增,对于较大的梁(例如 h 大于 800 mm),以 100 mm 的模数递增。常用的梁高取 250 mm、300 mm、…、750 mm、800 mm、900 mm、1 000 mm 等。

梁的高度确定之后,梁的截面宽度 b 可由常用的高宽比估计,矩形截面梁 $b = \left(\frac{1}{2} \sim \frac{1}{3.5}\right)h$,T 形截面梁 $b = \left(\frac{1}{2.5} \sim \frac{1}{4}\right)h$。常用的梁宽 $b = 120$ mm、150 mm、180 mm、200 mm、220 mm、250 mm、300 mm 等。

3.板的截面尺寸

板的厚度应满足强度和刚度的要求,因此板厚不宜小于表 4.1 的规定。为施工方便,现浇板以 10 mm 为模数,预制板以 5 mm 为模数。简支板的板厚一般取 $\geqslant \frac{l}{35}$,悬臂板的板厚一般取 $\geqslant \frac{l}{12}$,多跨连续板的板厚一般取 $\geqslant \frac{l}{40}$。

表 4.1　现浇钢筋混凝土板的最小厚度

板的类别		最小厚度 /mm
单向板	屋面板	60
	民用建筑楼板	60
	工业建筑楼板	70
	行车道下的楼板	80
双向板		80
密肋板	面板	50
	肋高	250
悬臂板	板的悬臂长度小于或等于 500 mm	60
	板的悬臂长度大于 500 mm	80
无梁楼板		150

4.1.2　混凝土保护层

混凝土保护层指最外层钢筋的外边缘到混凝土外表面的距离,用 c 表示。

混凝土保护层有 3 个作用:

(1) 防止纵向钢筋锈蚀;

(2) 在火灾等情况下,使钢筋的温度上升缓慢;

(3) 使纵向钢筋与混凝土有较好的粘结。

梁、板、柱的混凝土保护层厚度与环境类别和混凝土强度等级有关,见附表 9。由该表可知,在室内的环境下,混凝土强度等级为 C25 ～ C45 时,梁的最小混凝土保护层厚度是 20 mm,板的最小混凝土保护层厚度是 15 mm。此外,纵向受力钢筋的混凝土保护层最小厚度尚不应小于钢筋的公称直径。

4.1.3　钢筋的间距和直径

1. 板中钢筋

(1) 板的受力钢筋

板中受力钢筋的作用是承受弯矩,沿板跨方向布置在受拉侧,钢筋用量需计算。板中受力钢筋的直径一般为 6 ～ 12 mm。受力钢筋的间距:当板厚 $h < 150$ mm 时,不大于 200 mm;当板厚 $h \geqslant 150$ mm 时,不大于 $1.5h$ 且不大于 350 mm。同时,为便于施工,板中受力钢筋间距一般不小于 70 mm。板中伸入支座的下部钢筋,其间距不应大于 400 mm,截面面积不应小于跨中受力钢筋截面面积的 $\frac{1}{3}$,其锚固长度 l_{as} 不应小于 $5d$。板中弯起钢筋与梁轴线的夹角不宜小于 30°。

(2) 板的分布钢筋

当按单向板设计时,除沿受力方向布置受力钢筋外,还应在垂直于受力钢筋的方向外设置分布钢筋。分布钢筋的作用是固定受力筋并将荷载分布到各受力筋上,同时承受沿板长边方向实际存在(计算中未加考虑)的弯矩以及混凝土收缩及温度应力。单位长度上分布钢筋的截面面积不应小于单位宽度上受力钢筋截面面积的 15%，且不应小于该方向板截面面积的 0.15%，分布钢筋直径不宜小于 6 mm，间距不宜大于 250 mm；对于集中荷载较大或温度变化较大的情况，分布钢筋的截面面积应适当增加，其间距不宜大于 200 mm。分布钢筋及受力钢筋的布置如图 4.3 所示。

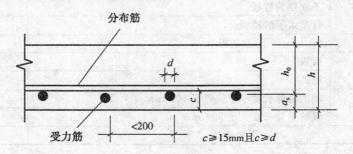

图 4.3　板的配筋构造要求

（3）板中其他构造钢筋

板中构造钢筋的作用是承受负弯矩，构造钢筋布置在板的上侧，并应符合下列规定：钢筋间距不应大于 200 mm，直径不宜小于 8 mm（包括弯起钢筋在内），其伸出墙边的长度不应小于 $\dfrac{l_1}{7}$（l_1 为单向板的跨度或双向板的短边跨度）；对两边均嵌固在墙内的板角部分，应双向配置上部构造钢筋，其伸出墙边的长度不应小于 $\dfrac{l_1}{4}$；沿受力方向配置的上部构造钢筋，直径不宜小于 8 mm，间距不宜大于 200 mm，且单位长度内的总截面面积不应小于跨中受力钢筋截面面积的 $\dfrac{1}{3}$。

在温度和收缩应力较大的现浇板区域内尚应布置附加钢筋。附加钢筋的数量可按工程经验确定，并沿板的上、下表面布置。沿一个方向增加的附加钢筋配筋率不宜小于 0.1%，其直径不宜过大，间距宜取 150 ～ 200 mm，并应按受力钢筋确定该附加钢筋伸入支座的锚固长度。

2. 梁中钢筋

（1）梁中受力钢筋

受力钢筋的作用是承受弯矩，钢筋用量需要计算。纵向受力钢筋直径一般选用 12 ～ 25 mm。若配不同直径的钢筋，直径相差以 2 mm 为宜，伸入梁支座范围内的纵向受力钢筋一般不应少于 2 根，仅当梁宽小于 100 mm 时可为 1 根。为了便于浇注混凝土，保证混凝土良好的密实性，钢筋的净间距及钢筋的最小保护层厚度应满足图 4.4 的要求，当截面下部纵筋多于两排时，上排水平方向的中距应比下排中距大 1 倍。

（2）梁中弯起钢筋

弯起钢筋斜段部分的作用是承受剪力，水平段部分承受支座负弯矩。钢筋用量需计算确定。

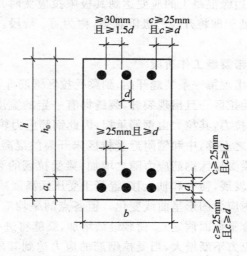

图 4.4　梁中钢筋净距、混凝土保护层厚度

（3）梁中箍筋

箍筋的作用是承受剪力，联系受拉及受压钢筋共同工作，并固定其位置，便于浇灌混凝土，钢筋用量需计算确定。

（4）梁中架立钢筋

架立钢筋的作用是固定箍筋，与受力筋形成骨架，钢筋用量按构造要求确定。

梁内架立钢筋的直径，当梁跨小于 4 m 时，不宜小于 8 mm，当梁跨为 4～6 m 时，不宜小于 10 mm；当梁跨大于 6 m 时，不宜小于 12 mm。当梁的腹板高度 $h_w \geqslant 450$ mm 时，在梁的两个侧面应沿高度配置纵向构造钢筋，纵向构造钢筋的间距不宜大于 200 mm，每侧纵向构造钢筋（不包括受力筋及架立筋）的截面面积不应小于腹板截面面积 bh_w 的 0.1%。

4.2　适筋梁正截面承载力试验研究与分析

4.2.1　适筋梁正截面工作的 3 个阶段

为了建立受弯构件正截面承载力的计算公式，必须通过试验了解钢筋混凝土受弯构件截面的应力分布及其破坏过程。大量试验结果表明，当梁中纵向受力钢筋配置适当时，梁从加载开始到破坏为止其正截面受力状态可分 3 个阶段，如图 4.5 所示。

1. 第 I 阶段 —— 弹性工作阶段

从开始加载至梁受拉区即将出现第一条裂缝的整个受力过程，称为第 I 阶段。这时，混凝土处于弹性工作阶段，梁正截面上各点的应力与应变成正比，各点的应变与其到中和轴的距离成线性比例关系，受压区与受拉区混凝土应力图形均为三角形，受拉区的拉力由混凝土和钢筋共同承担。随着荷载的增加，当受拉区边缘混凝土应力接近其抗拉强度时，受拉区边缘混凝土表现出塑性变形特点，其应变增长较应力增长为快，受拉区应力图呈曲线变化，而受压区混凝土却仍处于弹性工作阶段，压应力图形仍为三角形。当荷载增加到使梁受拉区最外边缘混凝土的应变达到其极限拉应变时,相应的混凝土也达到了其抗拉强度 f_t,此时梁处于即将开裂的极限状态,称为 I_a 阶段。I_a 阶段承受的弯矩为开裂弯矩 M_{cr}。

2. 第 II 阶段 —— 带裂缝工作阶段

从梁受拉区混凝土出现第一条裂缝开始,到梁受拉区钢筋即将屈服的整个受力过程,称为第 II 阶段。梁的受拉区一旦出现裂缝,裂缝即有一定的宽度和长度,裂缝截面处已开裂的混凝土不再承受拉力,其拉力由钢筋承担,因此钢筋应力较开裂前会突然增大。开裂截面处的中和轴也随之上移,中和轴附近受拉区未开裂的混凝土仍能承受部分拉力。随着荷载的继续增加,梁受拉区钢筋应力随之增加,梁受拉区的裂缝数量不断增多,裂缝的宽度继续增大并向上发展,使中和轴上移,混凝土受压区高度减小、压应力增加,受压区混凝土塑性变形增加,压应力图形呈曲线变化。但各点的平均应变与其到中和轴的距离仍呈线性比例关系(符合平截面假定)。荷载继续增加,裂缝将进一步发展,中和轴继续上移,使钢筋和混凝土的应力不断增大,当受拉钢筋的应力达到其屈服强度 f_y 时,第 II 阶段即告结束,此时可称之为 II_a 阶段。

3. 第 III 阶段 —— 破坏阶段

钢筋屈服后,应力保持不变(f_y),而应变 ε_s 急剧增加,中和轴迅速上移,压区高度减小,受压区混凝土的应变随之急剧增大。当受压区最外边缘处混凝土的压应变达到极限压应变 ε_{cu} 时,混凝土被压碎,截面发生破坏,梁达到最大承载能力 M_u,此时称为 III_a 阶段。

截面抗裂验算是建立在 I_a 阶段的基础之上,构件使用阶段的变形和裂缝宽度验算是建立在第 II_a 阶段的基础之上,而 III_a 阶段则是梁正截面承载力计算的依据。

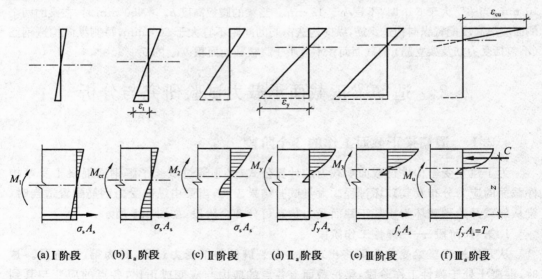

图 4.5 梁在各受力阶段的应力、应变图

4.2.2 配筋率对正截面破坏形态的影响

构件的配筋率是指构件所配置的纵向受力钢筋截面面积与截面有效面积的比值,即

$$\rho = \frac{A_s}{bh_0} \tag{4.1}$$

式中　A_s——纵向受力钢筋截面面积；

　　　b——构件的截面宽度；

　　　h_0——构件的截面有效高度,指受拉筋合力中心到受压边缘混凝土的距离,一般
　　　　　　当板厚 $h < 100$ mm 时,$h_0 = h - 20$ mm;当板厚 $h \geqslant 100$ mm 时,$h_0 = h - 25$ mm;对于梁受拉钢筋配置为一排时,$h_0 = h - 35$ mm;当配置二排时,$h_0 = h - 60$ mm。

　　试验证明,构件的正截面破坏特征与配筋率、钢筋和混凝土强度等级、截面形式等因素有关,但以配筋率对构件正截面破坏特征的影响最为明显。根据配筋率不同,构件的破坏形式可分为 3 类,如图 4.6 所示。

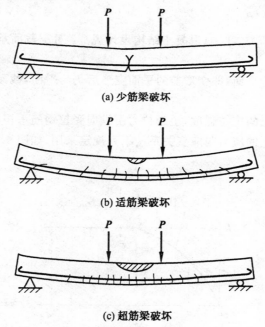

(a) 少筋梁破坏

(b) 适筋梁破坏

(c) 超筋梁破坏

图 4.6　梁的 3 种破坏形态

1. 少筋梁

　　当配筋率过小时,构件受拉区混凝土一开裂,立即裂缝很宽,受拉钢筋立即达到屈服强度,构件立即发生破坏。

　　构件破坏前没有明显预兆,属脆性破坏,受压区混凝土尚未破坏,浪费材料,称为少筋梁破坏。

2. 适筋梁

　　当配筋率适中时,构件的破坏首先是从受拉钢筋达到屈服点开始的,然后受压混凝土被压碎。钢筋和混凝土的强度都能得到充分利用。破坏前钢筋有较长的塑性变形,破坏时有明显的预兆,属于塑性破坏,称为适筋梁破坏。

3. 超筋梁

当配筋率过大时,构件的破坏是由于受压区的混凝土被压碎而引起的,受拉区纵向受力钢筋不屈服。构件破坏时裂缝尚不宽,挠度尚不大,没有明显预兆,属于脆性破坏,钢筋强度得不到充分利用,浪费材料,称为超筋梁破坏。

超筋梁和少筋梁破坏都不能充分利用材料的强度,而且破坏前没有明显的预兆,破坏将造成严重的后果,因此设计时只允许设计成适筋梁,通过控制配筋率和受压区高度来保证。

4.3 正截面承载力计算的基本原则

4.3.1 基本假定

根据大量的试验研究,我国《混凝土结构设计规范》对正截面承载力计算采用下列基本假定:

(1) 截面应变保持平面,即变形前的平面变形后仍为平面,截面上各点的应变保持线性变化关系;

(2) 不考虑混凝土的抗拉强度,全部拉力由纵向受拉钢筋承担;

(3) 受压区混凝土的应力与应变关系按下列规定采用,如图 4.7 所示。

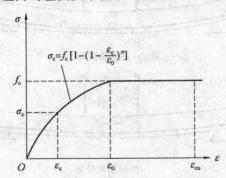

图 4.7 混凝土受压区应力-应变关系图

当 $\varepsilon_c \leqslant \varepsilon_0$ 时

$$\sigma_c = f_c \left[1 - \left(1 - \frac{\varepsilon_c}{\varepsilon_0} \right)^n \right] \tag{4.2}$$

当 $\varepsilon_0 \leqslant \varepsilon_c \leqslant \varepsilon_{cu}$ 时

$$\sigma_c = f_c \tag{4.3}$$

$$\varepsilon_0 = 0.002 + 0.5(f_{cu,k} - 50) \times 10^{-5}$$

$$\varepsilon_{cu} = 0.0033 - (f_{cu,k} - 50) \times 10^{-5}$$

$$n = 2 - (f_{cu,k} - 50)/60$$

式中　　σ_c——对应于混凝土压应变为 ε_c 时的混凝土压应力,N/mm^2;

　　　　f_c——混凝土轴心抗压强度设计值;

ε_0——对应于混凝土压应力刚达到 f_c 时混凝土压应变,当计算的 ε_0 值小于 0.002
　　　　时,应取 $\varepsilon_0 = 0.002$;

ε_{cu}——正截面处于非均匀受压时的混凝土极限压应变,当计算的 ε_{cu} 值大于
　　　　0.003 3 时,应取 $\varepsilon_{cu} = 0.003\,3$;

n——系数,当计算的 n 值大于 2.0 时,应取 $n = 2.0$;

$f_{cu,k}$——混凝土立方体抗压强度标准值,N/mm²。

(4) 钢筋应力取钢筋应变与其弹性模量的乘积,但其绝对值不应大于其强度设计
值。受拉钢筋的极限拉应变取 0.01。

4.3.2　等效矩形应力图形

受弯构件受压区混凝土的压应力分布图,理论上可根据平截面假定得出每一纤维的
应变值,再从混凝土的应力-应变曲线中找到相应的压应力值,从而可以求出压区混凝土
的应力分布图。为了简化计算,国内外规范多采用以等效矩形应力图形来代替压区混凝
土应力图形,其换算的条件是:

(1) 等效矩形应力图形的面积与理论图形的面积相等,即压应力的合力大小不变;

(2) 等效矩形应力图形的形心位置与理论应力图形的总形心位置相同,即压应力的
合力作用点不变。

根据以上两个条件,具体换算结果如图 4.8 所示。系数 α_1 和 β_1 的取值见表 4.2。

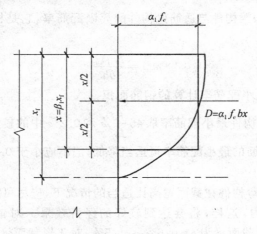

图 4.8　等效矩形应力图

表 4.2　系数 α_1 和 β_1

	≤ C50	C55	C60	C65	C70	C75	C80
α_1	1.00	0.99	0.98	0.97	0.96	0.95	0.94
β_1	0.80	0.79	0.78	0.77	0.76	0.75	0.74

4.3.3　界限相对受压区高度与最小配筋率

1.界限相对受压区高度

界限相对受压区高度是指适筋梁界限破坏时,截面换算受压区高度 x_b 与截面有效高

度 h_0 的比值,用符号 ξ_b 表示。界限破坏是指正截面内受拉钢筋达到屈服强度的同时,受压区边缘混凝土也达到极限压应变。

$$\xi_b = \frac{x_b}{h_0} = \frac{\beta_1 x_0}{h_0} = \beta_1 \frac{\varepsilon_{cu}}{\varepsilon_{cu} + \varepsilon_y} = \frac{\beta_1}{1 + \frac{\varepsilon_y}{\varepsilon_{cu}}} = \frac{\beta_1}{1 + \frac{f_y}{\varepsilon_{cu} E_s}} \tag{4.4}$$

当 $\xi > \xi_b$ 时,$\sigma_s < f_y$,即构件破坏时钢筋不能屈服,属于超筋梁;当 $\xi \leqslant \xi_b$ 时,构件破坏时钢筋能屈服,属于适筋梁或少筋梁。因此,ξ_b 是衡量构件破坏时钢筋强度能否充分利用的特征值。

配置有明显屈服点钢筋的受弯构件,常用的界限相对受压区高度 ξ_b 见表 4.3。

表 4.3　受弯构件有屈服点钢筋的 ξ_b 值

钢筋等级	混凝土的强度等级						
	$\leqslant$ C50	C55	C60	C65	C70	C75	C80
HPB235	0.614	0.6.6	0.594	0.584	0.575	0.565	0.555
HRB335	0.550	0.541	0.531	0.522	0.512	0.503	0.493
HRB400 RRB400	0.518	0.508	0.499	0.490	0.481	0.472	0.463

2.最小配筋率

最小配筋率是少筋梁构件与适筋梁构件的界限配筋率,它是根据受弯构件的开裂弯矩确定的。

$$\rho_{min} = \frac{A_{s,min}}{bh} \tag{4.5}$$

式中　$A_{s,min}$ —— 按最小配筋率计算的钢筋面积。

《规范》规定:受弯构件最小配筋率取 $45 \frac{f_t}{f_y}\%$ 和 0.2% 中的较大者。卧置于地基上的混凝土板,板的受拉钢筋的最小配筋率可适当降低,但不应小于 0.15%。

3.经济配筋率

根据设计经验,受弯构件在截面宽高比适当的情况下,应尽可能地使其配筋率处在以下经济配筋率的范围内,这样,将会达到较好的经济效果。对钢筋混凝土板来说,$\rho = 0.4\% \sim 0.8\%$,对矩形截面梁为 $\rho = 0.6\% \sim 1.5\%$,对 T 形截面梁为 $\rho = 0.9\% \sim 1.8\%$。

4.4　单筋矩形截面受弯构件正截面承载力计算

4.4.1　基本公式及适用条件

1.基本公式

截面即将破坏时处于静力平衡状态,如图 4.9 所示,建立两个静力平衡方程,即

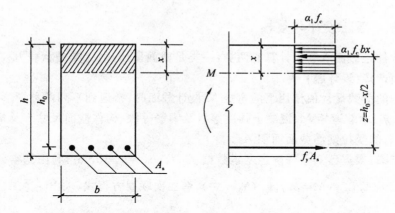

图 4.9　单筋矩形截面受弯构件正截面受弯承载力计算简图

$$\begin{cases} \sum N = 0 & \alpha_1 f_c b x = f_y A_s \end{cases} \qquad (4.6)$$

$$\sum M = 0 \qquad M = \alpha_1 f_c b x \left(h_0 - \frac{x}{2}\right) \text{ 或 } M = f_y A_s \left(h_0 - \frac{x}{2}\right) \qquad (4.7)$$

式中　M—— 作用在截面上的弯矩设计值；

$\quad\quad\ A_s$—— 纵向受力钢筋截面面积；

$\quad\quad\ b$—— 构件的截面宽度；

$\quad\quad\ h_0$—— 截面有效高度；

$\quad\quad\ x$—— 混凝土受压区高度；

$\quad\quad\ f_c$—— 混凝土轴心抗压强度设计值；

$\quad\quad\ f_y$—— 钢筋抗拉强度设计值；

$\quad\quad\ \alpha_1$—— 系数,当混凝土强度等级不超过 C50 时,取 1.0;当混凝土强度等级为 C80 时,取 0.94;其间按线性内插法取用。

2. 适用条件

(1) 为了防止构件发生超筋破坏,应满足

$$\xi = \frac{x}{h_0} = \frac{A_s}{b h_0} \cdot \frac{f_y}{\alpha_1 f_c} = \rho \frac{f_y}{\alpha_1 f_c} \leqslant \xi_b \qquad (4.8)$$

或

$$x \leqslant \xi_b h_0 \qquad (4.9)$$

即

$$\rho = \frac{A_s}{b h_0} \leqslant \xi_b \frac{\alpha_1 f_c}{f_y} \qquad (4.10)$$

如出现超筋破坏的情况,可考虑加大截面尺寸、提高材料强度等级或设计成双筋截面。

(2) 为了防止构件发生少筋破坏,应满足

$$A_s \geqslant \rho_{\min} b h \qquad (4.11)$$

若 $A_s < \rho_{\min} b h$,则,按 $A_s = \rho_{\min} b h$ 计算钢筋用量。

4.4.2　截面设计与复核

受弯构件正截面承载力计算有两类：一类是截面设计，另一类是承载力校核。

1. 截面选择（设计题）

按已知的荷载设计值作用下的弯矩 M 设计截面时，常遇到下列两种情形：

（1）已知：承载弯矩 M、混凝土强度等级及钢筋等级、构件截面尺寸 b 及 h。

求：所需的受拉钢筋截面面积 A_s。

基本步骤：根据已知条件确定基本数据 f_c、f_y、$h_0 = h - a_s$、α_1，利用基本公式

$\alpha_1 f_c bx = A_s f_y$ 和 $M = \alpha_1 f_c bx\left(h_0 - \dfrac{x}{2}\right)$，解二次联立方程式，求出 x、ξ、A_s，其中 $x = h_0$

$\pm\sqrt{h_0^2 - \dfrac{2M}{\alpha_1 f_c b}}$，$A_s = \dfrac{M}{f_y\left(h_0 - \dfrac{x}{2}\right)}$。然后验算适用条件，即要求满足 $\xi \leqslant \xi_b$。若 $\xi > \xi_b$，需

加大截面或提高混凝土强度等级，或改用双筋矩形截面。若 $\xi \leqslant \xi_b$，则计算继续进行，按求出的 A_s 选择钢筋，采用的钢筋截面面积与计算所得的 A_s 值比较，两者相差不超过 $\pm 5\%$，并检查实际的 a_s 值与假定的 a_s 是否大致相符，如果相差太大，则需要重新计算。最后应该以实际采用的钢筋截面面积来验算使用条件，即要求满足 $A_s \geqslant \rho_{\min} bh$，如果不满足，则纵向受拉钢筋应按 $A_s = \rho_{\min} bh$ 配置。

（2）已知：承载弯矩 M、混凝土强度等级及钢筋等级。

求：构件截面尺寸 b 及 h 和所需的受拉钢筋截面面积 A_s。

基本步骤：按照刚度条件初步确定 h，再按照高宽比确定 b（矩形截面梁的高宽比 h/b 一般取 $2.0 \sim 3.5$，为了统一模板尺寸便于施工，建议梁的宽度采用 $b = 120$ mm、150 mm、180 mm、200 mm、250 mm、300 mm、350 mm 等尺寸；梁的高度采用 $h = 250$ mm、300 mm、350 mm、$\cdots$、750 mm、800 mm、900 mm、$1\,000$ mm 等尺寸），然后按情形计算。

2. 承载力校核（复核题）

已知：混凝土强度等级及钢筋等级、构件截面尺寸 b 及 h、受拉钢筋截面面积 A_s。

求：截面受弯承载力设计值 M_u。

基本步骤：验算配筋率 $A_s \geqslant \rho_{\min} bh$，利用基本公式 $M = \alpha_1 f_c bx\left(h_0 - \dfrac{x}{2}\right)$ 和 $\alpha_1 f_c bx = f_y A_s$ 联立解方程，$x = \dfrac{f_y A_s}{\alpha_1 f_c b} < \xi_b h_0$，将 x 代入方程 $M = \alpha_1 f_c bx\left(h_0 - \dfrac{x}{2}\right)$，得

$M_u = \alpha_1 f_c bx\left(h_0 - \dfrac{x}{2}\right)$。若 $x > \xi_b h_0$，则令 $x = \xi_b h_0$，即 $M_u = \alpha_1 f_c b \xi_b h_0\left(h_0 - \dfrac{\xi_b h_0}{2}\right)$。

4.4.3　计算表格的编制与应用

采用基本公式法进行截面设计时，需求解 x 的二次方程，比较繁琐且容易出错。为了简化计算，可引用一些参数编制成表格，称为表格法。基本公式(4.6)及式(4.7)可改写成

$$f_y A_s = \alpha_1 f_c bh_0 \xi \tag{4.12}$$

$$M = \alpha_s \alpha_1 f_c bh_0^2 \tag{4.13}$$

$$M = f_y A_s \gamma_s h_0 \tag{4.14}$$

式中
$$\alpha_s = \xi(1 - 0.5\xi) \tag{4.15}$$

$$\gamma_s = 1 - 0.5\xi \tag{4.16}$$

显然,参数 ξ、α_s、γ_s 之间存在一一对应的关系。公式(4.15)、式(4.16)可编制成表 4.4。利用表 4.4 求 ξ 及 γ_s 有时要用到插入法,这时 ξ 及 γ_s 也可直接按下列公式计算

$$\xi = 1 - \sqrt{1 - 2\alpha_s} \tag{4.17}$$

$$\gamma_s = \frac{1 + \sqrt{1 - 2\alpha_s}}{2} \tag{4.18}$$

表 4.4　矩形和 T 形截面受弯构件正截面强度计算系数表

ξ	γ_s	α_s	ξ	γ_s	α_s	ξ	γ_s	α_s
0.01	0.995	0.010	0.21	0.895	0.188	0.41	0.795	0.326
0.02	0.990	0.020	0.22	0.890	0.196	0.42	0.790	0.332
0.03	0.985	0.030	0.23	0.885	0.203	0.43	0.785	0.337
0.04	0.980	0.039	0.24	0.880	0.211	0.44	0.780	0.343
0.05	0.975	0.048	0.25	0.875	0.219	0.45	0.775	0.349
0.06	0.970	0.058	0.26	0.870	0.226	0.46	0.770	0.354
0.07	0.965	0.067	0.27	0.865	0.234	0.47	0.765	0.359
0.08	0.960	0.077	0.28	0.860	0.241	0.48	0.760	0.365
0.09	0.955	0.085	0.29	0.855	0.248	0.49	0.755	0.370
0.10	0.950	0.095	0.30	0.850	0.255	0.50	0.750	0.375
0.11	0.945	0.104	0.31	0.845	0.262	0.51	0.745	0.380
0.12	0.940	0.113	0.32	0.840	0.269	0.52	0.740	0.385
0.13	0.935	0.121	0.33	0.835	0.275	0.53	0.735	0.390
0.14	0.930	0.130	0.34	0.830	0.282	0.54	0.730	0.394
0.15	0.925	0.139	0.35	0.825	0.289	0.55	0.725	0.400
0.16	0.920	0.147	0.36	0.820	0.295	0.56	0.720	0.403
0.17	0.915	0.155	0.37	0.815	0.301	0.57	0.715	0.408
0.18	0.910	0.164	0.38	0.810	0.309	0.58	0.710	0.412
0.19	0.905	0.172	0.39	0.805	0.314	0.59	0.705	0.416
0.20	0.900	0.180	0.40	0.800	0.320	0.60	0.700	0.420

现介绍利用表 4.4 进行截面设计和校核的步骤。

1.截面选择(设计题)

(1)已知:承载弯矩 M、混凝土强度等级及钢筋等级、构件截面尺寸 b 及 h。

求:所需的受拉钢筋截面面积 A_s。

基本步骤:

① 由式(4.13)求 α_s 值

$$\alpha_s = \frac{M}{\alpha_1 f_c b h_0^2}$$

② 根据 α_s 的值,查表 4.4 可得出相应的 ξ 及 γ_s 值,要求 $\xi \leqslant \xi_b$。

③ 由式(4.12)可求出 A_s。

$$A_s = \frac{\alpha_1 f_c b h_0 \xi}{f_y}$$

或由式(4.14)求得 A_s。

$$A_s = \frac{M}{f_y \gamma_s h_0}$$

④ 选择钢筋的根数和直径。

⑤ 验算最小配筋率 $A_s \geqslant \rho_{\min} bh$。若 $A_s < \rho_{\min} bh$，取 $A_s = \rho_{\min} bh$。

⑥ 检查所选钢筋是否符合构造要求。

(2) 已知：承载弯矩 M、混凝土强度等级及钢筋等级。

求：构件截面尺寸 b 及 h，所需的受拉钢筋截面面积 A_s。

基本步骤：

① 假定梁的宽度 b，并在经济范围内取用配筋率 ρ。

② 由公式(4.10)求得 ξ

$$\xi = \rho \frac{f_y}{\alpha_1 f_c}$$

③ 查表 4.4 可得出相应的 α_s 及 γ_s 值，然后由公式(4.13)求出 h_0

$$h_0 = \sqrt{\frac{M}{\alpha_s \alpha_1 f_c b}}$$

④ 根据 $h = h_0 + 35$(或 $h = h_0 + 60$)，取整后当 $\dfrac{b}{h} = \dfrac{1}{2} \sim \dfrac{1}{3.5}$ 时符合要求，否则再设 b 重求 h 值，直至符合要求为止。

⑤ 按情形以相同的方法计算 A_s 值。

2. 承载力校核(复核题)

已知：混凝土强度等级及钢筋等级、构件截面尺寸 b 及 h、受拉钢筋截面面积 A_s。

求：截面受弯承载力设计值 M_u。

基本步骤：

① 由公式(4.10)求得 ξ 值

$$\xi = \frac{A_s}{bh_0} \cdot \frac{f_y}{\alpha_1 f_c}$$

② 当 $\xi \leqslant \xi_b$ 时，从表4.4中查得 α_s 及 γ_s 值，再通过公式(4.13)或公式(4.14)求得 M_u 值。当 $\xi > \xi_b$ 时，则取 $\xi = \xi_b$，求 M_u 值。

例 4.1 已知矩形截面梁 $b \times h = 250 \text{ mm} \times 500 \text{ mm}$，$a_s = 35 \text{ mm}$，由荷载设计值产生的弯矩 $M = 170 \text{ kN} \cdot \text{m}$。混凝土强度的等级 C30，钢筋选用 HRB400 级。试求所需的受拉钢筋截面面积 A_s 值。

解 $h_0/\text{mm} = 500 - 35 = 465$，$\alpha_1 = 1.0$。

查附表7，混凝土强度设计值 $f_c = 14.3 \text{ N/mm}^2$，$f_t = 1.43 \text{ N/mm}^2$。

查附表3，钢筋强度设计值 $f_y = 360 \text{ N/mm}^2$。

则 $$\alpha_s = \frac{M}{\alpha_1 f_c b h_0^2} = \frac{170 \times 10^6}{1.0 \times 14.3 \times 250 \times 465^2} = 0.22$$

查表 4.4 并根据内插法得

$$\xi = 0.253 < \xi_b = 0.518, \gamma_s = 0.874$$

$$A_s/\text{mm}^2 = \frac{M}{f_y \gamma_s h_0} = \frac{170 \times 10^6}{360 \times 0.874 \times 465} = 1\ 162$$

选用 4 Φ 25($A_s = 1\ 256\ \text{mm}^2$)

$$45\frac{f_t}{f_y}\% = 45 \times \frac{1.43}{360}\% = 0.17\% < 0.2\%\ \text{,所以 } \rho_{\min} = 0.2\%\text{。}$$

$$A_s = 1\ 256\ \text{mm}^2 > \rho_{\min}bh = 0.2\% \times 250 \times 500\ \text{mm}^2 = 250\ \text{mm}^2$$

由以上验算,截面符合适筋条件。

一排钢筋所需要的最小宽度为 $b_{\min}/\text{mm} = 4 \times 25 + 5 \times 25 = 225 < 250$

例 4.2　已知钢筋混凝土简支梁,计算跨度 $l = 5.6\ \text{m}, a_s = 35\ \text{mm}$。其上作用均布荷载设计值为 22 kN/m(不包括梁自重),混凝土强度等级为 C20,钢筋选用 HRB335 级钢筋,$f_c = 9.6\ \text{N/mm}^2, f_t = 1.1\ \text{N/mm}^2, f_y = 300\ \text{N/mm}^2$。试确定其截面尺寸和配筋。

解　(1) 荷载及内力计算

设梁截面尺寸 $b \times h = 200\ \text{mm} \times 500\ \text{mm}$。因梁自重的荷载分项系数 $\gamma_G = 1.2$,混凝土自重为 25 kN/mm³,则梁的均布线荷载设计值为

$$q/(\text{kN} \cdot \text{m}^{-1}) = 22 + 0.2 \times 0.5 \times 25 \times 1.2 = 25$$

最大弯矩设计值为

$$M/(\text{kN} \cdot \text{m}) = \frac{1}{8} \times 25 \times 5.6^2 = 98$$

即 $M = 98 \times 10^6\ \text{N} \cdot \text{mm}$。

(2) 截面估算

设 $\rho = 1.0\%, b = 200\ \text{mm}$,则

$$\xi = \rho\frac{f_y}{\alpha_1 f_c} = 0.01 \times \frac{300}{1.0 \times 9.6} = 0.313$$

查表 4.4 并用内插法得,$\alpha_s = 0.264$,则

$$h_0/\text{mm} = \sqrt{\frac{M}{\alpha_s \alpha_1 f_c b}} = \sqrt{\frac{98 \times 10^6}{0.264 \times 1.0 \times 9.6 \times 200}} = 440$$

取 $h = 500\ \text{mm}$,因 $\dfrac{b}{h} = \dfrac{200}{500} = \dfrac{1}{2.5}$,故符合宽高比要求。

(3) 配筋计算

$$h_0/\text{mm} = h - a_s = 500 - 35 = 465$$

$$\alpha_s = \frac{98 \times 10^6}{1.0 \times 9.6 \times 200 \times 465^2} = 0.236$$

查表 4.4 并用内插法得

$$\xi = 0.273 < \xi_b = 0.550, \gamma_s = 0.864$$

$$A_s/\text{mm}^2 = \frac{M}{f_y \gamma_s h_0} = \frac{98 \times 10^6}{300 \times 0.864 \times 465} = 813$$

选用 $4\,\Phi\,16(A_s = 804\ \mathrm{mm}^2)$。

$$45\,\frac{f_t}{f_y}\% = 45 \times \frac{1.1}{300}\% = 0.165\% < 0.2\%\ ,\text{所以}\ \rho_{\min} = 0.2\%$$

$$A_s = 804\ \mathrm{mm}^2 > \rho_{\min} bh = 0.2\% \times 200 \times 500\ \mathrm{mm}^2 = 200\ \mathrm{mm}^2$$

$$\frac{813 - 804}{813} = 1.1\% < 5\%$$

由以上验算，截面符合适筋条件。

一排钢筋所需要的最小宽度为 $b_{\min} = (4 \times 16 + 5 \times 25)\ \mathrm{mm} = 189\ \mathrm{mm} < 200\ \mathrm{mm}$。

例 4.3　已知某钢筋混凝土梁，$b \times h = 200\ \mathrm{mm} \times 450\ \mathrm{mm}$，混凝土强度等级 C60，$a_s = 35\ \mathrm{mm}$，钢筋用 HRB400 级钢筋 $4\,\Phi\,16(A_s = 804\ \mathrm{mm}^2)$。试求该梁所能承受的极限弯矩设计值 M_u。

解　由已知条件得 $\alpha_1 = 0.98$，$f_c = 27.5\ \mathrm{N/mm}^2$，$f_y = 360\ \mathrm{N/mm}^2$，且 $h_0/\mathrm{mm} = 450 - 35 = 415$，则

$$\xi = \frac{A_s}{bh_0} \cdot \frac{f_y}{\alpha_1 f_c} = \frac{804 \times 360}{200 \times 415 \times 0.98 \times 27.5} = 0.129 < \xi_b = 0.500$$

查表 4.4 并用内插法得，$\alpha_s = 0.121$，则

$$M_u/(\mathrm{N} \cdot \mathrm{mm}) = \alpha_s \alpha_1 f_c bh_0^2 = 0.121 \times 0.98 \times 27.5 \times 200 \times 415^2 = 112 \times 10^6$$

即 $M_u = 112\ \mathrm{kN} \cdot \mathrm{m}$。

4.5　双筋矩形截面受弯构件正截面承载力计算

在截面受压区配置有纵向受压钢筋的梁，称为双筋矩形截面梁。由于双筋矩形截面梁用一部分钢筋承受压力，总用钢量较大，是不经济的。因此，双筋矩形截面一般仅用于下列情形中：

（1）在工程实践中，当截面承受的弯矩设计值 M 较大，采用单筋矩形截面不能满足适用条件 $\xi \leqslant \xi_b$，而截面尺寸受到使用要求的限制不能增大，同时混凝土强度等级又受到施工条件限制不便提高时，可采用双筋矩形截面梁。

（2）构件的同一截面在不同的荷载组合下承受异号弯矩的作用，这种构件需要在截面的顶部及底部均配置纵向受力钢筋，因而形成了双筋截面。

（3）由于构造上的需要，在截面受压区已配置有受力钢筋。如抗震设计中要求框架梁必须配置一定比例的纵向受压钢筋，因为配置一定数量的受压钢筋，可以改善截面的变形能力，有利于提高截面的延性。

双筋矩形截面梁的试验研究表明，当构件在一定保证条件下进入破坏阶段，对于 HPB300、HRB335、HRB400 级受压钢筋，应变为 0.002 时，应力能达到屈服强度，故在计算公式中，可取钢筋抗压强度设计值为 f_y'。当受压钢筋采用高强钢筋时，在受压区混凝土压碎时，钢筋强度设计值只能发挥到 $0.002E_s' = 0.002 \times 2 \times 10^5 = 400\ \mathrm{N/mm}^2$，因此《规范》规定，钢筋抗压强度设计值最大取 $400\ \mathrm{N/mm}^2$。

如果截面受压区高度太小,在截面破坏时,受压钢筋的应变就达不到 0.002,那么受压钢筋就不能屈服,因此《规范》规定受压区高度必须满足 $x \geqslant 2a_s'$。

4.5.1　基本公式及适用条件

1.基本公式

图 4.10 为双筋矩形截面受弯构件在极限承载力时的截面应力状态。由平衡条件可得

$$\begin{cases} \sum N = 0 & \alpha_1 f_c bx + f_y' A_s' = f_y A_s & (4.19) \\ \sum M = 0 & M = \alpha_1 f_c bx \left(h_0 - \dfrac{x}{2} \right) + f_y' A_s' (h_0 - a_s') & (4.20) \end{cases}$$

式中　A_s'——纵向受压钢筋截面面积;

　　　f_y'——钢筋的抗压强度设计值;

　　　a_s'——受压钢筋的合力点到截面受压区外边缘的距离;对于梁来说,受压钢筋布置一排时,取 $a_s' = 35$ mm;受压钢筋布置两排时,取 $a_s' = 60$ mm。板一般取 $a_s' = 20$ mm。

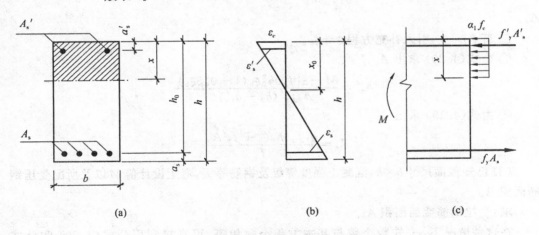

(a)　　　　　　　　　　(b)　　　　　　　　　　(c)

图 4.10　双筋矩形截面梁计算简图

2.适用条件

(1) 防止超筋破坏,应满足

$$\xi \leqslant \xi_b \ 或 \ x \leqslant \xi_b h_0 \qquad (4.21)$$

若 $\xi > \xi_b$,可适当增加受压钢筋用量或加大截面尺寸、提高材料强度等级。

(2) 为保证受压筋达到抗压设计强度,应满足

$$x \geqslant 2a_s' \qquad (4.22)$$

若 $x < 2a_s'$,可取 $x = 2a_s'$,各力对受压钢筋合力点取矩,得

$$M = f_y A_s (h_0 - a_s') \qquad (4.23)$$

双筋矩形截面中的受拉钢筋常常配置较多,一般均能满足最小配筋率的要求,不必进行验算。

4.5.2　截面设计与复核

1. 截面设计

设计双筋截面梁时,一般可能有下面两种情况:

(1) 已知截面尺寸 $b \times h$,混凝土强度等级及钢筋等级,弯矩设计值 M。

求:所需的受拉钢筋截面面积 A_s 及受压钢筋截面面积 $A_s{}'$。

在这种情况下,首先要判明是否需要配置受压钢筋,即先按单筋矩形截面计算,根据 $\alpha_s = \dfrac{M}{\alpha_1 f_c b h_0^2}$ 查表 4.4 求出 ξ,若 $\xi \leqslant \xi_b$,说明不需要配受压钢筋,可按单筋矩形截面计算 A_s;若 $\xi > \xi_b$ 说明计算上需要配受压钢筋。这时,两个基本公式(4.19)、式(4.20)中有 3 个未知数 x、A_s 及 $A_s{}'$,因此可有不同的解。理论上应根据总使用钢筋 $(A_s + A_s{}')$ 为最小的原则进行截面配筋计算,为此,应充分发挥混凝土的抗压能力,引入补充方程 $\xi = \xi_b$,即 $x = \xi_b h_0$。则可由式(4.20)求得 $A_s{}'$,再由式(4.19)求得 A_s。

基本步骤:

① 按单筋矩形截面求 $\alpha_s = \dfrac{M}{\alpha_1 f_c b h_0^2}$,查表 4.4 求出 ξ,若 $\xi \leqslant \xi_b$,按单筋矩形截面计算 A_s。

② 若 $\xi > \xi_b$,引入补充方程 $\xi = \xi_b$。

③ 由式(4.20)求出 $A_s{}'$

$$A_s{}' = \frac{M - \alpha_1 f_c b h_0^2 \xi_b (1 - 0.5\xi_b)}{f_y{}'(h_0 - a_s{}')}$$

④ 由式(4.19)求出 A_s

$$A_s = \frac{\alpha_1 f_c b h_0 \xi_b + f_y{}' A_s{}'}{f_y}$$

(2) 已知截面尺寸 $b \times h$,混凝土强度等级及钢筋等级,弯矩设计值 M 以及所配受压钢筋面积 $A_s{}'$。

求:受拉钢筋截面面积 A_s。

在这种情况下,未知数个数与基本方程个数相等,可直接利用公式(4.20)和公式(4.19)求出 A_s。

基本步骤:

① 由式(4.20)

$$M = \alpha_1 f_c b \xi h_0 (h_0 - 0.5\xi h_0) + f_y{}' A_s{}'(h_0 - a_s{}') = \alpha_s \alpha_1 f_c b h_0^2 + f_y{}' A_s{}'(h_0 - a_s{}')$$

得

$$\alpha_s = \frac{M - f_y{}' A_s{}'(h_0 - a_s{}')}{\alpha_1 f_c b h_0^2}$$

② 查表 4.4 求出 ξ。

若 $\xi > \xi_b$,说明给定的 $A_s{}'$ 尚不足,应按 $A_s{}'$ 未知的情形计算 $A_s{}'$ 及 A_s;

若 $\xi \leqslant \xi_b$,按 $x = \xi h_0$ 计算,验算 $x \geqslant 2a_s{}'$ 的条件。

③ 求 A_s

当 $x \geqslant 2a_s{}'$ 时,由式(4.19)求得 A_s

$$A_s = \frac{\alpha_1 f_c bx + f_y' A_s'}{f_y}$$

当 $x < 2a_s'$，由式（4.23）求得 A_s

$$A_s = \frac{M}{f_y(h_0 - a_s')}$$

2. 截面复核

已知：混凝土强度等级及钢筋等级、构件截面尺寸 $b \times h$、受拉钢筋及受压钢筋截面面积 A_s 及 A_s'。

求：截面受弯承载力设计值 M_u。

基本步骤：

① 由式（4.19）求出 x

$$x = \frac{f_y A_s - f_y' A_s'}{\alpha_1 f_c b}$$

② 验算 $2a_s' \leqslant x \leqslant \xi_b h_0$。

③ 求 M_u

当 $2a_s' \leqslant x \leqslant \xi_b h_0$ 时，$M_u = \alpha_1 f_c bx(h_0 - \frac{x}{2}) + f_y' A_s'(h_0 - a_s')$；

当 $x > \xi_b h_0$ 时，取 $x = \xi_b h_0$，$M_u = \alpha_1 f_c bh_0^2 \xi_b(1 - 0.5\xi_b) + f_y' A_s'(h_0 - a_s')$；

当 $x < 2a_s'$ 时，取 $x = 2a_s'$，$M_u = f_y A_s(h_0 - a_s')$。

例 4.4 已知梁截面尺寸 $b \times h = 200$ mm $\times 500$ mm，采用混凝土强度等级为 C25，纵筋采用 HRB335 级钢筋，承受弯矩设计值为 196.1 kN·m。当上述基本条件不能改变时，求截面所需受力钢筋的截面面积。

解 由已知条件得，$\alpha_1 = 1.0$，$f_c = 11.9$ N/mm²，$f_y = f_y' = 300$ N/mm²，$\xi_b = 0.55$，$M = 220$ kN·m，假设纵向受拉钢筋按两排布置，则

$$h_0/\text{mm} = h - 60 = 440$$

（1）判别是否需要设计成双筋截面

按单筋矩形截面求 α_s

$$\alpha_s = \frac{M}{\alpha_1 f_c bh_0^2} = \frac{196.1 \times 10^6}{1.0 \times 11.9 \times 200 \times 440^2} = 0.426$$

查表 4.4 得，$\xi = 0.614 > \xi_b = 0.55$，按双筋矩形截面进行计算。

（2）计算所需受拉和受压纵向受力钢筋截面面积

$$A_s'/\text{mm}^2 = \frac{M - \alpha_1 f_c bh_0^2 \xi_b(1 - 0.5\xi_b)}{f_y'(h_0 - a_s')} =$$

$$\frac{196.1 \times 10^6 - 1.0 \times 11.9 \times 200 \times 440^2 \times 0.55 \times (1 - 0.5 \times 0.55)}{300 \times (440 - 35)} = 101$$

$$A_s/\text{mm}^2 = \frac{\alpha_1 f_c bh_0 \xi_b + f_y' A_s'}{f_y} = \frac{1.0 \times 11.9 \times 200 \times 440 \times 0.55 + 300 \times 101}{300} = 2\,020$$

查附表 10，选配 2 ⏀12 受压钢筋（$A_s' = 226$ mm²），选配 3 ⏀20 和 3 ⏀22 受拉钢筋（$A_s = 2\,082$ mm²）。

例 4.5 某办公楼中的一矩形截面钢筋混凝土简支梁,计算跨度 $l_0 = 6$ m,板传来的永久荷载及梁的自重标准值为 $g_k = 15.6$ kN/m,板传来的楼面活荷载标准值为 $q_k = 10.7$ kN/m。梁的截面尺寸为 200 mm × 500 mm,混凝土强度等级为 C20,钢筋为 HRB335 级钢筋,在受压区配置 $2\Phi20(A_s' = 628 \text{ mm}^2)$ 的受压钢筋。试求所需纵向受拉钢筋截面面积 A_s 并选配钢筋。

解 (1)求跨中截面弯矩设计值 M

永久荷载分项系数 $\gamma_G = 1.2$,楼面活荷载的分项系数 $\gamma_Q = 1.4$,结构重要性系数 $\gamma_0 = 1.0$。

$$M/(\text{kN} \cdot \text{m}) = \gamma_0(\gamma_G M_{Gk} + \gamma_Q M_{Qk}) = \gamma_0 \times \frac{1}{8}(\gamma_G g_k + \gamma_Q q_k) l_0^2 =$$

$$1.0 \times \frac{1}{8} \times (1.2 \times 15.6 + 1.4 \times 10.7) \times 6^2 = 151.65$$

(2)配筋计算

$\alpha_1 = 1.0, f_c = 9.6 \text{ N/mm}^2, f_y = f_y' = 300 \text{ N/mm}^2, \xi_b = 0.550$,假设纵向受拉钢筋按一排布置,则

$$h_0/\text{mm} = h - 35 = 465$$

$$\alpha_s = \frac{M - f_y' A_s'(h_0 - a_s')}{\alpha_1 f_c b h_0^2} = \frac{151.65 \times 10^6 - 300 \times 628 \times (465 - 35)}{1.0 \times 9.6 \times 200 \times 465^2} = 0.17$$

查表 4.4 得

$$\xi = 0.188 < \xi_b = 0.55$$

$$x = \xi h_0 = 0.188 \times 465 \text{ mm} = 87.42 \text{ mm} > 2a_s' = 70 \text{ mm}$$

$$A_s/\text{mm}^2 = \frac{\alpha_1 f_c b x + f_y' A_s'}{f_y} = \frac{1.0 \times 9.6 \times 200 \times 87.42 + 300 \times 628}{300} = 1\,211$$

查表,选配 $4\Phi20$ 受拉钢筋($A_s = 1\,256 \text{ mm}^2$)。

例 4.6 已知某矩形截面梁 $b = 200$ mm,$h = 450$ mm,混凝土强度等级为 C20,纵筋为 HRB335 级钢筋,配置 $3\Phi25$ 纵向受拉钢筋($A_s = 1\,473 \text{ mm}^2$),$2\Phi20$ 受压钢筋($A_s' = 628 \text{ mm}^2$)。求此截面所能承受的极限弯矩。

解 $\alpha_1 = 1.0, f_c = 9.6 \text{ N/mm}^2, f_y = f_y' = 300 \text{ N/mm}^2, \xi_b = 0.550$,假设纵向受拉钢筋按一排布置,则

$$h_0/\text{mm} = h - 35 = 415$$

$$x/\text{mm} = \frac{f_y A_s - f_y' A_s'}{\alpha_1 f_c b} = \frac{300 \times 1\,473 - 300 \times 628}{1.0 \times 9.6 \times 200} = 132$$

$$2a_s' = 70 \text{ mm}$$

$$\xi_b h_0/\text{mm} = 0.550 \times 415 = 228.25$$

因此,$2a_s' \leqslant x \leqslant \xi_b h_0$,满足要求。

$$M_u/(\text{N} \cdot \text{mm}) = \alpha_1 f_c b x \left(h_0 - \frac{x}{2}\right) + f_y' A_s'(h_0 - a_s') =$$

$$1.0 \times 9.6 \times 200 \times 132 \times \left(415 - \frac{132}{2}\right) + 300 \times 628 \times (415 - 35) = 160.04 \times 10^6$$

即 $M_u = 160.04 \text{ kN} \cdot \text{m}$。

例 4.7　已知管道支架横梁截面尺寸，$b=200$ mm，$h=350$ mm，采用 C25 混凝土，纵筋为 HRB335 级钢筋，在风荷载作用下梁承受的变号弯矩数值相同，由于梁自重产生的弯矩很小，故采用对称配筋，梁顶及梁底各配 2ϕ16 纵筋（$A_s=A_s'=402$ mm²）。试验算此梁承受 30 kN·m 的弯矩时是否安全。

解　$\alpha_1=1.0$，$f_c=11.9$ N/mm²，$f_y=f_y'=300$ N/mm²，纵向受拉钢筋按一排布置，则

$$h_0/\text{mm}=h-35=315$$

$$x/\text{mm}=\frac{f_yA_s-f_y'A_s'}{\alpha_1f_cb}=0<2a_s'$$

$$M_u/(\text{N}\cdot\text{mm})=f_yA_s(h_0-a_s')=300\times402\times(315-35)=33.8\times10^6$$

即

$$M_u=33.8\text{ kN}\cdot\text{m}$$

$M_u>M=30$ kN·m，截面承载力满足要求，该梁安全。

4.6　T 形截面受弯构件正截面承载力计算

受弯构件在破坏时，大部分受拉混凝土早已退出工作，故从正截面受弯承载力的观点来看，可将受拉区两侧混凝土挖去一部分，形成如图 4.11(a) 所示的 T 形截面，这样节省混凝土，减轻构件自重，可取得较好的经济效果。

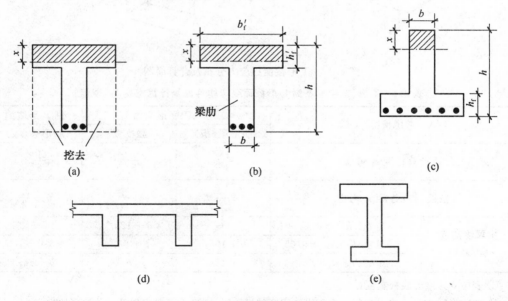

图 4.11　T 形梁截面形式

图 4.11(b) 中，T 形截面的伸出部分称为翼缘，其宽度为 b_f'，厚度为 h_f'，翼缘以下部分称为肋，肋的宽度用 b 表示，T 形总高用 h 表示。有时为了需要，也可采用翼缘在受拉区的倒 T 形截面或工形截面。由于不考虑受拉区翼缘混凝土受力（图 4.11(c)、(e)），因此倒 T 形截面按宽度为 b 的矩形截面计算，工字形截面按 T 形截面计算。

工程实际中的槽形板、圆孔空心板、肋形楼盖中的梁等均为 T 形截面受弯构件。梁板整体现浇楼板肋形楼盖中的连续梁，其翼缘是由板形成的；对于跨中截面，翼缘位于截面受压区，按 T 形截面计算；而支座截面处由于承受负弯矩，翼缘位于截面受拉区，应按矩形截面计算。

试验及理论分析表明，T 形截面梁受力后，翼缘的压应力沿翼缘宽度方向的分布是不均匀的，距肋部越远翼缘参与受力越小，如图 4.12(a) 所示。在工程中，对于现浇 T 形截面梁，有时翼缘很宽，考虑到远离肋处的压应力很小，为了简化计算，假定距肋部一定范围以内的翼缘全部参与工作，且在此宽度范围内的应力分布是均匀的，而在此范围以外部分，完全不参与受力，如图 4.12(b) 所示，这个宽度称为翼缘的计算宽度 b_f'。《混凝土结构设计规范》规定 b_f' 应按表 4.5 中有关规定的最小值取用。

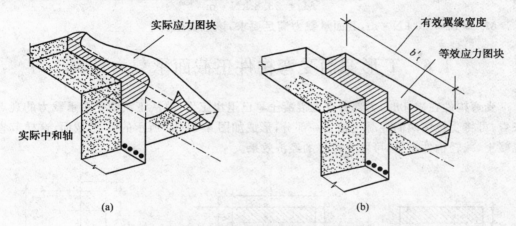

图 4.12　T 形截面压应力分布及计算简图

表 4.5　T 形、工字形及倒 L 形截面受弯构件翼缘计算宽度 b_f' 取值

考虑情况		T 形、工字形截面		倒 L 形截面
		肋形梁（板）	独立梁	肋形梁（板）
按计算跨度 l_0 考虑		$\frac{1}{3}l_0$	$\frac{1}{3}l_0$	$\frac{1}{6}l_0$
按梁（肋）净距 s_n 考虑		$b+s_n$	—	$b+\frac{s_n}{2}$
按翼缘高度 h_f' 考虑	当 $h_f'/h_0 \geqslant 0.1$	—	$b+12h_f'$	—
	当 $0.1 > h_f'/h_0 \geqslant 0.05$	$b+12h_f'$	$b+6h_f'$	$b+5h_f'$
	当 $h_f'/h_0 < 0.05$	$b+12h_f'$	b	$b+5h_f'$

注：① 表中 b 为梁的腹板宽度；

② 如肋形梁在梁跨内设有间距小于纵肋间距的横肋时，则可不遵守表列第三种情况的规定；

③ 对有加腋的 T 形、工形和倒 L 形截面，当受压区加腋的高度 $h_h \geqslant h_f'$，且加腋的宽度 $b_h \geqslant 3h_h'$ 时，其翼缘计算宽度可按照表列第三种情况的规定分别增加 $2b_h$（T 形、工字形截面）和 b_h（倒 L 形截面）；

④ 独立梁受压区的翼缘板在荷载作用下，经验算沿纵肋方向可能产生裂缝时，其计算宽度取用腹板宽度 b。

4.6.1　基本公式及适用条件

T 形截面按中和轴所在位置不同可分为两类：

第一类 T 形截面，中和轴在翼缘内，$x \leqslant h_f'$，受压区面积为矩形，如图 4.13(a) 所示；

第二类 T 形截面，中和轴进入梁肋，$x > h_f'$，受压区面积为 T 形，如图 4.13(b) 所示。

进行 T 形截面受弯构件承载力计算时，首先应判别在给定条件下属于哪一类 T 形截面。当受压区高度 x 恰好等于翼缘厚度 h_f' 时，为两类 T 形截面的界限情况，如图 4.13(c)、(d) 所示。由平衡条件可得

$$\begin{cases} \sum N = 0 & \alpha_1 f_c b_f' h_f' = f_y A_s \\ \sum M = 0 & M = \alpha_1 f_c b_f' h_f' (h_0 - 0.5 h_f') \end{cases} \tag{4.24} \tag{4.25}$$

因此，若
$$\alpha_1 f_c b_f' h_f' \geqslant f_y A_s \tag{4.26}$$

或
$$M \leqslant \alpha_1 f_c b_f' h_f' (h_0 - 0.5 h_f') \tag{4.27}$$

此时中和轴在翼缘内，即 $x \leqslant h_f'$，截面属于第一类 T 形截面。

若
$$\alpha_1 f_c b_f' h_f' < f_y A_s \tag{4.28}$$

或
$$M > \alpha_1 f_c b_f' h_f' (h_0 - 0.5 h_f') \tag{4.29}$$

此时中和轴已进入肋部，即 $x > h_f'$，截面属于第二类 T 形截面。

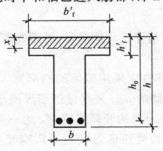

(a) 第一类T形截面 $x < h_f'$

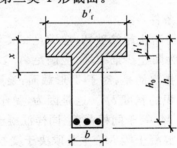

(b) 第二类T形截面 $x > h_f'$

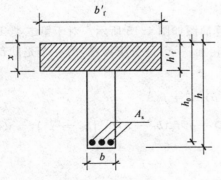

(c) 界限情况 $x = h_f'$

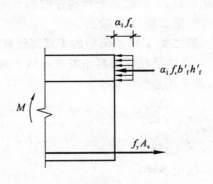

(d) 界限情况时截面受力图

图 4.13　T 形截面受力类型

1. 第一类 T 形截面

中和轴在翼缘内（$x \leqslant h_f{}'$），受压区为高为 x、宽为 $b_f{}'$ 的矩形，故第一类 T 形截面的受弯承载力计算相当于宽度为 $b_f{}'$ 的矩形截面受弯承载力计算。

第一类 T 形截面梁的正截面受弯时的计算简图如图 4.14 所示，由平衡条件可得

$$\begin{cases} \sum N = 0 & \alpha_1 f_c b_f{}' x = f_y A_s & (4.30) \\ \sum M = 0 & M = \alpha_1 f_c b_f{}' x \left(h_0 - \dfrac{x}{2} \right) & (4.31) \end{cases}$$

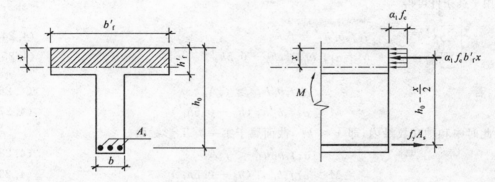

图 4.14　第一类 T 形截面计算简图

适用条件：

(1) 为防止超筋破坏，应满足 $x \leqslant \xi_b h_0$，此条件一般情况下均能满足，可不验算。

(2) 为防止少筋破坏，应满足 $A_s \geqslant \rho_{\min} b h$。

应该指出的是，对于 T 形截面，验算截面最小配筋率时应采用截面的肋部宽 b，而不是受压面积的宽度 $b_f{}'$。这是因为，受弯构件纵向受拉钢筋的 $\rho_{\min}$ 是根据钢筋混凝土梁的极限弯矩 M_u 等于同样截面、同样混凝土强度等级的混凝土梁的开裂弯矩 M_{cr} 这一条件确定的。而混凝土梁 M_{cr} 主要取决于受拉区混凝土形状，而受压区形状对其影响较小。T 形截面混凝土梁的 M_{cr} 接近于高度为 h、宽度为肋宽 b 的矩形截面混凝土梁的 M_{cr}。为了简化计算，T 形截面受弯构件的最小配筋率按宽度为肋宽的矩形截面（$b \times h$）计算。

2. 第二类 T 形截面

第二类 T 形截面梁的正截面受弯时的计算简图如图 4.15 所示。对于第二类 T 形截面，一般把受压区混凝土看成是以下两个截面相加：一个是受压翼缘，另一个是肋部受压区，由平衡条件可得

$$\begin{cases} \sum N = 0 & \alpha_1 f_c b x + \alpha_1 f_c (b_f{}' - b) h_f{}' = f_y A_s & (4.32) \\ \sum M = 0 & M = \alpha_1 f_c b x \left(h_0 - \dfrac{x}{2} \right) + \alpha_1 f_c (b_f{}' - b) h_f{}' \left(h_0 - \dfrac{h_f{}'}{2} \right) & (4.33) \end{cases}$$

适用条件：

(1) 为防止超筋破坏，应满足 $x \leqslant \xi_b h_0$。

(2) 为防止少筋破坏，应满足 $A_s \geqslant \rho_{\min} b h$，此条件一般情况下均能满足，可不验算。

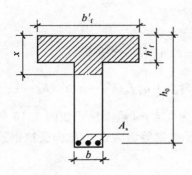 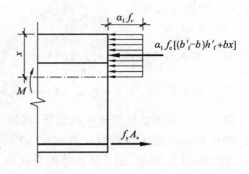

图 4.15　第二类 T 形截面计算简图

4.6.2　截面设计与复核

1.截面设计

已知：承载弯矩 M、混凝土强度等级及钢筋等级；构件截面尺寸 b、h、b_f'、h_f'。

求：所需的受拉钢筋截面面积 A_s。

基本步骤：

(1) 判别截面类型

若 $M \leqslant \alpha_1 f_c b_f' h_f' (h_0 - 0.5 h_f')$ 时，为第一类 T 形截面，按宽度为 b_f' 的单筋矩形截面进行配筋计算。

若 $M > \alpha_1 f_c b_f' h_f' (h_0 - 0.5 h_f')$ 时，为第二类 T 形截面。

(2) 对于第二类 T 形截面，根据公式(4.33)，求 α_s 值

$$\alpha_s = \frac{M - \alpha_1 f_c (b_f' - b) h_f' \left(h_0 - \dfrac{h_f'}{2}\right)}{\alpha_1 f_c b h_0^2}$$

(3) 根据 α_s 的值，查表 4.4 可得出相应的 ξ 值，要求 $\xi \leqslant \xi_b$。

(4) 根据公式(4.32)，求 A_s 值

$$A_s = \frac{\alpha_1 f_c (b_f' - b) h_f' + \alpha_1 f_c b h_0 \xi}{f_y}$$

2.截面校核

已知：混凝土强度等级及钢筋等级，构件截面尺寸 b、h、b_f'、h_f'，受拉钢筋截面面积 A_s。

求：截面所能承受的极限弯矩 M_u。

基本步骤：

(1) 判别截面类型

若 $\alpha_1 f_c b_f' h_f' \geqslant f_y A_s$ 时，为第一类 T 形截面，按宽度为 b_f' 的单筋矩形截面进行截面复核。

若 $\alpha_1 f_c b_f' h_f' < f_y A_s$ 时，为第二类 T 形截面。

(2) 对于第二类 T 形截面，根据公式(4.32)，先求出 x 值

$$x = \frac{f_y A_s - \alpha_1 f_c (b_f' - b) h_f'}{\alpha_1 f_c b}$$

（3）验算 $x \leqslant \xi_{\mathrm{b}} h_0$

（4）求 M_{u} 值

当 $x \leqslant \xi_{\mathrm{b}} h_0$ 时，$M_{\mathrm{u}} = \alpha_1 f_{\mathrm{c}} b x \left(h_0 - \dfrac{x}{2}\right) + \alpha_1 f_{\mathrm{c}} (b_{\mathrm{f}}' - b) h_{\mathrm{f}}' \left(h_0 - \dfrac{h_{\mathrm{f}}'}{2}\right)$

当 $x > \xi_{\mathrm{b}} h_0$ 时，取 $x = \xi_{\mathrm{b}} h_0$，$M_{\mathrm{u}} = \alpha_1 f_{\mathrm{c}} b h_0^2 \xi_{\mathrm{b}} (1 - 0.5\xi_{\mathrm{b}}) + \alpha_1 f_{\mathrm{c}} (b_{\mathrm{f}}' - b) h_{\mathrm{f}}' \left(h_0 - \dfrac{h_{\mathrm{f}}'}{2}\right)$

例 4.8 现浇肋形楼盖中的次梁，跨度为 6 m，间距为 2.4 m，截面尺寸如图 4.16 所示。跨中截面的最大弯矩设计值 $M = 120$ kN·m。混凝土强度等级为 C20，纵向受拉钢筋采用 HRB335 级钢筋，试计算次梁的受拉钢筋面积。

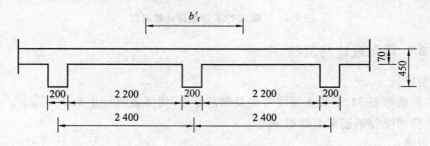

图 4.16 楼盖截面图

解 $\alpha_1 = 1.0$，$f_{\mathrm{c}} = 9.6$ N/mm²，$f_{\mathrm{t}} = 1.1$ N/mm²，$f_{\mathrm{y}} = 300$ N/mm²，$\xi_{\mathrm{b}} = 0.550$，纵向受拉钢筋按一排布置，则

$$h_0/\mathrm{mm} = h - 35 = 415$$

（1）确定翼缘宽度

按梁跨度考虑：$\qquad b_{\mathrm{f}}'/\mathrm{mm} = \dfrac{l_0}{3} = \dfrac{6\,000}{3} = 2\,000$

按梁间距考虑：$\qquad b_{\mathrm{f}}'/\mathrm{mm} = b + s_{\mathrm{n}} = 200 + 2\,200 = 2\,400$

按翼缘高度考虑：$\qquad \dfrac{h_{\mathrm{f}}'}{h_0} = \dfrac{70}{415} > 0.1$

故翼缘宽度不受 h_{f}' 限制，翼缘的计算宽度取前两项结果中的较小值，则 $b_{\mathrm{f}}' = 2\,000$ mm。

（2）判断 T 形截面类型

$$\alpha_1 f_{\mathrm{c}} b_{\mathrm{f}}' h_{\mathrm{f}}' (h_0 - 0.5 h_{\mathrm{f}}')/(\mathrm{N \cdot mm}) = 1.0 \times 9.6 \times 2\,000 \times 70 \times \left(415 - \dfrac{70}{2}\right) = 583.68 \times 10^6$$

$$\alpha_1 f_{\mathrm{c}} b_{\mathrm{f}}' h_{\mathrm{f}}' (h_0 - 0.5 h_{\mathrm{f}}') = 583.68 \text{ kN·m} > M = 120 \text{ kN·m}$$

属于第一类 T 形截面。

（3）配筋计算

按截面为 $b_{\mathrm{f}}' \times h$ 的矩形截面计算

$$\alpha_{\mathrm{s}} = \dfrac{M}{\alpha_1 f_{\mathrm{c}} b_{\mathrm{f}}' h_0^2} = \dfrac{120 \times 10^6}{1.0 \times 9.6 \times 2\,000 \times 415^2} = 0.036$$

查表 4.4 可得，$\xi = 0.036 < \xi_{\mathrm{b}}$，则

$$A_{\mathrm{s}}/\mathrm{mm}^2 = \dfrac{\alpha_1 f_{\mathrm{c}} b_{\mathrm{f}}' h_0 \xi}{f_{\mathrm{y}}} = \dfrac{1.0 \times 9.6 \times 2\,000 \times 415 \times 0.036}{300} = 956.2$$

实际选用钢筋：$4 \phi 18(A_s = 1\,017\ mm^2)$。

$$\rho_{min} = 45\,\frac{f_t}{f_y}\% = 45 \times \frac{1.1}{300}\% = 0.165\% < 0.2\%，取\ \rho_{min} = 0.2\%$$

$$A_s = 1\,017\ mm^2 > \rho_{min}bh = (0.2\% \times 200 \times 450)\ mm^2 = 180\ mm^2$$

例 4.9　某 T 形截面梁 $b \times h = 250\ mm \times 650\ mm，b_f' = 600\ mm，h_f' = 120\ mm$，混凝土强度等级为 C25，采用 HRB335 级钢筋，弯矩设计值 $M = 515\ kN \cdot m$，试求该梁需配置的纵向受拉钢筋。

解　$\alpha_1 = 1.0，f_c = 11.9\ N/mm^2，f_y = 300\ N/mm^2，\xi_b = 0.550$，纵向受拉钢筋按两排布置，则

$$h_0/mm = h - 60 = 590$$

（1）判别截面类型

$$\alpha_1 f_c b_f' h_f'\left(h_0 - \frac{h_f'}{2}\right)/(N \cdot mm) = 1.0 \times 11.9 \times 600 \times 120 \times \left(590 - \frac{120}{2}\right) = 454 \times 10^6$$

$$\alpha_1 f_c b_f' h_f'\left(h_0 - \frac{h_f'}{2}\right) = 454\ kN \cdot m < M = 515\ kN \cdot m$$

属于第二类 T 形截面。

（2）求 A_s 值

$$\alpha_s = \frac{M - \alpha_1 f_c (b_f' - b) h_f'\left(h_0 - \dfrac{h_f'}{2}\right)}{\alpha_1 f_c b h_0^2} =$$

$$\frac{515 \times 10^6 - 1.0 \times 11.9 \times (600 - 250) \times 120 \times \left(590 - \dfrac{120}{2}\right)}{1.0 \times 11.9 \times 250 \times 590^2} = 0.242$$

查表 4.4 可得，$\xi = 0.281 < \xi_b$，则

$$A_s/mm^2 = \frac{\alpha_1 f_c (b_f' - b) h_f' + \alpha_1 f_c b h_0 \xi}{f_y} =$$

$$\frac{1.0 \times 11.9 \times (600 - 250) \times 120 + 1.0 \times 11.9 \times 250 \times 590 \times 0.281}{300} = 3\,310$$

选用 $7 \phi 25(A_s = 3\,436\ mm^2)$。

例 4.10　已知一 T 形截面梁的截面尺寸，$b = 250\ mm，h = 700\ mm，b_f' = 600\ mm，h_f' = 100\ mm$，截面配有 $8 \phi 22(A_s = 3\,041\ mm^2)$ 纵向受拉钢筋，采用 HRB335 级钢筋，混凝土强度等级为 C20，梁截面的最大弯矩设计值 $M = 490\ kN \cdot m$，试校核该梁是否安全。

解　$\alpha_1 = 1.0，f_c = 9.6\ N/mm^2，f_y = 300\ N/mm^2，\xi_b = 0.550$，纵向受拉钢筋按两排布置，则

$$h_0/mm = h - 60 = 640$$
$$f_y A_s/N = 300 \times 3\,041 = 912\,300$$
$$\alpha_1 f_c b_f' h_f'/N = 1.0 \times 9.6 \times 600 \times 100 = 576\,000$$

所以

$$f_y A_s > \alpha_1 f_c b_f' h_f'$$

属第二类 T 形截面。

$$x/\text{mm} = \frac{f_y A_s - \alpha_1 f_c (b_f' - b) h_f'}{\alpha_1 f_c b} = \frac{300 \times 3\,041 - 1.0 \times 9.6 \times (600 - 250) \times 100}{1.0 \times 9.6 \times 250} = 240.1$$

$$\xi_b h_0 / \text{mm} = 0.550 \times 640 = 352$$

所以
$$x < \varepsilon_b h_0$$

$$M_u / (\text{N} \cdot \text{mm}) = \alpha_1 f_c b x \left(h_0 - \frac{x}{2}\right) + \alpha_1 f_c (b_f' - b) h_f' \left(h_0 - \frac{h_f'}{2}\right) =$$

$$1.0 \times 9.6 \times 250 \times 240.1 \times \left(640 - \frac{240.1}{2}\right) + 1.0 \times 9.6 \times$$

$$(610 - 250) \times 100 \times \left(640 - \frac{100}{2}\right) = 503.5 \times 10^6$$

即 $M_u = 503.5 \text{ kN} \cdot \text{m} > M = 490 \text{ kN} \cdot \text{m}$，截面承载力满足要求。

小　结

1.由钢筋和混凝土两种材料组成的钢筋混凝土梁由于配筋率不同,有超筋梁、少筋梁和适筋梁3种破坏形态。

超筋梁和少筋梁的受弯承载力取决于混凝土的强度,在破坏前没有足够的预兆和必要的延性,在设计中不允许出现超筋梁和少筋梁的情况,所以《规范》要求受弯构件配筋率 ρ 应控制在 ρ_{max} 和 ρ_{min} 的范围以内。

2.适筋梁的破坏经历3个阶段。受拉区混凝土开裂和纵向受拉钢筋屈服是划分3个受力阶段的界限状态。Ⅰ$_a$ 为受弯构件抗裂度验算的依据;Ⅱ$_a$ 是一般钢筋混凝土受弯构件的正常使用阶段,同时也是裂缝宽度和变形验算的依据;Ⅲ$_a$ 是受弯构件正截面承载力计算的依据。

3.钢筋混凝土受弯构件正截面承载力计算公式是在基本假定的基础上,用等效矩形应力图形代替实际的混凝土压应力图形,根据平衡条件得到的。在实际应用中,应注意验算基本公式相应的适用条件。

4.对于弯矩较大且截面尺寸受到限制,仅靠混凝土承受不了由弯矩产生的压力,此时可采用受压钢筋协助混凝土承受压力,形成了在受压区亦有受力钢筋的双筋截面。受压钢筋应有恰当的位置和数量,使其得到充分利用。当内力改变符号时,亦应设计成双筋截面。

5.T形截面是受弯构件中的常见形式,确定其翼缘宽度、判别两类T形截面以及各自的适用条件是计算的依据,对T形截面有关计算应熟练掌握。

6.在设计截面尺寸,选择材料强度、钢筋直径时,应注意满足《规范》的要求。

练 习 题

1.钢筋混凝土板中应配置哪几种钢筋,各起什么作用?

2.钢筋混凝土梁正截面破坏形式有几种,其特点是什么?

3.混凝土弯曲受压时的极限压应变 ε_{cu} 取为多少?

4.什么叫"界限破坏"?"界限破坏"时的 ε_s 等于多少?

5.什么叫少筋梁、适筋梁和超筋梁?在建筑工程中为什么应避免采用少筋梁和超筋梁?

6.什么是纵向受拉钢筋的配筋率？它对梁的正截面受弯承载力有何影响？

7.矩形截面受弯构件在什么情况下采用双筋截面？

8.双筋梁的适用条件是什么？

9.双筋矩形截面受弯构件中,受压钢筋的抗压强度设计值是如何确定的？

10.钢筋混凝土梁中应配置哪几种钢筋,各起什么作用？

11.如何判别两类 T 形截面梁？

12.某教学楼的内廊为简支在砖墙上的现浇钢筋混凝土平板,计算跨度为 2.38 m,板上作用的可变荷载标准值 $q_k = 3$ kN/m²,水磨石地面及细石混凝土垫层共 30 mm 厚(重度为 22 kN/m³),板底粉刷白灰砂浆 15 mm 厚(重度为 18 kN/m³),板厚为 80 mm(重度为 25 kN/m³),混凝土强度等级采用 C20($f_c = 9.6$ N/mm², $f_t = 1.1$ N/mm²),纵向受拉筋采用 HPB300 级钢筋($f_y = 270$ N/mm²),试确定板的纵向受拉钢筋截面面积。

13.已知梁的截面尺寸 $b×h = 250$ mm×500 mm,承受弯矩设计值 $M = 90$ kN·m,采用混凝土强度等级 C30,HRB335 级钢筋,环境类别为一类。求所需纵向受拉钢筋的截面面积。

14.试为如图所示钢筋混凝土雨篷的悬臂板配置纵向受拉钢筋和分布钢筋。已知雨篷板根部截面(1 800 mm×100 mm)承受负弯矩设计值 $M = 30$ kN·m,板采用 C30 的混凝土,HRB335 级钢筋,环境类别为二类。

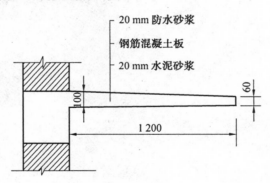

20 mm 防水砂浆
钢筋混凝土板
20 mm 水泥砂浆

习题 14 图

15.已知梁的截面尺寸 $b×h = 200$ mm×450 mm,混凝土强度等级为 C30,配有 4 根直径为 16 mm 的 HRB400 级钢筋($A_s = 804$ mm²),环境类别为一类。若承受弯矩设计值 $M = 84$ kN·m,试验算此梁正截面受弯承载力是否安全。

16.已知一双筋矩形截面梁,$b×h = 200$ mm×500 mm,混凝土强度等级为 C25,HRB335 级钢筋,截面弯矩设计值 $M = 260$ kN·m,环境类别为一类。试求纵向受拉钢筋和纵向受压钢筋截面面积。

17.已知双筋截面梁截面 $b×h = 250$ mm×500 mm,已配有 3φ22 的纵向受拉钢筋,面积 $A_s = 1\ 140$ mm²。2φ22 的纵向受压钢筋,面积 $A'_s = 760$ mm²,混凝土强度等级采用 C25($f_c = 11.9$ N/mm², $f_t = 1.27$ N/mm²),纵筋采用 HRB335 级钢筋($f_y = 300$ N/mm²),该梁承受的最大设计弯矩 $M = 150$ kN·m,试验算该梁是否安全。

18.已知 T 形截面梁的尺寸为 $b=200$ mm、$h=500$ mm、$b'_f=400$ mm、$h'_f=80$ mm，混凝土强度等级为 C30，钢筋为 HRB400 级，环境类别为一类，承受弯矩设计值 $M=300$ kN·m，求该截面所需的纵向受拉钢筋。

19.现浇肋形楼盖中的次梁，跨度为 6 m，间距 2.4 m 截面尺寸如图 4.15 所示。跨中截面的最大弯矩设计值 $M=100$ kN·m。混凝土强度等级采用 C20($f_c=9.6$ N/mm²，$f_t=1.1$ N/mm²)，纵向受拉钢筋采用 HRB400 级钢筋($f_y=360$ N/mm²)，计算次梁的受拉钢筋面积。

第5章

受弯构件斜截面承载力计算

【学习要点】

钢筋混凝土受弯构件承受荷载以后，在剪力和弯矩同时作用的区段内，常会出现斜裂缝，并可能沿斜裂缝（斜截面）发生破坏。本章讨论的主要内容是如何配置必要的腹筋（箍筋和弯起钢筋），以及满足必要的构造措施，以防止梁沿斜截面发生破坏。由此可见，对受弯构件来说，必须通过对正截面和斜截面两方面的承载力设计计算，构件才是安全可靠的。梁的斜截面承载力问题又有受剪和受弯两方面，受剪是通过计算来解决，而受弯是用构造要求来保证。

通过学习了解梁沿斜截面剪切破坏有哪几种主要形态，各用什么方式来防止剪切破坏的发生。影响梁受剪承载力的主要因素有哪几个，它们与受剪承载力的关系又如何。梁斜截面的受剪承载力计算公式是通过大量实验数据分析得出的经验公式，学习时必须熟练地掌握，并注意各公式在什么情况下适用。为了保证梁斜截面的受弯承载力，可通过作抵抗弯矩图（材料图）来确定纵向钢筋弯起和切断的数量和位置。虽然在实际工程设计中，一般是不必绘制抵抗弯矩图，但作为学习基本理论还是应对它有所了解，可通过做习题和课程设计掌握。

钢筋混凝土受弯构件在弯矩和剪力的作用下，会在主要承受弯矩的区段内产生垂直裂缝，如果构件抗弯能力不足，将沿正截面发生破坏，因此，在设计构件时必须进行正截面承载力的计算。但是，试验研究和工程实践证明，即使在正截面承载力有充分保证的条件下，在弯矩和剪力共同作用并且以剪力为主的区段内也常常产生斜裂缝，发生斜截面破坏。由于这种破坏往往带有脆性破坏的性质，无明显的预兆，在实际工程中应当防止，设计时必须同时进行斜截面的承载力计算。

为了防止梁沿斜裂缝破坏，应使梁具有合理的截面尺寸，并配置必要的箍筋。剪力较大时，可再设置斜钢筋。斜钢筋一般由梁内的纵筋弯起而成，称为弯起钢筋。箍筋和弯起钢筋统称为腹筋。在受弯构件内，纵向钢筋、箍筋和弯起钢筋以及绑扎箍筋所需的架立钢筋组成梁的钢筋骨架，如图 5.1 所示。

斜截面承载力包括斜截面受剪承载力和斜截面受弯承载力。斜截面受剪承载力通过计算来保证，斜截面受弯承载力一般通过构造要求来保证。

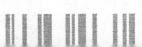

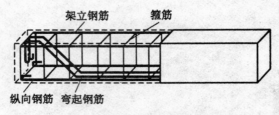

图 5.1　梁的箍筋和弯起钢筋

5.1　无腹筋梁的受剪性能

5.1.1　斜裂缝出现前的应力状态

假设无腹筋梁受两个对称集中荷载的作用,其弯矩和剪力如图 5.2 所示。从图中可以看出,AC、DB 段剪力和弯矩同时存在为剪弯段,CD 段只有弯矩作用为纯弯段。在荷载较小时,构件内的应力也较小,其拉应力还未超过混凝土的抗拉强度,即处于裂缝出现以前的阶段。此时,构件与均质弹性体相似,应力-应变基本呈线性关系,其应力可按一般材料力学公式进行分析。截面上任一点的正应力和剪应力可分别用下式计算:

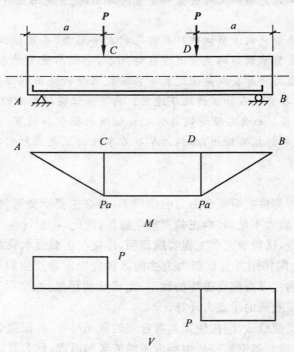

图 5.2　钢筋混凝土简支梁受荷载作用弯矩剪力图

$$\sigma = \frac{My_0}{I_0} \tag{5.1}$$

$$\tau = \frac{VS_0}{bI_0} \tag{5.2}$$

式中　M—— 荷载作用下截面上产生的弯矩，N·mm；

　　　　y_0—— 计算点至换算截面形心轴的距离，mm；

　　　　I_0—— 将纵筋换算成等效混凝土形成的换算截面的惯性矩，mm⁴；

　　　　V—— 截面上产生的剪力，N；

　　　　S_0—— 通过计算点且平行于形心轴的直线所切出的部分换算截面面积对形心轴的面积矩，mm³。

剪弯段内混凝土各点的主应力可用下式计算：

主拉应力

$$\sigma_{tp} = \frac{\sigma}{2} + \sqrt{\frac{\sigma^2}{4} + \tau^2} \tag{5.3}$$

主压应力

$$\sigma_{cp} = \frac{\sigma}{2} - \sqrt{\frac{\sigma^2}{4} + \tau^2} \tag{5.4}$$

主应力的作用方向与梁纵轴夹角 α 可用下式确定

$$\tan 2\alpha = -\frac{2\tau}{\sigma} \tag{5.5}$$

图 5.3(a) 给出了主应力的轨迹线，实线为主拉应力 σ_{tp}，虚线为主压应力 σ_{cp}。梁内点 1、点 2 和点 3 的应力状态各不相同，其特点为：点 1 位于中和轴处，正应力 σ 为零，剪应力 τ 最大，σ_{tp} 和 σ_{cp} 与梁轴线成45°角；点 2 在受压区内，主压应力 σ_{cp} 增大，σ_{tp} 的方向与梁轴线的夹角大于45°；点 3 在受拉区内，主拉应力 σ_{tp} 增大，主压应力 σ_{cp} 减少，σ_{tp} 的方向与梁轴线夹角小于45°。

5.1.2　斜裂缝出现后的应力状态

当增加荷载时，梁内各点的主应力也增加，由于混凝土的抗拉强度很低，在梁受拉区内，当主拉应力和主压应力的组合作用超过混凝土的拉压组合强度时，会出现斜裂缝。斜裂缝有两种典型情况：一种是梁底首先因弯矩作用而出现垂直裂缝，随着荷载的增加逐渐向上发展，向集中荷载作用点延伸，此为弯剪斜裂缝，下宽上细，如图 5.4(a) 所示；另一种是首先在梁中和轴附近出现大致与中和轴成45°角的斜裂缝，随着荷载的增加，沿主压应力迹线分别向支座和集中荷载作用点延伸。此为腹剪斜裂缝，两头细，中间粗，如图 5.4(b) 所示。

斜裂缝的出现有一个发生、发展的过程。第一条斜裂缝可能由构件受拉边缘的垂直裂缝发展而成，也可能在中和轴附近出现。随着荷载增加，将出现许多新裂缝，其中一条迅速延伸加宽，最后导致斜截面破坏。这条裂缝称为临界斜裂缝，是斜截面破坏的显著特征。此时，无腹筋梁的受力状态发生质变，应力重新分布。这时梁不再为匀质弹性体，截面上的应力也不能再用前述的公式计算。

研究斜裂缝出现后的应力状态时，取隔离体如图 5.5 所示。

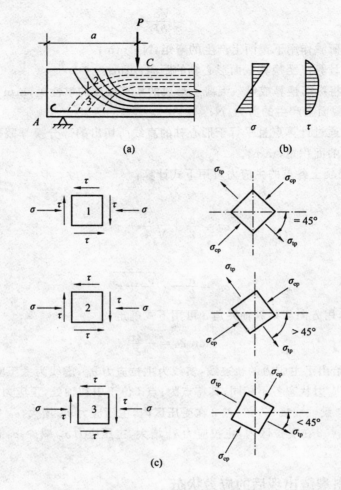

图 5.3　梁的应力状态

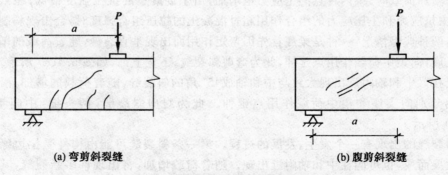

(a) 弯剪斜裂缝　　　　　　　　　　　　　(b) 腹剪斜裂缝

图 5.4　弯剪斜裂缝和腹剪斜裂缝

　　在隔离体上作用有剪力 V、压区混凝土截面承受的剪力 V_c 及压力 C_c、纵向钢筋的拉力 T_s 以及纵向钢筋的销栓力 V_d 和斜裂缝间的骨料咬合力 V_i。由于纵向钢筋下面混凝土的保护层厚度不大，在销栓力 V_d 作用下可能产生的劈裂裂缝使销栓作用大大降低。又由

于斜裂缝的开展会减少咬合力,在极限状态下,V_d 和 V_i 可不予考虑。由隔离体的平衡条件,有

$$\begin{cases} \sum X = 0 & C_c = T_s & (5.6) \\ \sum Y = 0 & V_c = V & (5.7) \\ \sum M = 0 & T_s Z = Va & (5.8) \end{cases}$$

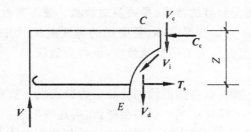

图 5.5　隔离体受力图

无腹筋梁斜裂缝出现前后应力状态有如下不同:

(1) 斜裂缝出现前,荷载引起的剪力由梁全截面承受。斜裂缝出现后,剪力由斜裂缝上端的混凝土截面来承受,力 V 和 V_c 组成的力偶由纵筋的拉力和混凝土的压力组成的力偶来平衡。斜裂缝上端的混凝土截面既受剪又受压,称为剪压区。由于剪压区的面积远小于梁的全截面面积,因此与斜裂缝出现前相比,剪压区的剪应力和压应力都将显著增大,混凝土处于剪压复合受力状态,当混凝土达到极限强度时,将发生破坏,即发生斜截面剪切破坏。

(2) 斜裂缝出现前,在 E 点处纵向钢筋的应力由该截面的弯矩决定,斜裂缝出现后,在 E 点处纵向钢筋的应力由 C 处的弯矩决定,由于 C 处的弯矩较大,因此斜裂缝出现后 E 点处纵向钢筋的应力将突然增大。实际上纵筋应力在整个裂缝产生区段是不变的,其发生了内力重分布,在设计梁纵筋时,要使斜裂缝区段的纵筋满足钢筋应力重分布的要求,称为斜截面受弯承载力要求。

5.1.3　梁沿斜截面破坏的主要形态

1.剪跨比

广义剪跨比是指某一截面的弯矩和剪力的相对比值,用 λ 表示,即

$$\lambda = \frac{M}{V h_0} \tag{5.9}$$

式中　M——截面承受的弯矩;

　　　V——截面承受的剪力;

　　　h_0——梁的有效高度。

对集中荷载作用下的简支梁,剪跨比 λ 为

$$\lambda = \frac{M}{V h_0} = \frac{Va}{V h_0} = \frac{a}{h_0} \tag{5.10}$$

式中　a——剪跨,集中荷载到支座的距离,如图 5.4 所示。

　　剪跨比是集中荷载作用下梁受力的一个重要特征系数。它对无腹筋梁的斜截面受剪破坏形态有着决定性的影响,对斜截面受剪承载力也有着极为重要的影响。

2.无腹筋梁斜截面破坏形态

斜截面主要破坏形态有下述 3 种:

(1)斜拉破坏

集中荷载下的简支梁,当剪跨比 λ > 3 时,竖向裂缝一出现,就迅速向梁顶发展,形成临界裂缝,并将残余混凝土斜劈成两半,梁被斜向拉断。破坏荷载与出现裂缝时的荷载很接近,破坏过程急剧,破坏前梁变形很小,是突然的脆性破坏,如图 5.6(a) 所示。这种梁的强度取决于混凝土在复合受力下的抗拉强度,承载力很低。

(2)剪压破坏

当剪跨比 1 ≤ λ ≤ 3 时,在弯剪区段的受拉区边缘出现一些竖向的裂缝,它们沿竖向延伸一小段长度后,就斜向延伸形成一些斜裂缝,而后逐渐形成一条主裂缝,向梁顶发展,达到破坏荷载时,斜裂缝上端混凝土被压碎。这种破坏主要是由于残余截面的混凝土在正应力、剪应力和荷载的局部竖向压应力的共同作用下发生的主压应力的破坏,称为剪压破坏,承载力高于斜拉破坏,如图 5.6(b) 所示。

(3)斜压破坏

当剪跨比 λ < 1 时,集中荷载作用点距支座较近,荷载与支座之间犹如一斜向受压短柱。破坏时,混凝土被腹剪斜裂缝分割成若干个斜向短柱而压坏,故称为斜压破坏。这种破坏取决于混凝土的抗压强度,承载力高于剪压破坏,如图 5.6(c) 所示。

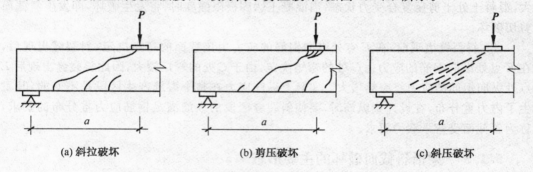

　　　　　(a) 斜拉破坏　　　　　　　　(b) 剪压破坏　　　　　　　　(c) 斜压破坏

图 5.6　斜截面破坏形态

可见,3 种破坏形态的斜截面承载力是不同的,它们在峰值荷载时,跨中挠度都不大,破坏时荷载都会迅速下降,表明它们都属于脆性破坏类型,是工程中应尽量避免的,但脆性程度不同。混凝土的极限拉应变值比极限压应变值小得多,所以斜拉破坏最脆,斜压破坏次之。因此,规范规定用构造措施防止发生斜拉、斜压破坏,而对于剪压破坏,通过计算来防止。

5.1.4　影响无腹筋梁受剪承载力的因素

无腹筋梁的受剪承载力受到很多因素的影响,如剪跨比、混凝土强度、纵筋配筋率、混凝土强度等级、截面形状、结构类型、梁的截面高度等。

1.剪跨比

在直接加载的情况下,剪跨比是影响集中荷载作用下无腹筋梁抗剪强度的主要因素。随着剪跨比 λ 增大，梁的相对抗剪强度 V 降低，当 $\lambda > 3$ 以后，抗剪强度趋于稳定，λ 的影响消失。

2. 纵筋配筋率

增大纵向钢筋截面面积可抑制斜裂缝的开展，增大斜裂缝上端的剪压区面积，并使骨料咬合力及纵筋的销栓力有所提高，因而间接地提高了梁的抗剪强度。但试验资料分析，配筋率较小时，对截面抗剪强度的影响并不明显；只有在配筋率 $\rho > 1.5\%$ 时，纵向钢筋对梁的抗剪承载力的影响才较为明显。

3. 混凝土强度等级

试验研究表明，混凝土的强度等级对梁的抗剪能力影响很大。梁的抗剪能力随混凝土强度的提高而提高，大致呈线性关系，这是因为剪切破坏是由于混凝土到达其极限强度而发生的。另外，梁斜截面破坏的形态不同，混凝土强度的影响程度也不相同。如 $\lambda < 1$ 时为斜压破坏，梁的抗剪能力取决于混凝土的抗压强度，随着混凝土强度等级的提高，梁的抗剪能力提高得较多；$\lambda > 3$ 时为斜拉破坏，由于混凝土强度等级提高，抗拉强度提高较少，梁的抗剪能力提高得较少。

4. 截面形状

T 形和工字形截面存在有受压翼缘，其斜拉破坏及剪压破坏的抗剪强度比梁腹宽度 b 相同的矩形截面有一定的提高，但对于梁腹混凝土的斜压破坏，翼缘的存在并不能提高其抗剪强度。

5. 结构类型

试验表明，在同一剪跨比的情况下，连续梁的抗剪强度低于简支梁的抗剪强度。

6. 梁的截面高度

试验表明，当梁的有效高度 $h_0 \leqslant 800$ mm 时，对截面抗剪强度影响不大；当截面有效高度 $h_0 > 800$ mm 时，抗剪强度会随截面高度的增加而降低。

5.1.5　无腹筋梁受剪承载力计算公式

1. 基本计算公式

不配置箍筋和弯起钢筋的梁及一般板类受弯构件，其斜截面受剪承载力应符合下列规定

$$V \leqslant V_c = 0.7\beta_h f_t bh_0 \tag{5.11}$$

式中　V—— 斜截面上最大剪力设计值，N；

　　　V_c—— 剪压面上混凝土承担的剪力，N；

　　　f_t—— 混凝土的轴心抗拉强度设计值，N/mm²；

　　　β_h—— 截面高度影响系数，$\beta_h = \sqrt[4]{\dfrac{800}{h_0}}$，当 $h_0 < 800$ mm 时，取 $h_0 = 800$ mm；当 $h_0 \geqslant 2\,000$ mm 时，取 $h_0 = 2\,000$ mm。

对集中荷载作用下的独立梁（包括作用有多种荷载，且集中荷载在支座截面边缘产生的剪力值占总剪力值 75% 以上的情况），改按下式计算

$$V \leqslant V_c = \frac{1.75}{\lambda + 1.0} f_t bh_0 \tag{5.12}$$

式中 λ—— 计算截面的剪跨比。当 $\lambda < 1.5$ 时,取 $\lambda = 1.5$;当 $\lambda > 3$ 时,取 $\lambda = 3$,计算截面取集中荷载作用点处的截面。

2. 无腹筋梁的构造配筋

无腹筋梁的开裂承载力随着截面高度的增加而降低,公式 $V = 0.7\beta_h f_t bh_0$ 是根据梁高 $h = 300$ mm 实验结果统计而得,同时在梁发生剪切破坏时有明显的脆性。因此,通常规定只有在一些次要的小型构件中才可以使用,否则仍需配置箍筋,具体规定如下:

(1) 梁的截面高度 h 超过 300 mm 时需全跨配置箍筋;

(2) 梁的截面高度 h 在 $150 \sim 300$ mm 之间时,需要离梁端 1/4 的跨度范围内配置箍筋。如果中间 1/2 跨度范围内有集中荷载作用时,仍应沿梁全跨配置箍筋;

(3) 配置箍筋的间距 s 应满足表 5.1 的箍筋最大间距的要求;

(4) 截面高度 h 小于 150 mm 的小梁允许不配置箍筋。

表 5.1 梁中箍筋最大间距

梁高 h	$V > 0.7 f_t bh_0$	$V \leqslant 0.7 f_t bh_0$
$150 < h \leqslant 300$	150	200
$300 < h \leqslant 500$	200	300
$500 < h \leqslant 800$	250	350
$h > 800$	300	400

5.2 有腹筋梁的受剪性能

5.2.1 箍筋的作用

在梁中配置箍筋,除箍筋本身参加抗剪的作用外,尚有以下的优点:

(1) 箍筋均匀布置在梁的表面内侧,能有效地控制斜裂缝宽度;

(2) 箍筋沿梁整个跨度均匀布置,箍筋和纵向钢筋共同组成一个刚性骨架,除有利于施工时钢筋位置的固定外,还能将骨架中的混凝土箍围住,有利于发挥混凝土的作用;

(3) 箍筋有利于提高纵向钢筋和混凝土之间的粘结性能,延缓了沿纵筋方向粘结裂缝的出现。

5.2.2 破坏形态

为了提高梁的抗剪能力,防止梁沿斜截面的脆性破坏,在实际工程结构中梁一般均配有腹筋。与无腹筋梁相比,有腹筋梁的受力特点、破坏形态有许多相似之处和不同之处。

1. 斜裂缝出现前的应力状态

有腹筋梁在荷载较小、斜裂缝出现以前,腹筋的应力很小,其作用也不明显,对斜裂缝出现时的荷载影响不大,其受力性能与无腹筋梁基本相近。

2. 斜裂缝出现后的应力状态

在斜裂缝出现以后,由于与斜裂缝相交的箍筋或弯筋可通过悬吊作用直接承担部分剪力,腹筋可以限制斜裂缝的开展、延伸,增大剪压区的面积,提高剪压区的抗剪能力。

3. 有腹筋梁斜截面的破坏形态

（1）斜压破坏

箍筋数量过多时，箍筋应力较小，斜裂缝发展缓慢。在箍筋应力未达到屈服强度时，斜裂缝之间的混凝土就会被斜向压碎而破坏。此时斜裂缝较小，破坏有脆性性质。

（2）剪压破坏

箍筋配置适量时，斜裂缝出现后，原来由混凝土承受的拉力转由与斜裂缝相交的箍筋承受，在箍筋尚未屈服时，由于箍筋限制了斜裂缝的开展和延伸，荷载尚能有较大的增长；随着荷载增加，与斜裂缝相交的箍筋应力达到屈服强度，剪压混凝土被压碎而破坏，梁破坏前有明显预兆。

（3）斜拉破坏

箍筋配置数量过少或箍筋间距太大时，斜裂缝出现后，原来由混凝土承受的拉力转由与斜裂缝相交的箍筋承受，箍筋很快屈服，不能抑制斜裂缝开展和延伸，梁发生无明显预兆的突然破坏。

由此可知，有腹筋梁的破坏类型与无腹筋梁类似，也有剪压、斜压、斜拉 3 种破坏情况。其中，斜压破坏与斜拉破坏有突然性，在工程中应该避免。

5.2.3　仅配箍筋梁的受剪承载力计算公式

1. 基本计算公式

《规范》规定，对矩形、T 形和工字形截面的一般受弯构件，当仅配箍筋时，其斜截面受剪承载力应按下列公式计算

$$V \leqslant V_{cs} = 0.7 f_t b h_0 + \frac{f_{yv} A_{sv} h_0}{s} \tag{5.13}$$

式中　　V —— 斜截面上最大剪力设计值，N；

$\quad\quad V_{cs}$ —— 混凝土与箍筋抗剪承载力设计值，N；

$\quad\quad A_{sv}$ —— 在同一截面内配置的箍筋全部截面面积，mm^2，$A_{sv} = n A_{sv1}$，n 为在同一截面内箍筋的肢数，A_{sv1} 为单肢箍筋的截面面积，mm^2；

$\quad\quad s$ —— 沿构件长度方向上箍筋的间距，mm；

$\quad\quad f_{yv}$ —— 箍筋抗拉强度设计值，N/mm^2。

集中荷载作用下的独立梁（包括有多种荷载作用时，集中荷载对支座或节点边缘产生的剪力占总剪力值 75% 以上的情况），其斜截面受剪承载力应按下列公式计算

$$V \leqslant V_{cs} = \frac{1.75}{\lambda + 1.0} f_t b h_0 + \frac{f_{yv} A_{sv} h_0}{s} \tag{5.14}$$

2. 适用条件

（1）最小截面尺寸

对于仅配箍筋的梁，其斜截面受剪承载力由箍筋和剪压区混凝土承载力组成。当梁截面尺寸确定后，随着配箍量增大，受剪承载力并不无限提高，当配箍量超过一定数值后，梁的承载力基本不再增加，箍筋应力达不到屈服强度就会发生破坏。为了避免斜压破坏发生，《混凝土结构设计规范》规定：矩形、T 形和工字形截面的受弯构件受剪截面应符合

下述条件：

当 $\dfrac{h_w}{b} \leqslant 4$ 时，对一般梁有

$$V \leqslant 0.25\beta_c f_c bh_0 \tag{5.15}$$

当 $\dfrac{h_w}{b} \geqslant 6$ 时，要求

$$V \leqslant 0.2\beta_c f_c bh_0 \tag{5.16}$$

当 $4 < \dfrac{h_w}{b} < 6$ 时，按内插法计算。

式中　　V—— 构件斜截面的最大剪力设计值，N；

　　　　β_c—— 混凝土强度影响系数，当混凝土强度等级不超过 C50 时，取 $\beta_c = 1.0$；当混凝土强度等级为 C80 时，取 $\beta_c = 0.8$；中间按线性内插法确定；

　　　　b—— 矩形截面的宽度、工字形截面或 T 形截面的腹板宽度，mm；

　　　　h_w—— 截面的腹板高度，矩形截面取有效高度 h_0，工字形截面取腹板净高，T 形截面取有效高度减去翼缘高度，mm。

对 T 形或工形截面的简支受弯构件，当有实践经验时，可按式 5.17 执行。

$$V \leqslant 0.3\beta_c f_c bh_0 \tag{5.17}$$

当上述条件不满足时，应加大截面尺寸或提高混凝土的强度等级。

（2）最小配筋率

如果梁内箍筋过少，斜裂缝一出现，箍筋的应力很快就达到屈服强度，不能有效地抑制裂缝的发展，甚至会使箍筋拉断，梁发生斜拉破坏。为了防止这种情况发生，《规范》规定箍筋的间距不宜超过梁中箍筋最大间距 s_{max}，见表 5.1；梁内配箍率不小于最小配箍率，即

$$\rho_{sv} \geqslant \rho_{sv,min} = 0.24\frac{f_t}{f_{yv}} \tag{5.18}$$

3. 斜截面受剪承载力计算步骤及应用

已知：梁的长度及其上荷载情况、梁的截面尺寸 $b \times h$、钢筋和混凝土的强度等级。

求：配置箍筋的数量。

基本步骤：

① 确定需要进行斜截面承载力计算的截面，计算剪力设计值；

② 梁截面尺寸的校核，若不满足，应加大截面尺寸或提高混凝土强度等级；

③ 判断是否需按计算配置箍筋，若 $V \leqslant V_c$，可按构造配置箍筋；

④ 对矩形、T 形和工字形截面的一般受弯构件

$$\frac{A_{sv}}{s} \geqslant \frac{V - 0.7f_t bh_0}{f_{yv}h_0}$$

集中荷载作用下的独立梁（包括有多种荷载作用时，集中荷载对支座或节点边缘产生的剪力占总剪力值 75% 以上的情况）

$$\frac{A_{sv}}{s} \geqslant \frac{V - 1.75f_t bh_0/(\lambda + 1)}{f_{yv}h_0}$$

一般先确定箍筋肢数(一般常用双肢箍,$n=2$)和箍筋直径(一般常用 6 mm,8 mm,10 mm),查附表 10 确定单肢箍筋截面面积,再计算箍筋间距。

5.2.4　配有箍筋和弯起钢筋梁的受剪承载力计算公式

1.基本计算公式

如图 5.7 所示,弯起筋所能承受的剪力为弯起钢筋的总拉力在垂直于梁轴方向的分力,按下式确定

$$V_{sb} = 0.8 f_y A_{sb} \sin \alpha_s \tag{5.19}$$

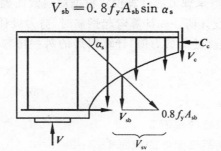

图 5.7　抗剪计算模式

式中　V_{sb}—— 与斜截面相交的弯起筋承受的剪力,N;

f_y—— 弯起筋的抗拉强度设计值,考虑到距剪压区较近的某些弯起钢筋不能充分发挥抗拉强度作用,当梁达到剪切极限状态时,可将弯起钢筋的受剪承载力总和乘上折减系数 0.8,N/ mm²;

A_{sb}—— 同一弯起平面内弯起筋的截面面积,mm²;

α_s—— 弯起钢筋与梁轴线的夹角,一般取45°,当梁高 $h > 800$ mm 时宜取60°。

《规范》规定,对矩形、T 形和工字形截面的一般受弯构件,既配箍筋又配弯起钢筋时,其斜截面受剪承载力应按下列公式计算

$$V \leqslant V_{cs} + V_{sb} = 0.7 f_t b h_0 + \frac{f_{yv} A_{sv} h_0}{s} + 0.8 f_y A_{sb} \sin \alpha_s \tag{5.20}$$

集中荷载作用下的独立梁(包括有多种荷载作用时,集中荷载对支座或节点边缘产生的剪力占总剪力值 75% 以上的情况),其斜截面受剪承载力应按下列公式计算

$$V \leqslant V_{cs} + V_{sb} = \frac{1.75}{\lambda + 1.0} f_t b h_0 + \frac{f_{yv} A_{sv} h_0}{s} + 0.8 f_y A_{sb} \sin \alpha_s \tag{5.21}$$

2.适用条件

与仅配箍筋的适用条件相同。

3.斜截面受剪承载力计算步骤及应用

已知:梁的长度及其上荷载情况、梁的截面尺寸 $b \times h$、钢筋和混凝土的强度等级。

求:配置弯起钢筋和箍筋的数量。

基本步骤:

① 确定需要进行斜截面承载力计算的截面,计算剪力设计值;

② 梁截面尺寸的校核,若不满足,应加大截面尺寸或提高混凝土强度等级;

③ 判断是否需按计算配置箍筋,若 $V \leqslant V_c$,可按构造配置箍筋;

④ 选定箍筋直径和间距,按公式(5.13)和公式(5.14)计算 V_{cs},再按下式计算弯起钢筋的截面面积,即

$$A_{sb} \geqslant \frac{V - V_{cs}}{0.8 f_y \sin \alpha_s}$$

5.2.5　计算截面位置

《规范》规定斜截面抗剪承载力的计算位置根据危险截面确定,计算时应取其相应区段内最大剪力值作为剪力设计值。如计算弯起钢筋时,剪力设计值按下列规定:当计算第一排弯起钢筋时,取支座边缘处的剪力值;计算以后的每一排弯起钢筋时,取前一排弯起钢筋弯起点处的剪力值。

危险截面一般有以下几种(图5.8):

(1) 支座边缘处的截面 1-1;

(2) 受拉区钢筋弯起点处的截面 2-2、3-3;

(3) 箍筋截面面积或间距改变处的截面 4-4;

(4) 腹板宽度改变处的截面 5-5。

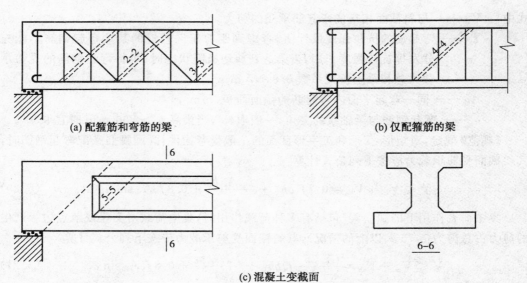

(a) 配箍筋和弯筋的梁　　(b) 仅配箍筋的梁

(c) 混凝土变截面

图 5.8　计算斜截面受剪承载力位置

例5.1　一钢筋混凝土矩形截面简支梁,两端支承在240 mm的砖墙上,如图5.9所示,截面尺寸 $b \times h = 200 \text{ mm} \times 500 \text{ mm}$,该梁承受的永久均布荷载标准值 $g_k = 25 \text{ kN/m}$,可变均布荷载标准值 $q_k = 50 \text{ kN/m}$,净跨为 $l_n = 3\,960 \text{ mm}$,混凝土的强度等级为C30,箍筋采用HPB235级钢筋,纵向受拉筋与弯起钢筋均采用HRB400级钢筋,按正截面抗弯强度要求已选用纵向受力筋 4Φ25,试根据斜截面抗剪强度要求确定箍筋和弯起钢筋的数量。

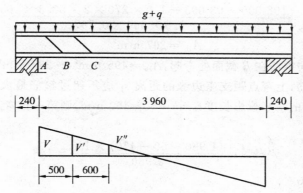

图 5.9　例题 5.1

解　查表得 $f_c = 14.3 \text{ N/mm}^2$，$f_t = 1.43 \text{ N/mm}^2$；HPB300 级钢筋 $f_{yv} = 270 \text{ N/mm}^2$；HRB400 级钢筋 $f_y = 360 \text{ N/mm}^2$；纵向钢筋布置一排 $h_0 = (500 - 35)\text{mm} = 465 \text{ mm}$。

（1）计算剪力设计值

$$V = \frac{1}{2}(1.2g_k + 1.4q_k)l_n$$

由可变荷载效应控制的组合

$$V/\text{kN} = \frac{1}{2}(1.2 \times 25 + 1.4 \times 50) \times 3.96 = 198$$

由永久荷载效应控制的组合

$$V/\text{kN} = \frac{1}{2}(1.35g_k + 1.4 \times 0.7q_k)l_n =$$

$$\frac{1}{2}(1.35 \times 25 + 1.4 \times 0.7 \times 50) \times 3.96 = 165.5 < 198$$

因此，剪力设计值为 $V = 198 \text{ kN}$。

（2）验算截面尺寸

$\dfrac{h_w}{b} = \dfrac{465}{200} = 2.3 < 4$，属于一般梁，混凝土 C30：$\beta_c = 1$。

$0.25\beta_c f_c bh_0 = (0.25 \times 1 \times 14.3 \times 200 \times 465)\text{N} = 332\ 475 \text{ N} > 198\ 000 \text{ N}$

截面尺寸满足要求。

（3）配置箍筋和弯起钢筋

$h = 500 \text{ mm} < 800 \text{ mm}$，取 $\beta_h = 1$。

$0.7\beta_h f_t bh_0 = (0.7 \times 1 \times 1.43 \times 200 \times 465)\text{N} = 93\ 093 \text{ N} < 198\ 000 \text{ N}$

应按计算配腹筋。

根据设计经验及构造要求选箍筋 $\phi 8@250$，则

$$\rho_{sv} = nA_{sv1}/bs = 2 \times 50.3/(200 \times 250) = 0.201\%$$

$$\rho_{sv,\min} = 0.24f_t/f_{yv} = 0.24 \times 1.27/270 = 0.129\%，\rho_{sv} > \rho_{sv,\min}$$

$$V \leqslant V_{cs} + V_{sb} = 0.7f_t bh_0 + \frac{f_{yv}h_0}{S} + 0.8f_y A_{sb}\sin\alpha_s$$

弯起钢筋与梁轴线夹角取 $\alpha_s = 45°$。

$$A_{sb}/\text{mm}^2 \geqslant \frac{V - 0.7f_t bh_0 - f_{yv}A_{sv}h_0/s}{0.8f_y\sin\alpha_s} =$$

$$\frac{198\,000 - 93\,093 - 1.0 \times 270 \times 2 \times 50.3 \times 465/250}{0.8 \times 360 \times 0.707} = 267$$

即
$$A_{sb} = 267 \text{ mm}^2$$

选用 1ϕ25 纵向钢筋在 B 截面处弯起，$A_{sb} = 495 \text{ mm}^2 > 267 \text{ mm}^2$，故满足要求。它作为第一排弯起钢筋，上弯点距支座边缘的距离 s_1 应不超过箍筋最大间距，一般取 $s_1 = 50 \text{ mm}$，该弯起钢筋的水平投影长度 $s_b = h - 50 = 450 \text{ mm}$，则第一排弯起筋下弯点处剪力设计值为

$$V'/\text{kN} = \frac{(1\,980 - 50 - 450) \times 198}{1\,980} = 148$$

斜截面承载力为
$$V_{cs}/\text{kN} = 0.7f_t bh_0 + f_{yv}A_{sv}h_0/s =$$
$$0.7 \times 1 \times 1.43 \times 200 \times 465 + 1.0 \times 270 \times 2 \times 50.3 \times 465/250 = 143.6$$

$V' > V_{cs}$ 故需要配第二排弯起钢筋，则

$$A_{sb}/\text{mm}^2 \geqslant \frac{V' - V_{cs}}{0.8f_y \sin \alpha_s} = (148\,000 - 143\,600)/(0.8 \times 360 \times 0.707) = 21.6$$

再现选用 1ϕ25 纵向钢筋在 C 截面处弯起，$A_{sb} = 495 \text{ mm}^2 > 28.5 \text{ mm}^2$，第一排弯起筋下弯点距第二排弯起筋上弯点的距离应不超过箍筋最大间距，则可算出第二排弯起筋下弯点处剪力设计值为

$$V''/\text{kN} = \frac{(1\,980 - 50 - 450 - 150 - 450) \times 198}{1\,980} = 88 < V_{cs}$$

故不需要配第三排弯起钢筋。

例 5.2 一钢筋混凝土矩形截面简支梁，两端支承在 370 mm 的砖墙上，截面尺寸 $b \times h = 250 \text{ mm} \times 550 \text{ mm}$，净跨为 $l_0 = 6\,600 \text{ mm}$，该梁承受如图 5.10 所示荷载，混凝土的强度等级为 C30，箍筋采用 HPB300 级钢筋，纵向受拉筋采用 HRB335 级钢筋，按正截面抗弯强度要求已选用纵向受力筋 6ϕ22，试根据斜截面抗剪强度要求确定箍筋数量。

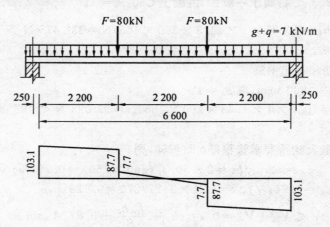

图 5.10　例题 5.2

解 查表得 $f_c = 14.3 \text{ N/mm}^2$，$f_t = 1.43 \text{ N/mm}^2$，$\beta_c = 1$，$f_{yv} = 270 \text{ N/mm}^2$，假设钢筋布置两排

$$h_0/\text{mm} = 550 - 60 = 490$$

（1）计算剪力设计值

$$V/\text{kN} = \frac{1}{2}(g+q)l_n + F = \frac{1}{2} \times 7 \times 6.6 + 80 = 103.1$$

集中荷载在支座边缘产生的剪力为 80 kN，集中荷载在支座边缘产生的剪力占支座边总剪力的百分比为 $80/103.1 = 78\% > 75\%$，应按集中荷载作用下的计算公式计算。

（2）验算截面尺寸

$$h_w/b = 490/250 = 1.96 < 4$$

$$0.25\beta_c f_c bh_0 = 0.25 \times 1 \times 14.3 \times 250 \times 490 = 437\ 937.5 > 103\ 100\ \text{N}$$

所以截面尺寸满足要求。

（3）配置箍筋

$\lambda = a/h_0 = 2\ 200/490 = 4.5 > 3$，取 $\lambda = 3$。

$h = 550$ mm < 800 mm，取 $\beta_h = 1$。

$$\frac{1.75}{\lambda+1}\beta_h f_t bh_0 = \left(\frac{1.75}{3+1} \times 1 \times 1.43 \times 250 \times 490\right)\text{N} = 76\ 639.1\ \text{N} < 103\ 100\ \text{N}$$

故应按计算配腹筋。

$$V \leqslant V_{cs} = 1.75 f_t bh_0/(\lambda+1) + f_{yv} A_{sv} h_0/s$$

$$nA_{sv1}/s \geqslant \frac{V - 1.75/(\lambda+1)f_t bh_0}{f_{yv}h_0} = \frac{(103\ 100 - 76\ 639.1)}{270 \times 490} = 0.2$$

选双肢 $\phi 8$，$n = 2$，$A_{sv1} = 50.3$ mm^2。

$s \leqslant (2 \times 50.3/0.2)\text{mm} = 503$ mm，取 $s = 200$ mm $< s_{max}$。

实际配置箍筋双肢 $\phi 8@200$。

验算最小配箍率

$$\rho_{sv} = \frac{nA_{sv1}}{bs} = \frac{2 \times 50.3}{250 \times 200} = 0.201\%$$

$$\rho_{sv,\min} = \frac{0.24 f_t}{f_{yv}} = \frac{0.24 \times 1.27}{210} = 0.145\%，\rho_{sv} > \rho_{svmin}$$

箍筋沿梁全长均匀布置。

5.3　连续梁斜截面受剪性能与承载力计算

连续梁在剪跨区段内作用有正负两个方向的弯矩并存在一个反弯点。梁在荷载作用下，在反弯点附近可能出现两条临界斜裂缝，分别指向中间支座和加载点。此时，在斜裂缝处由于混凝土开裂产生内力重分布而使纵向钢筋的拉应力增大很多，而在裂缝之间的钢筋拉应力则很小，这个应力差要通过钢筋和混凝土之间的粘结力将其传递到混凝土上去，正是由于这个应力差粘结力破坏，致使沿纵向钢筋与混凝土之间出现一批针脚状的粘结裂缝。这些裂缝使原先受压区钢筋也变成受拉，只有中间的部分混凝土承受压力和剪力，使得压应力和剪应力增大，成为全梁最薄弱的环节，从而降低了梁的受剪承载力，降低的幅度与剪跨比有关。当剪跨比较大时，发生斜拉破坏，连续梁与简支梁受剪承载力相近。当剪跨比较小时发生剪压破坏,引起承载力降低。因此,就连续梁本身而言,剪跨比越小,粘结开裂裂缝发展越充分,受剪承载力降低越多。

为了简化计算,《规范》对连续梁的受剪承载力取用与简支梁受剪承载力相同的方法计算,根据条件按公式(5.13)和公式(5.14)计算。

5.4 受弯构件的钢筋布置

纵向钢筋是以弯矩区段内的最大弯矩为依据根据正截面承载力计算求得的,如果纵向钢筋沿全长布置,任何截面上的受弯承载力均能满足要求,但钢筋强度没有得到充分的利用,是不经济的。实际工程中,经常把纵向钢筋在不需要的地方弯起或截断,本节将讲述这部分内容。

5.4.1 抵抗弯矩图

抵抗弯矩图是以各截面实际纵向受拉钢筋所能承受的弯矩为纵坐标,以相应的截面位置为横坐标,所作出的弯矩图(或称为材料图)。由荷载对梁的各个正截面产生的弯矩设计值 M 所绘制的图形,称为弯矩图。当材料图包住弯矩图时,梁的各个正截面受弯承载力能满足要求。

抵抗弯矩图可反映材料利用的程度,通过抵抗弯矩图可确定纵向钢筋的弯起、截断的数量和位置。

图 5.11 为一承受均布荷载简支梁的配筋图、弯矩图和材料图。根据该梁配置的钢筋,可求出 M_u 的值

$$M_u = f_y A_s \left(h_0 - \frac{x}{2} \right) \tag{5.22}$$

其中

$$x = \frac{f_y A_s}{\alpha_1 f_c b}$$

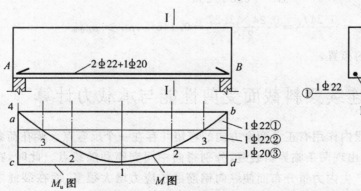

图 5.11 配通长直筋简支梁的正截面受弯承载力图

每根钢筋所抵抗的弯矩 M_{ui} 可近似地按该根钢筋的面积 A_{si} 与钢筋总面积 A_s 的比值乘以总抵抗弯矩 M_u 求得

$$M_{ui} = \frac{A_{si}}{A_s} M_u \tag{5.23}$$

如果 3 根钢筋的两端都伸入支座，则 M_u 图即为图 5.11 中的 $abcd$。每根钢筋所提供的弯矩 M_{ui} 分别用水平线示于图上。③ 号钢筋在点 1 处被充分利用；② 号钢筋在点 2 处被充分利用；① 号钢筋在点 3 处被充分利用。因而，可以把点 1、2、3 分别称为 ③、②、① 号钢筋的充分利用点。过了点 2 以后，就不需要 ③ 号钢筋了，过了点 3 以后就不需要 ② 号钢筋了，因此把点 2、3、4 分别称为 ③、②、① 号钢筋的不需要点。

图 5.12 为一承受均布荷载连续梁的配筋图、弯矩图和材料图。支座 B 的抵抗弯矩图纵坐标总高度，是按支座最大弯矩所确定的 4 根纵向钢筋截面面积算得的抵抗弯矩值 M_u 作出的，其每根钢筋的抵抗弯矩值按公式（5.23）相应钢筋面积的比例分配而求得，每根钢筋所提供的弯矩 M_{ui} 分别用水平线示于图上。

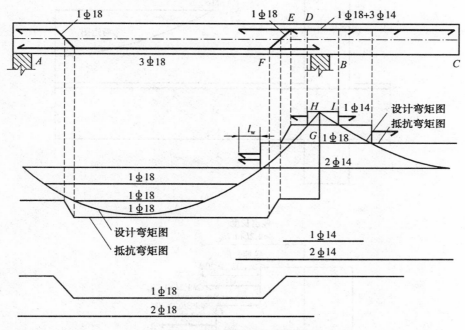

图 5.12　支座截面抵抗弯矩图

5.4.2　截断钢筋的锚固

一般情况下，纵向受力钢筋不宜在受拉区截断，因为截断处受力钢筋面积突然减小，会使混凝土拉应力突然增大而导致过早出现斜裂缝。因此，对承受正弯矩的钢筋一般只可将钢筋在计算不需要处弯起而不可以截断。对于连续梁（板）支座承受负弯矩的钢筋可以截断，为了使负弯矩钢筋的截断不影响它在各截面中发挥所需的抗弯能力，其截断点应按如下规定确定，如图 5.13 所示。

（1）当 $V < 0.7 f_t bh_0$ 时，应延伸至按正截面受弯承载力计算，不需要该钢筋的截面以外不小于 $20d$ 处截断，且从该钢筋强度充分利用截面伸出的长度不应小于 $1.2 l_a$，l_a 为受拉钢筋的锚固长度，按公式（5.24）取值；

（2）当 $V \geqslant 0.7 f_t bh_0$ 时，应延伸至按正截面受弯承载力计算，不需要该钢筋的截面以外不小于 $20d$ 且在不小于 h_0 处截断，且从该钢筋强度充分利用截面伸出的长度不应小于 $1.2 l_a + h_0$；

（3）若按上述规定确定的截断点仍位于负弯矩受拉区内，则应延伸至按正截面受弯承载力计算，不需要该钢筋的截面以外不小于 $1.3h_0$ 且不小于 $20d$ 处截断，且从该钢筋强度充分利用截面伸出的延伸长度不小于 $1.2l_a+1.7h_0$ 处，如图 5.13 所示。

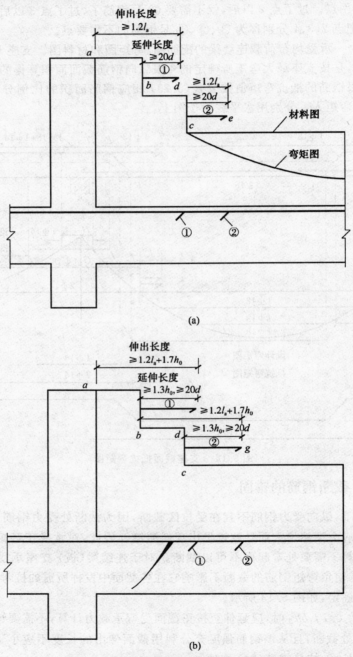

图 5.13　负弯矩区段纵向受拉钢筋的截断

5.4.3　弯起钢筋

1. 纵向钢筋弯起位置的确定

纵向钢筋的弯起应满足 3 个条件,如图 5.14 所示。

(1) 保证正截面受弯承载力的要求。纵向钢筋弯起后,剩下的纵筋能抵抗弯矩的降低。设计时必须保证抵抗弯矩图包在设计弯矩图的外面,即 $M_u > M$。

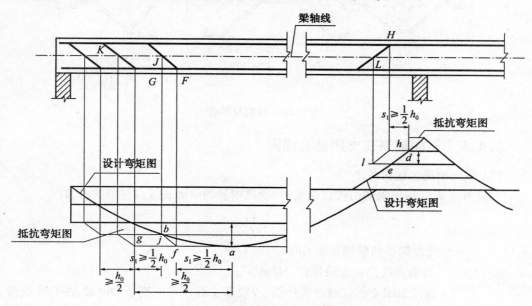

图 5.14　纵筋弯起的构造要求

(2) 保证斜截面受剪承载力的要求。设计时如果利用弯起的纵筋抵抗斜截面的剪力,则纵筋的弯起位置应保证从支座边缘到第一排弯起钢筋上弯点的距离及第一排弯起钢筋下弯点到下一排弯起钢筋上弯点的距离不得大于最大箍筋间距,以防止出现不与弯起钢筋相交的斜裂缝。

(3) 保证斜截面受弯承载力的要求。纵筋的弯起点应在按正截面受弯承载力计算该钢筋强度被充分利用的截面以外至少 $\frac{h_0}{2}$ 的位置。

2. 弯起钢筋的构造要求

(1) 弯起钢筋的锚固长度

弯起钢筋的弯终点外应留有水平锚固长度,其长度在受拉区时不应小于 $20d$;在受压区时不应小于 $10d$;对光面钢筋在末端上应设置弯钩,如图 5.15 所示。

(2) 弯起钢筋的弯起角度

弯起钢筋的弯起角度一般为45°,当梁截面高度大于 800 mm 时,宜取60°,梁底层角

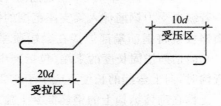

图 5.15　弯起钢筋的锚固

部钢筋不应弯起。

（3）弯起钢筋的形式

弯起钢筋一般由纵向钢筋在受弯不需要的地方弯起，但当纵向钢筋不能弯起时，可单独设置受剪的弯起筋，此筋称为鸭筋，不能采用浮筋，如图 5.16 所示，否则一旦弯起钢筋滑动将使斜裂缝开展过大。

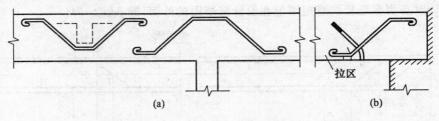

图 5.16　鸭筋与浮筋

5.4.4　纵向钢筋在支座处的锚固

（1）纵向钢筋的锚固长度

当计算中充分利用钢筋的抗拉强度时，受拉钢筋的锚固长度应按下式计算

$$l_a = \alpha \frac{f_y}{f_t} d \tag{5.24}$$

式中　l_a——受拉钢筋的锚固长度，mm；

　　　f_y——钢筋的抗拉强度设计值，N/mm²；

　　　f_t——混凝土轴心抗拉强度设计值，当混凝土强度等级高于 C60 时，按 C60 取值，N/mm²；

　　　d——钢筋的直径，mm；

　　　α——钢筋的外形系数，光面钢筋 α 为 0.16，带肋钢筋 α 为 0.14。

当 HRB335、HRB400 和 RRB400 级钢筋的直径大于 25 mm 时，或当钢筋在混凝土施工过程中易受扰动时，其锚固长度应乘以修正系数 1.1。

（2）纵向钢筋在简支支座处的锚固

钢筋混凝土简支梁和连续梁简支端的下部纵向受力钢筋，其伸入梁支座范围内的锚固长度 l_{as}，如图 5.17（a）所示，应符合下列规定：

当 $V < 0.7f_t bh_0$ 时，$l_{as} \geqslant 5d$；

当 $V \geqslant 0.7f_t bh_0$ 时，带肋钢筋 $l_{as} \geqslant 12d$，光面钢筋 $l_{as} \geqslant 15d$。

若纵向受力钢筋伸入梁支座范围的锚固长度不符合上述要求，可采取在钢筋上加焊锚固钢板或将钢筋端部焊接在梁端预埋件上等有效锚固措施；也可向上弯起，使其满足 l_{as}。光面钢筋锚固长度的末端（包括跨中截断钢筋及弯起钢筋）均应设置弯钩。如为人工弯钩时，向上弯起的长度不应小于 6.25d，亦不应小于 100 mm，如图 5.17（b）所示。

支撑在砌体结构上的钢筋混凝土独立梁，在纵向受力钢筋的锚固长度 l_{as} 范围内应配置不少于两个箍筋，其直径不宜小于纵向受力钢筋最大直径的 25%，间距不宜大于纵向受力钢筋最小直径的 10 倍。

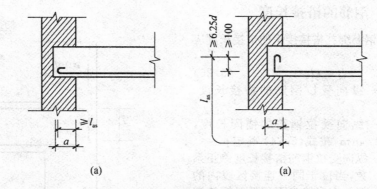

图 5.17　纵向钢筋伸入支座的锚固长度

（3）纵向钢筋在连续梁和框架梁中间支座处的锚固

上部受拉钢筋应贯通支座中间节点或中间支座范围内，其截断位置应符合 5.4.2 所讲述的内容，下部纵向钢筋伸入中间节点或支座的锚固长度应根据钢筋的受力情况而定，如图 5.18 所示。

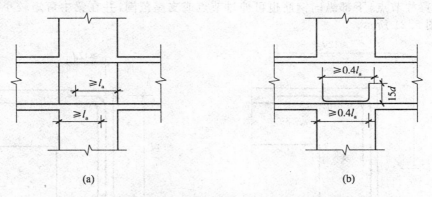

图 5.18　梁下部纵向钢筋在中间节点成中间支座范围的锚固

计算中不利用该钢筋的强度时，其锚固长度与 $V \geqslant 0.7 f_t b h_0$ 时在简支座情况相同；计算中充分利用该钢筋的抗拉强度时，可采用直线锚固式，伸入支座的锚固长度不得小于 l_a，向上弯折90°的锚固形式，伸入支座的水平段锚固长度不得小于 $0.4 l_a$，向上弯折的长度不得小于 $15d$；计算充分利用该钢筋的抗压强度时，下部纵向钢筋应按受压钢筋锚固在中间节点或中间支座内，考虑其直线锚固长度不应小于 $0.7 l_a$。

（4）纵向钢筋在梁柱节点的锚固

顶层端节点处纵向受力钢筋的锚固，可将柱外侧纵向钢筋的相应部分弯入梁内作梁上部纵向钢筋使用。中间层端节点上部纵向钢筋的锚固，当采用直线锚固形式，伸入支座的锚固长度不得小于 l_a，且伸过柱中心线不宜小于 $5d$；当柱截面尺寸不足时，可将钢筋伸至节点对边并向下弯折90°，其包含弧段在内的水平投影长度不小于 $0.4 l_a$，向上弯折的长度不得小于 $15d$，如图 5.19 所示。

5.4.5　钢筋的搭接长度

纵向受拉钢筋绑扎搭接接头的搭接长度应按下式计算

$$l_l = \zeta l_a \qquad (5.25)$$

式中　　l_l——纵向受拉钢筋的搭接长度，mm；

　　　　l_a——纵向受拉钢筋的锚固长度，mm，按式（5.24）确定；

　　　　ζ——纵向受拉钢筋搭接长度修正系数，当位于同一连接区段内的钢筋搭接接头面积低于钢筋截面面积的 25% 时，$\zeta = 1.2$。

粗、细钢筋搭接时，按粗钢筋截面积计算接头面积百分率，按细钢筋直径计算搭接长度。在

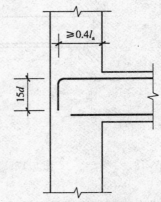

图 5.19　框架中间层端节点内的锚固

任何情况下，纵向受拉钢筋绑扎搭接接头的搭接长度均不应小于 300 mm。构件中的纵向受压钢筋，当采用搭接连接时，其受压搭接长度不应小于 $0.7l_l$，且在任何情况下不应小于 200 mm。

例如，梁上部钢筋与柱外侧纵向钢筋在顶层端节点及其附近部位搭接，如图 5.20 所示。在梁柱节点，下部纵向钢筋也可伸过节点或支座范围，并在梁中弯矩较小处设置搭接，如图 5.21 所示。

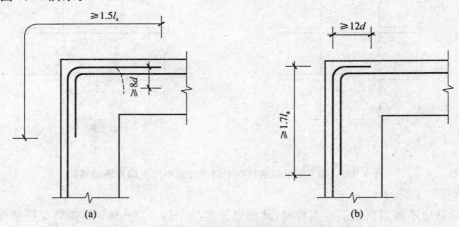

(a)　　　　　　　　　　　(b)

图 5.20　框架顶层端节点钢筋的锚固范围外的搭接

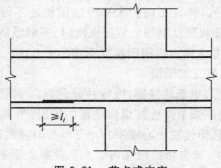

图 5.21　节点或支座

在纵向受力钢筋搭接长度范围内应配置箍筋,其直径不应小于搭接钢筋较大直径的25%。当钢筋受拉时,箍筋间距不应大于搭接钢筋较小直径的5倍,且不应大于100 mm;当钢筋为受压时,箍筋间距不应大于搭接钢筋较小直径的10倍,且不应大于200 mm。当受压钢筋直径 $d > 25$ mm 时,尚应在搭接接头两个端面外100 mm 范围内各设置两个箍筋,以防止产生局部挤压裂缝。

5.4.6　箍筋构造要求

1.箍筋的形式与肢数

箍筋可分为封闭箍筋和开口箍筋两种形式。箍筋一般应做成封闭式,当采用绑扎骨架时,箍筋末端应做成不小于135°的弯钩,弯钩端头水平直段长度不应小于 $5d$(此处 d 为箍筋直径)。

箍筋的肢数一般可分为单肢箍、双肢箍及四肢箍,如图 5.22 所示。通常采用双肢箍,只有当梁的宽度小于150 mm 时,才允许使用单肢箍;当梁的宽度大于400 mm 且一层内的纵向受压钢筋多于 3 根时,或当梁的宽度不大于 400 mm 但一层内的纵向受压钢筋多于 4 根时,应设置复合箍筋。

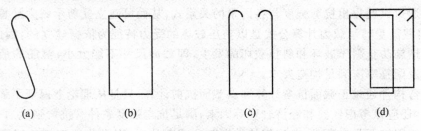

(a)　　　　(b)　　　　(c)　　　　(d)

图 5.22　箍筋的形式

2.箍筋的间距及最小直径的要求

当梁中配有按计算需要的纵向受压钢筋时,箍筋应做成封闭式,其间距不应大于 $15d$(此处 d 为纵向受压钢筋的最小直径),同时不应大于 400 mm;当一层内的纵向受压钢筋多于 5 根且直径大于 18 mm 时,箍筋的间距不应大于 $10d$。

当梁高大于 800 mm 时,箍筋直径不宜小于 8 mm;当梁高小于或等于 800 mm 时,直径不宜小于 6 mm;当梁内配有计算需要的纵向受压钢筋时,箍筋直径尚不小于 $0.25d$(此处 d 为受压纵筋的最大直径)。

3.箍筋的设置

按计算不需要箍筋的梁,当截面高度大于 300 mm 时,应沿梁全长设置箍筋;当截面高度在 150 mm 与 300 mm 之间时,可仅在构件端部各 1/4 跨度范围内设置箍筋;但当在构件中部 1/2 跨度范围内有集中荷载作用时,则应沿梁全长设置箍筋;当截面高度小于150 mm 时,可不设箍筋。

5.4.7　架立钢筋及纵向构造钢筋

1.架立钢筋

梁内架立钢筋的直径,当梁的跨度小于 4 m 时,不宜小于 8 mm;当梁的跨度为 4 ~

6 m 时,不宜小于 10 mm;当梁的跨度大于 6 m 时,不宜小于 12 mm。

2.纵向构造钢筋

纵向构造钢筋也称腰筋。当梁的腹板高度 $h_w \geqslant 450$ mm,在梁的两个侧面应沿高度配置纵向构造钢筋,每侧纵向构造钢筋不应小于腹板面积 bh_w 的 0.1%,且其间距不宜大于 200 mm。配置腰筋是为了抑制梁的腹板高度范围内由荷载作用或混凝土收缩引起的垂直裂缝的开展。

对于钢筋混凝土薄腹梁,应在下部 1/2 高腹板内配置直径 8 ~ 14 mm,间距100 ~ 150 mm 的纵向构造钢筋。

小　　结

1.钢筋混凝土受弯构件按剪跨比和配筋率的不同,斜截面主要有斜拉、剪压和斜压3 种破坏形态。 它们均为脆性破坏,其中斜拉和斜压破坏形态不允许采用,设计时应通过构造措施加以防止。受剪承载力计算公式仅适用于剪压破坏形态。

2.影响无腹筋梁斜截面承载力的主要因素有剪跨比、纵筋配筋率、混凝土强度、截面形状、结构类型、梁的截面高度等,影响有腹筋梁斜截面承载力的主要因素为以上 6 条及配箍率。通过试验得出抗剪强度与各因素的关系式,从而可建立受剪承载力计算公式。

3. 斜截面受剪承载力计算公式是以剪压破坏的受力特征为依据建立的,因此应采取相应构造措施防止斜压破坏和斜拉破坏的发生,即截面尺寸不能太小,箍筋的最大间距、最小直径及配箍率应满足构造要求。

4.受弯构件通过正截面抗弯计算和斜截面抗剪计算,只是从理论上保证了强度,在实践工程中,还应该考虑经验和经济合理等因素,满足抗弯强度条件。抗弯强度通过材料抵抗图与弯矩图按照强度要求,确定钢筋的弯起和截断位置,以及为保证钢筋锚固作用,确定钢筋在各类支座内的锚固长度。

练 习 题

1.试述梁斜截面受剪破坏的 3 种形态及其破坏特征。

2.试述剪跨比的概念及其对无腹筋梁斜截面受剪破坏形态的影响。

3.斜裂缝有几种类型? 有何特点?

4.影响斜截面受剪性能的主要因素有哪些?

5.在设计中采用什么措施来防止梁的斜压和斜拉破坏?

6.写出矩形、T 形、工字形梁斜截面受剪承载力计算公式。

7.计算梁斜截面受剪承载力时应取哪些计算截面?

8.受拉钢筋、受压钢筋进入各种支座的锚固长度有哪些要求? 试分别说明。

9.为了保证梁斜面受弯承载力,对纵筋的弯起、锚固、截断以及箍筋的间距,有哪些主要的构造要求?

10.计算弯起钢筋数量时其设计剪力应如何取值?

11. 如图所示简支梁,承受均布荷载设计值 $q = 50$ kN/m(包括自重),混凝土为 C30,环境类别为一类,试求:

（1）不设弯起钢筋时的受剪箍筋；

（2）利用现有纵筋为弯起钢筋，求所需箍筋；

（3）当箍筋为 φ8@200 时，弯起钢筋应为多少？

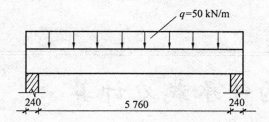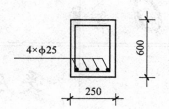

习题 11 图

12. 一简支梁如图所示，混凝土为 C30，荷载设计值为两个集中力 $F = 100$ kN，忽略梁自重的影响，环境类别为一类，试求：

（1）所求纵向受拉钢筋；

（2）求受剪箍筋（无弯起钢筋）；

（3）利用受拉纵筋为弯起钢筋时，求所需箍筋。

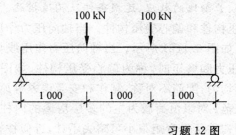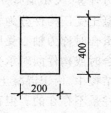

习题 12 图

13. 一钢筋混凝土矩形截面简支梁，两端支承在 240 mm 的砖墙上，净跨为 $l_0 = 3\,660$ mm，截面尺寸 $b \times h = 200$ mm$\times 500$ mm，该梁承受的永久均布荷载标准值 $g_k = 25$ kN/m，荷载分项系数为 1.2；可变均布荷载标准值 $q_k = 42$ kN/m，荷载分项系数为 1.4；混凝土的强度等级为 C25（$f_c = 11.9$ N/mm^2，$f_t = 1.27$ N/mm^2，$\alpha_1 = 1$），箍筋采用 HPB300 级钢筋（$f_y = 270$ N/mm^2），纵向受拉筋与弯起钢筋均采用 HRB400 级钢筋（$f_y = 360$ N/mm^2），按正截面抗弯强度要求已选用纵向受力筋 3Φ25，试根据斜截面抗剪强度要求确定腹筋数量。

第 *6* 章

受压构件承载力计算

【学习要点】

本章主要讨论钢筋混凝土轴心受压及偏心受压构件的截面承载力、稳定性、设计方法及构造要求。

轴心受压构件计算方法比较简单，但必须充分理解它的物理意义。例如，长细比和徐变对构件承载力的影响等。偏心受压构件在房屋建筑中经常遇到，要求掌握大小偏心受压截面承载力计算、大小偏心分界条件、长细比的效应、适用条件及构造措施。

钢筋混凝土受压构件分为轴心受压构件和偏心受压构件。当轴向压力作用线与构件截面重心轴重合时称为轴心受压构件，如图 6.1(a) 所示。当轴向压力作用线与构件截面重心轴不重合时或构件同时承受轴向压力和弯矩时，称为偏心受压构件，如图 6.1(b) 所示。在工程结构中，由于混凝土质量不均匀，配筋不对称，制作和安装误差等原因，理想的轴心受压构件是不存在的。但我国《规范》对以恒荷载为主的多层房屋的内柱、屋架的斜压腹杆和压杆等构件，在设计时考虑到构件所受弯矩很小可略去不计，近似按轴心受压构件计算。而多层框架柱、单层排架柱、大量的实体剪力墙屋架上弦杆和某些受压腹杆等都属于偏心受压构件。

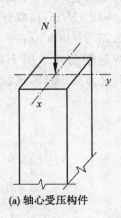
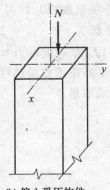

(a) 轴心受压构件 　　　　　　　　　　(b) 偏心受压构件

图 6.1　受压构件的类型

偏心受压构件又可分为单向和双向偏心受压构件。当轴向力作用线与构件截面重心轴平行且沿某一主轴偏离重心时，称为单向偏心受压构件，多数偏心构件都属于此类。轴向力作用线与构件截面重心轴平行且偏离两个主轴时,称为双向偏心受压构件,如多层框架房屋的角柱。

6.1　受压构件构造要求

6.1.1　截面形式与尺寸

轴心受压构件的截面形式一般做成方形、圆形或多边形;偏心受压构件的截面形式一般做成矩形或工字形。

受压构件的截面最小尺寸不宜小于 300 mm。为了避免长细比太大而降低构件的承载力,一般取构件长细比 $\frac{l_0}{b} \leqslant 30$ 及 $\frac{l_0}{h} \leqslant 25$ 或 $\frac{l_0}{d} \leqslant 25$,其中 l_0 为柱的计算长度,b、h、d 分别为矩形柱的短边、长边和圆柱形的直径。为了施工制作方便,在截面边长小于 800 mm 时,以 50 mm 为模数,大于 800 mm 时,以 100 mm 为模数。

当采用的矩形截面尺寸较大时,宜将矩形截面改为工字形截面,工字形截面的翼缘厚度不宜小于 120 mm,因为翼缘太薄会使构件过早出现裂缝;腹板厚度不宜小于 100 mm,但地震区宜加厚些。

6.1.2　材料的强度等级

受压构件正截面承载力受混凝土强度等级影响较大,为了减小构件截面尺寸,节约钢筋,受压构件宜采用较高强度等级的混凝土,一般常用混凝土的强度等级为 C20、C25、C30、C35、C40 或更高。

受压构件中纵向钢筋一般常用 HRB335、HRB400 和 RRB400 级钢筋,这是因为受压构件中钢筋与混凝土共同受压,在混凝土达到极限压应变时,钢筋的压应力最高只能达到 400 N/mm²,采用高强度钢筋不能充分发挥其作用,不宜选用高强度钢筋。箍筋一般采用 HPB300、HRB335 和 HRB400 级钢筋。

6.1.3　纵向钢筋和箍筋

纵向受力钢筋的作用是与混凝土共同承受压力,减小构件尺寸,改善素混凝土的离散性,防止构件发生突然脆性破坏,减小混凝土徐变变形等。箍筋的作用是和纵筋形成骨架,防止纵向钢筋受力后向外压屈,同时对核芯起一定的约束作用,提高了混凝土的极限变形。

1.纵向受力钢筋的构造要求

轴心受压构件的纵向受力钢筋应沿截面的四周均匀放置,钢筋根数不得少于 4 根,钢筋直径不宜小于 12 mm,通常在 16 ~ 32 mm 范围内选用。圆柱中纵向钢筋宜周边均匀布置,根数不宜小于 8 根,且不应小于 6 根。偏心受压构件的纵向受力钢筋应放置在偏心方向截面的两边。当截面高度 $h \geqslant 600$ mm 时,在侧面应设置直径为 10 ~ 16 mm 的纵向构造钢筋,并相应地设置附加箍筋或拉筋。

受压构件的混凝土保护层厚度,当环境类别为一类时(室内正常环境下),最小厚度为 20 mm,同时不应小于纵向受力钢筋直径。纵筋净距不应小于 50 mm,在水平位置上浇注的预制柱,其纵筋最小净距可减少,但不应小于 30 mm 和 $1.5d$(d 为钢筋的最大直径)。纵向受力钢筋彼此间的中距不宜大于 300 mm。

对于轴心受压构件最小配筋率为 0.6%,同时,一侧钢筋的配筋率不应小于 0.2%。偏心受压构件受拉钢筋的最小配筋率为 0.15%,受压钢筋的最小配筋率为 0.2%。为了施工方便和经济要求,全部纵向钢筋配筋率不应大于 5%,一般不宜大于 3%。

2. 箍筋的构造要求

箍筋采用热轧钢筋时,其直径不应小于 6 mm 且不应小于 $d/4$;当采用冷拔低碳钢丝时,其直径不应小于 5 mm 且不应小于 $d/5$,d 为纵向钢筋的最小直径。当柱内纵向受力钢筋的配筋率大于 3% 时,箍筋直径不宜小于 8 mm。

箍筋的间距不应大于截面短边尺寸且不大于 400 mm,同时在绑扎骨架中不应大于 $15d$,在焊接骨架中不应大于 $20d$。当柱中全部纵向钢筋配筋率大于 3% 时,箍筋间距不应大于 $10d$,且不大于 200 mm。

箍筋应做成封闭式,当柱中全部纵向受力钢筋的配筋率大于 3% 时,应焊成封闭式,箍筋末端应做成不小于 135° 的弯钩,弯钩末端平直的长度应满足不应小于 $10d$。

如图 6.2 所示,箍筋形式根据截面形状、尺寸及纵向钢筋根数确定:

(1)当柱子短边不大于 400 mm,且各边纵向钢筋不多于 4 根时,可采用单个箍筋;

(2)当柱子各边纵向钢筋多于 3 根(或当柱子短边不大于 400 mm,纵向钢筋多于 4 根)时,应设置附加箍筋;

(3)截面复杂的柱不可采用有内折角的箍筋,以避免产生向外拉力,使折角处混凝土破坏,应采用分离式箍筋。

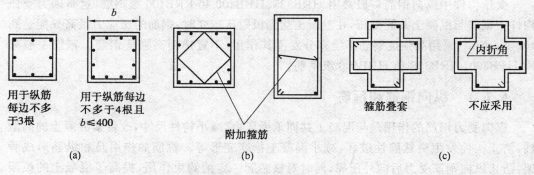

用于纵筋每边不多于3根

用于纵筋每边不多于4根且 $b \leq 400$

附加箍筋

箍筋叠套

不应采用

内折角

(a)   (b)   (c)

图 6.2　柱的箍筋形式

6.1.4　上下层柱的接头

多层现浇钢筋混凝土构件,通常在楼层楼面需设置施工缝,上、下层柱需做成接头。一般是将下层柱的纵筋伸出楼面一段搭接长度,以备与上层柱的纵筋搭接。其接头位置可设在各层楼面处 500～1 200 mm 范围内。

当柱每边的纵筋不多于 4 根时,可在同一水平截面处搭接头;当柱每边的纵筋为 5～

8 根时,应在两个水平截面处接头,当柱每边的纵筋为 9～12 根时,应在 3 个水平截面处接头。当上、下层柱截面尺寸不同时,可在梁高范围内将下层柱的纵筋弯折一倾斜角,然后伸入上层柱,或采用附加的短筋与上层柱的纵筋搭接,如图 6.3 所示。

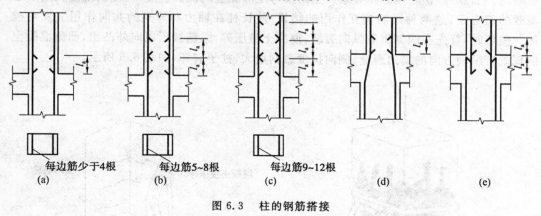

每边筋少于4根　　　　每边筋5~8根　　　　　每边筋9~12根
　　(a)　　　　　　　　　　(b)　　　　　　　　　　(c)　　　　　　　　　(d)　　　　　　　　　(e)

图 6.3　柱的钢筋搭接

6.2　轴心受压柱正截面承载力计算

钢筋混凝土轴心受压柱按箍筋的形式不同分为两种类型,配置普通箍筋柱和配置螺旋箍筋(或环式焊接箍筋)柱。螺旋形箍筋与普通箍筋柱相比,由于对混凝土有较强的环向约束,可提高构件的承载力和延性。

6.2.1　普通钢箍柱

1.柱的破坏特征

轴心受压柱按长细比不同分为短柱和长柱。《规范》规定,对一般截面长细比 $\frac{l_0}{i} \leqslant$ 28,矩形截面长细比 $\frac{l_0}{b} \leqslant 8$ 时为短柱,否则为长柱。

(1)短柱的破坏特征

配有纵筋和箍筋短柱的试验研究表明,当荷载较小时,混凝土和钢筋都处于弹性状态,柱子压缩变形的增加与荷载的增加成正比,纵筋和混凝土的压应力的增加也与荷载的增加成正比。当荷载较大时,若配筋率较小,压缩变形增加的速度明显快于荷载增加速度。随着荷载的继续增加,柱中开始出现微细裂缝,在临近破坏荷载时,柱四周出现明显的纵向裂缝,箍筋间的纵筋发生压屈,向外凸出,混凝土被压碎,柱子破坏,如图 6.4 所示。

短柱中混凝土破坏时,钢筋压应变大致与混凝土棱柱体受压破坏时相同,可取 $\varepsilon_0 = 0.002$,则纵向钢筋应力为 $\sigma'_s = E_s\varepsilon_0 = (2.0 \times 10^5 \times 0.002)\text{N/mm}^2 = 400\ \text{N/mm}^2$,当钢筋抗压强度设计值大于 400N/mm^2 时,就不能充分发挥作用了。因此,构造要求中规定不宜选用高强度钢筋。

（2）长柱的破坏特征

对于长细比较大的柱子,试验表明,由各种偶然因素造成的初始偏心距的影响是不可忽略的。加载后,初始偏心距导致产生附加弯矩和相应的侧向挠度,而侧向挠度又增加了荷载的偏心距,这两种影响相互作用的结果,使长柱在轴力和弯矩的共同作用下发生破坏。破坏时,首先在凹侧出现纵向裂缝,混凝土被压碎,纵筋被压屈向外凸出,凸侧混凝土出现垂直纵轴方向的横向裂缝,侧向挠度急剧增大,柱子破坏,如图6.5所示。

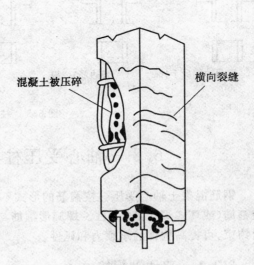

| 图 6.4　轴心受压短柱的破坏形态 | 图 6.5　轴心受压长柱的破坏形态 |

长柱的破坏荷载低于短柱的破坏荷载,长细比越大,承载能力降低得越多。这是由于初始偏心距、附加偏心距、长期荷载作用下混凝土的徐变使侧向挠度增大,长细比过大容易发生失稳破坏等原因造成的。

《规范》采用稳定系数 φ 来表示长柱承载力的降低程度,即

$$\varphi = \frac{N_u^l}{N_u^s} \tag{6.1}$$

式中　　N_u^l,N_u^s—— 分别为长柱、短柱的承载力。

国内外的一些试验数据表明,稳定系数 φ 值主要与构件的长细比有关,《规范》规定的稳定系数的取值见表6.1。

表 6.1　钢筋混凝土轴心受压构件的稳定系数 φ

$\frac{l_0}{b}$	$\frac{l_0}{d}$	$\frac{l_0}{i}$	φ	$\frac{l_0}{b}$	$\frac{l_0}{d}$	$\frac{l_0}{i}$	φ
$\leqslant 8$	$\leqslant 7$	$\leqslant 28$	$\leqslant 1.00$	30	26	104	0.52
10	8.5	35	0.98	32	28	111	0.48
12	10.5	42	0.95	34	29.5	118	0.44

续表 6.1

$\dfrac{l_0}{b}$	$\dfrac{l_0}{d}$	$\dfrac{l_0}{i}$	φ	$\dfrac{l_0}{b}$	$\dfrac{l_0}{d}$	$\dfrac{l_0}{i}$	φ
14	12	48	0.92	36	31	125	0.40
16	14	55	0.87	38	33	132	0.36
18	15.5	62	0.81	40	34.5	139	0.32
20	17	69	0.75	42	36.5	146	0.29
22	19	76	0.70	44	38	153	0.26
24	21	83	0.65	46	40	160	0.23
26	22.5	90	0.60	48	41.5	167	0.21
28	24	97	0.56	50	43	174	0.19

注:表中 l_0 为构件计算长度;b 为矩形截面的短边尺寸;d 为圆形截面的直径;i 为截面最小回转半径。

对于受压构件计算长度 l_0 的取值,和其两端支承情况及有无侧移等因素有关。按照材料力学的推导,在理想情况下 l_0 值为:当两端为铰支座时取 $l_0 = l$(l 为构件实际长度);当两端为固定时取 $l_0 = 0.5l$;当一端固定,一端铰支时取 $l_0 = 0.7l$。

对于一般多层房屋中梁柱为刚接的框架结构的各层柱段,其计算长度 l_0 按表 6.2 的规定取用。

表 6.2　框架结构各层柱段的计算长度

楼盖类型	柱的类别	计算长度
现浇楼盖	底层柱	1.0H
	其余各层柱	1.25H
装配式楼盖	底层柱	1.25H
	其余各层柱	1.5H

注:表中 H 对底层柱为从基础顶面到一层楼盖顶面的高度;对其余各层柱为上、下两层楼盖顶面之间的高度。

对于刚性屋盖单层工业厂房排架柱、露天吊车的计算长度和栈桥柱的计算长度按表 6.3 取用。

表 6.3　采用刚性屋盖的单层工业厂房排架柱、露天吊车柱和栈桥柱的计算长度 l_0

柱的类型		排架方向	垂直排架方向	
			有柱间支撑	无柱间支撑
无吊车厂房柱	单跨	1.5H	1.0H	1.2H
	两跨及多跨	1.25H	1.0H	1.2H
有吊车厂房柱	上柱	2.0H_u	1.25H_u	1.5H_u
	下柱	1.0H_l	0.8H_l	1.0H_l
露天吊车和栈桥柱		2.0H_l	1.0H_l	—

注:① 表中 H 为从基础顶面算起的柱子全高;H_l 为从基础顶高至装配式吊车梁底面或现浇式吊车梁顶面的柱子下部高度;H_u 为从装配式吊车梁底面或从现浇式吊车梁顶面算起的柱子上部高度;

② 表中有吊车厂房排架柱的上柱在排架方向的计算长度,仅适用于 $H_u/H_l \geqslant 0.3$ 的情况;当 $H_u/H_l < 0.3$,计算长度宜采用 $2.5H_u$。

2.承载力计算公式

《规范》给出的轴心受压构件承载力计算公式为

$$N = 0.9\varphi(f_c A + f'_y A'_s) \tag{6.2}$$

式中　　N—— 轴向压力设计值,N;

　　　　0.9—— 考虑长柱的可靠度调整系数;

　　　　φ—— 钢筋混凝土构件的稳定系数,按表 6.1 取用;

　　　　f_c—— 混凝土轴心抗压强度设计值,N/mm²;

　　　　A—— 构件截面面积,mm²;

　　　　f'_y—— 纵向钢筋的抗压强度设计值,N/mm²;

　　　　A'_s—— 全部纵向钢筋的截面面积,mm²。

当纵向钢筋配筋率大于 3% 时,式(6.2)中 A 改用 A_0,$A_0 = A - A'_s$。

3.截面选择

(1)已知:构件所能承受轴向压力设计值为 N,计算长度 l_0,混凝土强度等级及钢筋等级,构件截面尺寸 b 及 h。

求:所需的受压钢筋截面面积 A'_s。

基本步骤:

① 利用长细比 $\dfrac{l_0}{b}$、$\dfrac{l_0}{d}$ 或 $\dfrac{l_0}{i}$,查表 6.1,确定稳定系数 φ,其中 $i = \sqrt{\dfrac{I}{A}}$;

② 直接利用公式计算受压钢筋面积

$$A'_s = \frac{N/0.9\varphi - f_c A}{f'_y}$$

③ 验算配筋率 $\rho_{\min} \leqslant \rho' \leqslant \rho_{\max}$;

当 $\rho > \rho_{\max}$ 时,可考虑增大截面尺寸后重新计算;

当 $\rho < \rho_{\min}$ 时,可考虑减小截面尺寸后重新计算或取 $\rho = \rho_{\min}$ 进行配筋计算。

④ 选配钢筋。

(2)已知:构件所能承受的轴向压力 N,计算长度 l_0,混凝土强度等级及钢筋等级。

求:构件截面尺寸 b 及 h,所需的受压钢筋截面面积 A'_s。

基本步骤:

① 假设 $\varphi = 1$,$\rho' = 0.6\% \sim 2\%$;

② 计算截面面积

$$A = \frac{N}{0.9\varphi(f_c + f'_y \rho')}$$

③ 确定截面边长 b 及 h,计算长细比,查表 6.1 确定稳定系数;

④ 计算受压钢筋截面面积

$$A'_s = \frac{N/0.9\varphi - f_c A}{f'_y}$$

⑤ 验算配筋率 $\rho_{\min} \leqslant \rho' \leqslant \rho_{\max}$;

⑥ 选配钢筋。

4. 截面复核

已知:构件计算长度 l_0,混凝土强度等级及钢筋等级,构件截面尺寸 b 及 h,受压钢筋截面面积 A'_s。

求:构件所能承受的轴向压力设计值 N_u。

基本步骤:

① 利用长细比 $\dfrac{l_0}{b}$、$\dfrac{l_0}{d}$ 或 $\dfrac{l_0}{i}$,查表 6.1,确定稳定系数 φ;

② 验算配筋率 $\rho_{min} \leqslant \rho' \leqslant \rho_{max}$;

③ 直接利用公式计算 $N_u = 0.9\varphi(f_c A + f'_y A'_s)$。

例 6.1　某钢筋混凝土轴心受压柱,柱的计算长度为 5 m,承受轴向压力设计值 $N = 2\ 600$ kN,混凝土等级为 C30,纵筋采用 HRB400 钢筋,截面尺寸 $b \times h = 400$ mm $\times$ 400 mm,试求该柱所需受压钢筋截面面积。

解　由已知得,$f_c = 14.3$ N/mm²,$f_y = 360$ N/mm²,$\dfrac{l_0}{b} = \dfrac{5\ 000}{400} = 12.5$,查表 6.1,$\varphi = 0.94$,则

$$A'_s / mm^2 = \frac{N/0.9\varphi - f_c A}{f'_y} = \frac{2\ 600 \times 10^3 / (0.9 \times 0.94) - 14.3 \times 400 \times 400}{360} = 2\ 182$$

$$\rho' = \frac{A'_s}{bh} = \frac{2\ 182}{400 \times 400} = 1.36\%$$

$0.6\% < \rho' < 3\%$,满足要求。

选 $4\ \Phi\ 18 + 4\ \Phi\ 20 (A'_s = 2\ 273$ mm²$)$,沿截面周边均匀布置,每边 3 根。

例 6.2　某钢筋混凝土轴心受压柱,承受轴向压力设计值 $N = 2\ 400$ kN,柱的计算长度为 $l_0 = 4.8$ m,选用混凝土等级为 C30($f_c = 14.3$ N/mm²),纵筋采用 HRB335 钢筋($f_y = 300$ N/mm²),试设计该柱截面及所需受压钢筋截面面积。

解　设 $\varphi = 1$,$\rho' = 1.2\%$,则

$$A / mm^2 = \frac{N}{0.9\varphi(f_c + f'_y \rho')} = \frac{2\ 400 \times 10^3}{0.9 \times 1 \times (14.3 + 300 \times 1.2\%)} = 148\ 976$$

方形截面边长为 $b = h = \sqrt{148\ 976}$ mm $= 386$ mm,取 $b = h = 400$ mm。

$\dfrac{l_0}{b} = \dfrac{4\ 800}{400} = 12$,查表 6.1,$\varphi = 0.95$,则

$$A'_s / mm^2 = \frac{N/0.9\varphi - f_c A}{f'_y} = \frac{2\ 400 \times 10^3 / (0.9 \times 0.95) - 14.3 \times 400 \times 400}{300} = 1\ 730$$

$$\rho' = \frac{A'_s}{bh} = \frac{1\ 730}{400 \times 400} = 1.08\%$$

$0.6\% < \rho' < 3\%$,满足要求。

选 $4\ \Phi\ 16 + 4\ \Phi\ 18 (A'_s = 1\ 821$ mm²$)$,沿截面周边均匀布置,每边 3 根。

例 6.3　某多层框架二层钢筋混凝土柱(装配式楼盖),二层层高为 4.8 m。柱的截面尺寸为 400 mm $\times$ 400 mm,混凝土强度等级为 C25,已配置 $4\ \Phi\ 25 (A'_s = 1\ 964$ mm²$)$ 纵向受力钢筋,求该柱所能承担的轴向压力设计值 N_u。

解 由已知得，$f_c = 11.9 \text{ N/mm}^2$，$f_y = 300 \text{ N/mm}^2$。

查表 6.2 得，柱的计算长度为 $l_0 = (1.5 \times 4.8)\text{m} = 7.2 \text{ m}$

$\dfrac{l_0}{b} = \dfrac{7\,200}{400} = 18$，查表 6.1，得 $\varphi = 0.81$，则

$$\rho' = \frac{A'_s}{bh} = \frac{1\,964}{400 \times 400} = 1.23\%$$

$0.6\% < \rho' < 3\%$，满足要求。

$N_u/N = 0.9\varphi(f_c A + f'_y A'_s) = 0.9 \times 0.81 \times (11.9 \times 400 \times 400 + 300 \times 1\,964) = $
$\qquad 1.817\,543 \times 10^6$

即 $\qquad\qquad\qquad N_u = 1.817\,543 \times 10^6 \text{ N} = 1\,818 \text{ kN}$

6.2.2 螺旋钢箍柱

当柱承受轴向的受压荷载较大，而截面尺寸受到限制，按照普通箍筋柱来计算，即使提高混凝土的强度等级和增加了纵筋配筋量也不能满足承载力要求时，可采用螺旋式箍筋（或焊接环式箍筋）柱的形式，如图 6.6 所示，但此类箍筋柱由于施工较麻烦，用钢量大，一般较少采用。

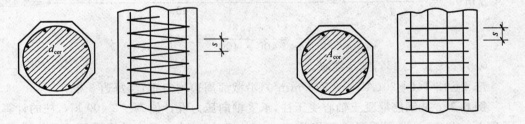

(a) 螺旋式钢筋柱 (b) 焊环式钢筋柱
图 6.6 螺旋式配筋柱或焊环式钢筋柱

1. 柱的破坏特征

配有纵筋和螺旋式箍筋的柱，螺旋筋就像环箍一样，约束其内混凝土的横向变形，使混凝土处于三向受力状态，从而提高了混凝土的抗压强度。当荷载逐渐增大，螺旋筋外的混凝土保护层开始剥落时，螺旋筋内的混凝土并未破坏。因此，在计算中不考虑保护层混凝土的作用，只考虑螺旋筋内核心面积 A_{cor} 的混凝土作为计算截面面积。随着荷载的增加，箍筋中的拉应力不断加大，直到箍筋屈服，不再能起到进一步增大约束核芯混凝土横向变形的作用，这时核芯混凝土的抗压强度不再提高，混凝土被压碎而导致构件破坏。

2. 承载力计算公式

《规范》规定，配置螺旋式箍筋（或焊接环式箍筋）的轴心受压构件，其正截面承载力按下列公式计算

$$N = 0.9(f_c A_{cor} + f'_y A'_s + 2\alpha f_y A_{ss0}) \tag{6.3}$$

$$A_{ss0} = \frac{\pi d_{cor} A_{ss1}}{s} \tag{6.4}$$

式中 A_{cor} —— 构件的核芯截面面积，即箍筋内表面范围内混凝土面积，mm^2；

α—— 箍筋对混凝土约束的折减系数,当混凝土强度等级不超过 C50 时,取 1.0;
　　　　当混凝土强度等级为 C80 时,取 0.85;其间按线性内插法取用;

f_y—— 箍筋的抗拉强度设计值,N/mm²;

A_{ss0}—— 箍筋的换算截面面积,mm²;

d_{cor}—— 构件的核芯截面直径或箍筋内表面的距离,mm;

A_{ss1}—— 单根箍筋的截面面积,mm²;

s—— 箍筋沿构件轴线方向的间距,mm。

当用公式(6.3)计算螺旋式箍筋(或焊接环式箍筋)的轴心受压柱承载力时,应注意下列事项:

(1)为防止混凝土保护层在使用荷载作用下过早剥落,《规范》规定,按公式(6.3)算得的构件受压承载力设计值不应大于按公式(6.2)算得的构件受压承载力设计值的 1.5 倍。

(2)当长细比 $l_0/d > 12$ 或按公式(6.3)算得的构件受压承载力小于按公式(6.2)算得的构件受压承载力时;当箍筋的换算截面面积 A_{ss0} 小于纵向钢筋的全部截面面积的 25% 时,不应计入箍筋的影响,应按公式(6.2)进行计算。

(3)螺旋式箍筋柱的截面尺寸常做成圆形或正多边形,纵向钢筋可选用 6～8 根沿截面周边均匀布置,螺旋箍筋的间距不应大于 80mm 及 $d_{cor}/5$,且不宜小于 40 mm。

3.截面选择

已知:构件的轴向力设计值 N,计算长度 l_0,混凝土强度等级及钢筋等级,构件截面尺寸。

求:所配螺旋箍筋的截面面积 A_{ss0} 和纵向钢筋的截面面积 A_s'。

基本步骤:

① 假定纵筋配筋率 ρ',确定纵向钢筋面积 A_s',选配钢筋;

② 计算构件的核芯截面面积 A_{cor} 和箍筋的换算截面面积 A_{ss0}

$$A_{cor} = \frac{\pi d_{cor}^2}{4}$$

$$A_{ss0} = \frac{N/0.9 - f_c A_{cor} - f_y' A_s'}{2\alpha f_y}$$

③ 验算箍筋的换算面积是否满足构造要求,选择螺旋箍筋的直径和间距

$$s = \frac{\pi d_{cor} A_{ss1}}{A_{ss0}}$$

④ 重新计算 A_{ss0},验算柱的承载力

$$A_{ss0} = \frac{\pi d_{cor} A_{ss1}}{s}$$

$$0.9(f_c A_{cor} + f_y' A_s' + 2\alpha f_y A_{ss0}) < 1.5 \times 0.9\varphi(f_c A + f_y' A_s')$$

例 6.4　已知某公共建筑门厅内底层现浇钢筋混凝土框架柱,承受轴向压力 $N = 3\,600$ kN,从基础顶面到二层楼面的高度为 4.2 m。混凝土采用 C30,纵筋采用 HRB400 级钢筋,箍筋采用 HRB335 级钢筋。按建筑设计要求柱截面采用圆形,其直径不大于 400 mm。试进行该柱配筋计算。

解 由已知得，$f_c = 14.3 \, \text{N/mm}^2$，HRB400 级钢筋 $f'_y = 360 \, \text{N/mm}^2$，HRB335 级钢筋，$f_y = 300 \, \text{N/mm}^2$。

（1）先按配置纵筋和一般箍筋柱计算

查表 6.2，得
$$l_0/\text{m} = 1.0H = 1.0 \times 4.2 = 4.2$$

$$\frac{l_0}{d} = \frac{4\,200}{400} = 10.5$$

查表 6.1，得 $\varphi = 0.95$，则

$$A/\text{mm}^2 = \frac{\pi d^2}{4} = \frac{3.14 \times 400^2}{4} = 125\,600$$

$$A'_s/\text{mm}^2 = \frac{N/0.9\varphi - f_c A}{f'_y} = \frac{3\,600 \times 10^3/(0.9 \times 0.95) - 14.3 \times 125\,600}{360} = 6\,707$$

$$\rho' = \frac{A'_s}{A} = \frac{6\,707}{125\,600} = 5.34\% > 5\%$$

配筋率太高，截面尺寸和混凝土强度等级不能改变，又因 $l_0/d < 12$，则可采用螺旋箍筋。

（2）按配有纵筋和螺旋箍筋柱计算

假定纵筋配筋率按 $\rho' = 3\%$ 计算，则 $A'_s/\text{mm}^2 = \rho'A = 3\% \times 125\,600 = 3\,768$

选用 10Φ22（$A'_s = 3\,801 \, \text{mm}^2$）。

$$d_{\text{cor}}/\text{mm} = 400 - 2 \times 25 = 350$$

$$A_{\text{cor}}/\text{mm}^2 = \frac{\pi d_{\text{cor}}^2}{4} = \frac{3.14 \times 350^2}{4} = 96\,162.5$$

$$A_{\text{ss0}}/\text{mm}^2 = \frac{N/0.9 - f_c A_{\text{cor}} - f'_y A'_s}{2\alpha f_y} =$$

$$\frac{3\,600 \times 10^3/0.9 - 14.3 \times 96\,162.5 - 360 \times 3\,801}{2 \times 1 \times 300} = 2\,095$$

$$A'_s/\text{mm}^2 = 0.25 \times 3\,801 = 950$$

因 $A_{\text{ss0}} > 0.25A'_s$，满足构造要求。

假定螺旋箍筋直径为 14 mm，则单肢箍筋截面面积 $A_{\text{ss1}} = 153.9 \, \text{mm}^2$。螺旋箍筋间距

$$s/\text{mm} = \frac{\pi d_{\text{cor}} A_{\text{ss1}}}{A_{\text{ss0}}} = \frac{3.14 \times 350 \times 153.9}{2\,095} = 81$$

取 $s = 60 \, \text{mm}$，$40 \, \text{mm} \leqslant s \leqslant 80 \, \text{mm}$；$s \leqslant d_{\text{cor}}/5 = 70 \, \text{mm}$，符合要求。

$$A_{\text{ss0}}/\text{mm}^2 = \frac{\pi d_{\text{cor}} A_{\text{ss1}}}{s} = \frac{3.14 \times 350 \times 153.9}{60} = 2\,819$$

$$N_u/\text{kN} = 0.9(f_c A_{\text{cor}} + f'_y A'_s + 2\alpha f_y A_{\text{ss0}}) =$$

$$0.9 \times (14.3 \times 96\,162.5 + 360 \times 3\,801 + 2 \times 1 \times 300 \times 2\,819) =$$

$$3\,991.4 > 3\,600$$

$$N_{u1}/\text{kN} = 0.9\varphi(f_c A + f'_y A'_s) =$$

$$0.9 \times 0.95 \times (14.3 \times 125\,600 + 360 \times 3\,801) = 2\,705.6 \, \text{kN}$$

$$1.5N_{u1}/\text{kN} = 1.5 \times 2\,705.6 = 4\,058.4 > N_u/\text{kN} = 3\,991.4$$

说明保护层不会过早脱落，所设计的螺旋箍筋柱符合要求。

6.3　矩形截面偏心受压柱正截面承载力计算

6.3.1　偏心受压柱的破坏特征

试验证明:偏心受压构件的最终破坏是由于受压区混凝土被压碎而造成的。由于混凝土破坏特征不同,可将偏心受压构件的破坏特征分为两类:大偏心受压破坏和小偏心受压破坏。

1.大偏心受压破坏(受拉破坏)

当偏心距较大且受拉钢筋配置较少时,将发生大偏心受压破坏。在偏心压力 N 的作用下,离压力较远的一侧的截面受拉,离压力较近的一侧的截面受压。随着压力 N 的增加,首先在混凝土受拉区出现横向裂缝,裂缝截面处拉力完全由钢筋承担,受拉钢筋先达到屈服。随着荷载继续增加,裂缝逐渐加宽并向受压一侧延伸,受压区高度缩小。最后,受压边缘混凝土达到极限压应变出现纵向裂缝,受压区混凝土被压碎而导致构件破坏。破坏时,混凝土压碎区较短,受压钢筋一般都能屈服。大偏心受压构件的破坏形态如图6.7所示。

大偏心受压构件的破坏形态与适筋受弯构件的破坏形态完全相同:受拉钢筋首先达到屈服,然后受压钢筋达到屈服,最后受压区混凝土压碎,整个构件破坏。构件破坏前有明显预兆,其破坏属于塑性破坏。由于这种破坏是从受拉区开始的,故又称为"受拉破坏"。

2.小偏心受压破坏(受压破坏)

当荷载的偏心距较小或者偏心距较大但受拉钢筋配置较多时,构件将发生小偏心受压破坏。发生小偏心受压破坏的截面应力状态有两种类型:

第一种类型:偏心距很小,构件全截面受压。此时离纵向压力 N 较近一侧的混凝土压应力较大,另一侧的混凝土压应力较小。构件的破坏是由于受压较大一侧的混凝土压碎而引起的,该侧的受压钢筋达到屈服,而离纵向压力较远一侧的受压钢筋没有达到屈服。

图 6.7　大偏心受压破坏形态

第二种类型:偏心距较小或者偏心距较大但受拉钢筋配置过多时,截面处于大部分受压而小部分受拉的状态。随着荷载的增加,构件受拉区出现横向裂缝但发展较为缓慢,构件破坏是由于受压区混凝土被压碎而引起的,破坏时受压一侧的纵向受压钢筋达到屈服,而受拉一侧的纵向受拉钢筋没有达到屈服。小偏心受压构件的破坏形态如图6.8所示。

小偏心受压破坏的特征是:构件破坏都是由受压区混凝土压碎引起的,离纵向压力较近一侧的受压钢筋达到屈服,另一侧的钢筋无论是受压还是受拉,均没有达到屈服。构件破坏前没有明显预兆,属于脆性破坏。由于这种破坏是从受压区开始的,故又称为"受压破坏"。

3.界限破坏

在大小偏心受压构件破坏之间存在一种界限状态,这种状态下的破坏叫做界限破坏。大小偏心受压之间的根本区别是:构件截面破坏时,离纵向压力较远一侧的钢筋是否达到屈服。大偏心受压时,受拉钢筋先屈服,而后受压钢筋达到屈服,混凝土达到极限压应变而破坏,类似于受弯构件正截面适筋破坏;小偏心受压时,受压钢筋屈服,受压混凝土达到极限压应变而破坏,而离纵向压力较远一侧的钢筋,可能受拉,也可能受压,但均没有达到屈服,类似于受弯构件正截面的超筋破坏。因此,大、小偏心受压破坏的界限,与受弯构件正截面中的超筋与适筋的界限划分相同,即 $\xi = \xi_b$。当 $\xi \leqslant \xi_b$ 时,为大偏心受压破坏,当 $\xi > \xi_b$ 时,为小偏心受压破坏。

图 6.8　小偏心受压破坏形态

6.3.2　偏心受压短柱的基本公式

1.基本假定

与受弯构件正截面承载力计算相似,偏心受压构件正截面承载力计算亦可采用下列基本假定:

(1)平截面假定:构件正截面弯曲变形以后仍保持平面;

(2)不考虑混凝土的抗拉强度;

(3)截面受压区混凝土的应力图形采用等效矩形应力图形,其受压强度取为轴心抗压强度设计值 $\alpha_1 f_c$,当混凝土强度等级不超过 C50 时,α_1 取 1.0;当混凝土强度等级为 C80 时,α_1 取 0.94;其间按线性内插法取用。受压区边缘混凝土的极限压应变 $\varepsilon_c = \varepsilon_{cu} = 0.003\,3$。

2.构件大小偏心的判别

分析研究表明,不对称配筋的偏心受压构件,钢筋常用 HRB335、HRB400、RRB400 级,混凝土强度等级在 C20 及以上时,其界限偏心距大致在 $0.3h_0$ 上下波动,其平均值可取 $0.3h_0$,即:

当 $e_i \geqslant 0.3h_0$ 时,按大偏心受压构件计算;

当 $e_i < 0.3h_0$ 时,按小偏心受压构件计算。

在设计时,有时虽然符合 $e_i \geqslant 0.3h_0$ 属于大偏心受压的条件,但实际所配置的受拉纵筋过多,使得受拉钢筋不能屈服,破坏首先从受压区发生,构件可能转变为小偏心受压情况。因此,在计算中还要用 x 与 $\xi_b h_0$ 的大小比较情况确定大小偏心构件。

3.大偏心受压承载力计算

(1)计算公式

大偏心受压承载力计算如图 6.9 所示。

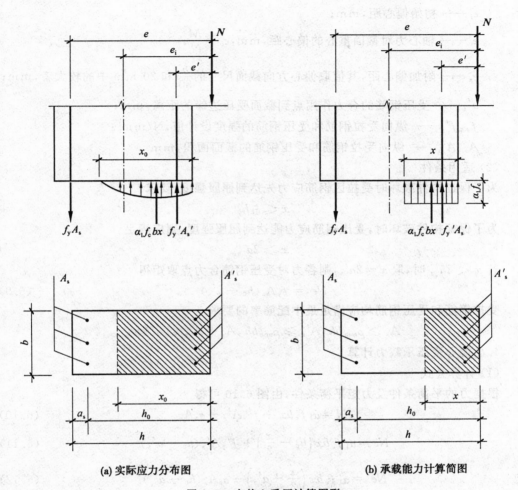

(a) 实际应力分布图　　　　　　(b) 承载能力计算简图

图 6.9　大偏心受压计算图形

由力的平衡条件及各力对受拉钢筋合力点取矩的力矩平衡条件,可以得到下面两个基本计算公式

$$N = \alpha_1 f_c b x + f'_y A'_s - f_y A_s \tag{6.5}$$

$$Ne = \alpha_1 f_c b x \left(h_0 - \frac{x}{2} \right) + f'_y A'_s (h_0 - a'_s) \tag{6.6}$$

$$e = e_i + \frac{h}{2} - a_s \tag{6.7}$$

$$e_i = e_0 + e_a \tag{6.8}$$

式中　　N—— 轴向压力设计值,N;

　　　　f_c—— 混凝土轴心抗压强度设计值,N/mm²;

　　　　b—— 截面宽度,mm;

　　　　x—— 混凝土的受压区高度,mm;

　　　　e—— 纵向压力作用点至受拉钢筋合力点的距离,mm;

e_i——初始偏心距,mm;

e_0——轴心力对截面重心的偏心距,mm,$e_0 = \dfrac{M}{N}$;

e_a——附加偏心距,其值取偏心方向截面尺寸的$\dfrac{h}{30}$和 20 mm 中的较大者,mm;

a'_s——受压钢筋的合力作用点到截面受压边缘的距离,mm;

f_y, f'_y——纵向受拉钢筋和受压钢筋的强度设计值,N/mm²;

A_s, A'_s——纵向受拉钢筋和受压钢筋的截面面积,mm²。

(2) 适用条件

为了保证构件破坏时受拉区钢筋应力先达到屈服强度,要求

$$x \leqslant \xi_b h_0$$

为了保证构件破坏时,受压钢筋应力能达到屈服强度,则应满足

$$x \geqslant 2a'_s$$

若 $x < 2a'_s$ 时,取 $x = 2a'_s$,则各力对受压钢筋合力点取矩得

$$Ne' = f_y A_s (h_0 - a'_s) \tag{6.9}$$

受拉钢筋和受压钢筋均应满足最小配筋率的要求

$$A_s \geqslant \rho_{\min} bh, A'_s \geqslant \rho_{\min} bh, A_s + A'_s \leqslant 5\% bh$$

4. 小偏心受压承载力计算

(1) 计算公式

根据力的平衡条件及力矩平衡条件,由图 6.10 可得

$$N = \alpha_1 f_c bx + f'_y A'_s - \sigma_s A_s \tag{6.10}$$

$$Ne = \alpha_1 f_c bx \left(h_0 - \frac{x}{2}\right) + f'_y A'_s (h_0 - a'_s) \tag{6.11}$$

或

$$Ne' = \alpha_1 f_c bx \left(\frac{x}{2} - a'_s\right) - \sigma_s A_s (h_0 - a'_s) \tag{6.12}$$

式中　x——混凝土受压区高度,当 $x > h$ 时,取 $x = h$,mm;

σ_s——受拉钢筋的应力值,可根据截面应变保持平面的假定计算,也可近似取

$\sigma_s = \dfrac{\xi - \beta_1}{\xi_b - \beta_1} f_y$,N/mm²;

e——轴向力作用点至受拉钢筋合力点之间的距离,$e = e_i + \dfrac{h}{2} - a_s$,mm;

e'——轴向力作用点至受压钢筋合力点之间的距离,$e' = \dfrac{h}{2} - e_i - a'_s$,mm。

(2) 适用条件

受拉钢筋和受压钢筋均应满足最小配筋率的要求

$$A_s \geqslant \rho_{\min} bh, A'_s \geqslant \rho_{\min} bh, A_s + A'_s \leqslant 5\% bh$$

5. 垂直于弯矩作用平面的受压承载力计算

当轴向压力设计值较大而弯矩作用平面内的偏心距较小时,若垂直于弯矩作用平面的长细比较大或边长较小时,则有可能使垂直于弯矩作用平面的受压承载力不足而发生

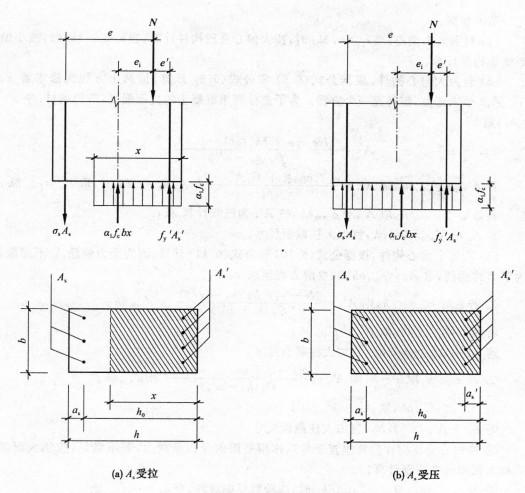

(a) A_s 受拉　　　　　　　　　　(b) A_s 受压

图 6.10　小偏心受压的承载力计算简图

破坏。《规范》规定:偏心受压构件除应计算弯矩作用平面的受压承载力外,尚应按轴心受压构件验算垂直于弯矩作用平面的受压承载力,此时,可不考虑弯矩的作用,但应考虑稳定系数的影响。垂直于弯矩作用平面的受压承载力计算公式为

$$N \leqslant 0.9\varphi[f_c A + f'_y(A'_s + A_s)] \tag{6.13}$$

式中　φ —— 构件的稳定系数,按表 6.1 取用。

　　一般情况下,小偏心受压构件需要进行验算;对于 $\dfrac{l_0}{h} \leqslant 24$ 的大偏心受压构件,可不进行此项验算。

6.3.3　截面配筋计算

　　1.已知:构件截面的尺寸 $b \times h$,轴向压力设计值 N,弯矩设计值 M,混凝土和钢筋的强度等级,柱的计算长度 l_0。

　　求:受压钢筋的面积 A'_s 与受拉钢筋的面积 A_s。

基本步骤：

(1) 判别大小偏心：当 $e_i \geqslant 0.3h_0$ 时，按大偏心受压构件计算；当 $e_i < 0.3h_0$ 时，按小偏心受压构件计算。

(2) 若为大偏心构件，根据公式(6.5)和公式(6.6)计算，但两个方程无法求解 x、A'_s、A_s 3 个未知数，需补充一个方程。为了充分利用混凝土的抗压强度，节约钢材，令 $x = \xi_b h_0$，则

$$A'_s = \frac{[Ne - \alpha_1 f_c b h_0^2 \xi_b (1 - 0.5\xi_b)]}{f'_y(h_0 - a'_s)}$$

若 $A'_s \geqslant \rho'_{\min} bh$，则 $A'_s = \dfrac{\alpha_1 f_c b h_0 \xi_b + f'_y A'_s - N}{f_y}$，$A_s \leqslant \rho_{\min} bh$ 时，取 $A_s = \rho_{\min} bh$；

若 $A'_s < \rho'_{\min} bh$，取 $A'_s = \rho'_{\min} bh$，按 A'_s 为已知计算 A_s；

若 $A_s + A'_s > 5\% bh$，宜加大柱截面尺寸。

(3) 若为小偏心构件，根据公式(6.10)和公式(6.11)计算，因为受力钢筋 A_s 不屈服，为了节约钢筋，取 $A_s = \rho_{\min} bh$，联立解方程组求 x、A'_s。

① 若 $\xi_b h_0 < x < h$，则 $A'_s = \dfrac{Ne - \alpha_1 f_c bx(h_0 - x/2)}{f'_y(h_0 - a'_s)} \geqslant \rho'_{\min} bh$；

若 $A'_s < \rho'_{\min} bh$，取 $A'_s = \rho'_{\min} bh$；

若 $A_s + A'_s > 5\% bh$，宜加大柱截面尺寸。

② 若 $x \geqslant h$，取 $x = h$，则 $A'_s = \dfrac{Ne - \alpha_1 f_c bh(h_0 - h/2)}{f'_y(h_0 - a'_s)} \geqslant \rho'_{\min} bh$；

若 $A'_s < \rho'_{\min} bh$，取 $A'_s = \rho'_{\min} bh$；

若 $A_s + A'_s > 5\% bh$，宜加大柱截面尺寸。

③ 按轴心受压构件验算垂直于弯矩作用平面的受压承载力，若不满足，应加大配筋或加大截面尺寸重新计算。

若 $N > f_c bh_0$，且 $e_0 \leqslant 0.15h_0$ 时，应验算反向破坏，令 $\sigma_s = -f'_y$，则

$$A_s = \frac{Ne' - \alpha_1 f_c bx(h/2 - a'_s)}{f'_y(h_0 - a'_s)} \geqslant \rho_{\min} bh$$

若 $A_s < \rho_{\min} bh$，取 $A_s = \rho_{\min} bh$，再联立公式(6.10)和公式(6.11)计算 x、A'_s。

2. 已知：构件截面的尺寸 $b \times h$，轴向压力设计值 N，弯矩设计值 M，混凝土和钢筋的强度等级，柱的计算长度 l_0，受压钢筋的面积 A'_s。

求：受拉钢筋的面积 A_s。

基本步骤：

① 判别大小偏心：当 $e_i \geqslant 0.3h_0$ 时，按大偏心受压构件计算；当 $e_i < 0.3h_0$ 时，按小偏心受压构件计算。

② 若为大偏心构件，求 α_s

$$\alpha_s = \frac{Ne - f'_y A'_s(h_0 - a'_s)}{\alpha_1 f_c b h_0^2}$$

查表 4.4 求出 ξ，若 $\xi > \xi_b$，说明给定的受压钢筋截面太小，应重新配置 A'_s，按情况一计算。

若 $\xi \leqslant \xi_b$，则 $A_s = \dfrac{\alpha_1 f_c bx + f'_y A'_s - N}{f_y} \geqslant \rho_{\min} bh$；

若 $A_s < \rho_{\min} bh$，取 $A_s = \rho_{\min} bh$；

若 $A_s + A'_s > 5\% bh$，宜加大柱截面尺寸；

若 $x = \xi h_0 < 2a'_s$，取 $x = 2a'_s$，先按 $A_s = \dfrac{Ne'}{f_y(h_0 - a'_s)}$ 计算，再按 $A'_s = 0$ 代入基本公式 (6.5) 和公式 (6.6) 计算 A_s，取其中较大者为所求的受拉钢筋。

③ 若为小偏心构件，则利用公式 (6.10) 和公式 (6.11) 求得 x、A_s。

若 $A_s < \rho_{\min} bh$，取 $A_s = \rho_{\min} bh$；

若 $A_s + A'_s > 5\% bh$，宜加大柱截面尺寸，按轴心受压构件验算垂直于弯矩作用平面上的承载力。

6.3.4　截面承载力复核

已知：构件截面的尺寸 $b \times h$，混凝土和钢筋的强度等级，柱的计算长度 l_0，受压钢筋的面积 A'_s 与受拉钢筋的面积 A_s。

求：轴向压力设计值 N_u，弯矩设计值 M_u。

基本步骤：

① 判别大小偏心。

② 若为大偏心构件，根据公式 (6.5) 和公式 (6.6) 计算 ξ。

若 $\xi \leqslant \xi_b$，确定为大偏心受压构件，$N_u = \alpha_1 f_c b\xi h_0 + f'_y A'_s - f_y A_s$，$M_u = N_u e_0$；

若 $\xi > \xi_b$，按小偏心受压构件计算。

③ 若为小偏心构件，按公式 (6.10) 和公式 (6.11) 重新计算 ξ。
$$N_u = \alpha_1 f_c b\xi h_0 + f'_y A'_s - \sigma_s A_s, \quad M_u = N_u e_0$$

若 $N > f_c bh_0$，且 $e_0 \leqslant 0.15 h_0$ 时，则按 $Ne' = \alpha_1 f_c bh(h/2 - a'_s) + f'_y A_s(h_0 - a'_s)$ 计算 N_u。

按轴心受压构件计算垂直于弯矩作用面的受压承载力，取较小者为构件所能承受的轴向压力。

例 6.5　已知钢筋混凝土矩形截面柱 $b \times h = 400\,\text{mm} \times 600\,\text{mm}$，承受的轴向力设计值 $N = 1\,000\,\text{kN}$，弯矩设计值 $M = 400\,\text{kN} \cdot \text{m}$，若柱的计算长度为 6 m，混凝土采用 C25，纵筋采用 HRB400 级钢筋，$a_s = a'_s = 40\,\text{mm}$，若采用非对称配筋，试求钢筋截面面积。

解　查表得 $f_c = 11.9\,\text{N/mm}^2$，$f_t = 1.27\,\text{N/mm}^2$，$f_y = 360\,\text{N/mm}^2$。

$$h_0/\text{mm} = 600 - 40 = 560$$

$$e_0/\text{mm} = M/N = 400 \times 10^6/(1\,000 \times 10^3) = 400$$

$$e_a/\text{mm} = h/30 = 600/30 = 20，取\ e_a = 20\,\text{mm}$$

$$e_i/\text{mm} = e_0 + e_a = 400 + 20 = 420$$

$$l_0/h = 6/0.6 = 10 < 15，取\ \xi_2 = 1$$

$$e/\text{mm} = e_i + h/2 - a_s = 420 + 600/2 - 40 = 680$$

$$e_i/\text{mm} = 420 > 0.3h_0/\text{mm} = 168，按大偏心受压计算$$

令 $\xi = \xi_b = 0.518$，则

$$A'_s/\text{mm}^2 = \frac{Ne - \alpha_1 f_c bh_0^2 \xi_b(1-0.5\xi_b)}{f'_y(h_0-a'_s)} =$$

$$\frac{1\ 000 \times 10^3 \times 680 - 1 \times 11.9 \times 400 \times 560^2 \times 0.518(1-0.5\times0.518)}{360\times(560-40)} =$$

571.74

$$A_s/\text{mm}^2 = \frac{\alpha_1 f_c bh_0 \xi_b + f'_y A'_s - N}{f_y} =$$

$$\frac{1 \times 11.9 \times 400 \times 560 \times 0.518 + 360 \times 571.74 - 1\ 000 \times 10^3}{360} = 1\ 629.5$$

受压钢筋：$3\ \Phi\ 20(A'_s = 941\ \text{mm}^2)$；受拉钢筋：$4\ \Phi\ 25(A_s = 1\ 964\ \text{mm}^2)$

$$A_{s,\min}/\text{mm}^2 = 0.002bh = 0.002 \times 400 \times 600 = 480$$

$$A'_s > A_{s,\min}, A_s > A_{s,\min}$$

总配筋率 $\rho = \dfrac{941 + 1\ 964}{400 \times 600} = 1.21\%$，$0.6\% < \rho < 5\%$，配筋满足要求。

例 6.6　已知钢筋混凝土矩形柱 $b \times h = 350\ \text{mm} \times 500\ \text{mm}$，承受的弯矩设计值 $M = 200\ \text{kN}\cdot\text{m}$，轴向力设计值 $N = 2\ 000\ \text{kN}$，$l_0 = 3.5\ \text{m}$，纵筋采用 HRB400 级钢筋，混凝土采用 C25，$a_s = a'_s = 40\ \text{mm}$，若采用非对称配筋，试求纵向钢筋截面面积。

解　(1) 由已知条件查表得 $f_c = 11.9\ \text{N/mm}^2$，$f_t = 1.27\ \text{N/mm}^2$，$f_y = 360\ \text{N/mm}^2$。

$$h_0/\text{mm} = 500 - 40 = 460$$

$$e_0/\text{mm} = M/N = 200 \times 10^6/(2\ 000 \times 10^3) = 100$$

$$e_a/\text{mm} = h/30 = 500/30 \approx 16.7，取\ e_a = 20\ \text{mm}$$

$$e_i/\text{mm} = e_0 + e_a = 100 + 20 = 120$$

$$e/\text{mm} = e_i + h/2 - a_s = 120 + 500/2 - 40 = 330$$

$\eta e_i/\text{mm} = 1.07 \times 120 = 128.4 < 0.3h_0/\text{mm} = 138$，按小偏心受压计算

取　　　$A_s/\text{mm}^2 = \rho_{\min}bh = 0.002bh = 0.002 \times 350 \times 500 = 350$

由公式(6.10)和公式(6.11)联立解方程

$$\begin{cases} N = \alpha_1 f_c bx + f'_y A'_s - \sigma_s A_s \\ Ne = \alpha_1 f_c bx\left(h_0 - \dfrac{x}{2}\right) + f'_y A'_s(h_0 - a'_s) \end{cases}$$

代入已知数据，得

$$\begin{cases} 2\ 000 \times 10^3 = 1 \times 11.9 \times 350x + 360 \times A'_s - 360 \times 350 \times (x/460 - 0.8)/(0.518 - 0.8) \\ 2\ 000 \times 10^3 \times 330 = 1 \times 11.9 \times 350x(460 - x/2) + 360 \times A'_s(460 - 40) \end{cases}$$

$$x^2 + 116x - 158\ 217.4 = 0$$

$$x = 326\ \text{mm}$$

$$238.3\ \text{mm} = \xi_b h_0 < x < h = 500\ \text{mm}$$

则 $A'_s/\text{mm}^2 = \dfrac{Ne - \alpha_1 f_c bx(h_0 - x/2)}{f'_y(h_0 - a'_s)} =$

$$\frac{2\,000\times10^3\times330-1.0\times11.9\times350\times326\times(460-326/2)}{360\times(460-40)}=1\,698$$

$N<\alpha_1 f_c bh=2\,082\,500$，不需要重新计算 A_s。

$$A'_s>A_{s,min}=0.002bh=(0.002\times350\times500)\,mm^2=350\ mm^2$$

总配筋率 $\rho=\dfrac{1\,698+350}{350\times500}=1.17\%$，$0.6\%<\rho<5\%$，配筋满足要求。

(2) 垂直弯矩平面方向的验算

$l_0/b=3.5/0.35=10$，取 $\varphi=0.98$。

$0.9\varphi[f_c A+f'_y(A'_s+A_s)]/N=0.9\times0.98\times[11.9\times350\times500+360\times(1\,698+350)]=2\,487\times10^3>2\,000\times10^3 N$，安全。

选择受拉钢筋为 $2\oplus16(A_s=402\ mm^2)$，选择受压钢筋为 $4\oplus25(A'_s=1\,964\ mm^2)$。

例 6.7　已知钢筋混凝土矩形柱 $b\times h=400\ mm\times600\ mm$，混凝土采用 C25，纵筋采用 HRB335 钢筋，已配有受拉钢筋 $4\oplus22(A_s=1\,520\ mm^2)$，受压钢筋 $2\oplus20(A'_s=628\ mm^2)$，$a_s=a'_s=40\ mm$，$l_0=5.5\ m$，求：$e_0=350\ mm$ 时截面能承受的轴向压力设计值和弯矩设计值。

解　由已知条件查表得 $f_c=11.9\ N/mm^2$，$f_t=1.27\ N/mm^2$，$f_y=300\ N/mm^2$。

$$h_0/mm=600-40=560$$
$$e_a/mm=h/30=600/30=20$$
$$e_i/mm=e_0+e_a=350+20=370$$
$$e_i/mm=370>0.3h_0/mm=168，初步按大偏心受压计算$$
$$e/mm=e_i+h/2-a_s=370+600/2-40=630$$

根据公式(6.5)和公式(6.6)联立方程组，计算 ξ

$$\begin{cases}N=\alpha_1 f_c bx+f'_y A'_s-f_y A_s\\ Ne=\alpha_1 f_c bx\left(h_0-\dfrac{x}{2}\right)+f'_y A'_s(h_0-a'_s)\end{cases}$$

代入已知数据，得

$$\begin{cases}N=11.9\times400\times560\xi+300\times628-300\times1\,520\\ 630N=11.9\times400\times560\xi(1-0.5\xi)+300\times628\times(560-40)\end{cases}$$
$$1\,125\,744\xi^2+414\,113\xi-415\,365=0$$
$$\xi=0.451<\xi_b=0.55，确定为大偏心受压$$
$$x/mm=\xi h_0=0.451\times560=252.6>2a'_s/mm=80$$
$$N/kN=\alpha_1 f_c bx+f'_y A'_s-f_y A_s=934.6$$
$$M/(kN\cdot m)=Ne_0=934.6\times0.35=327.1$$

例 6.8　已知钢筋混凝土矩形柱 $b\times h=400\ mm\times600\ mm$，混凝土采用 C25，纵筋采用 HRB335 钢筋，已配有受拉钢筋 $4\oplus22(A'_s=1\,520\ mm^2)$，受压钢筋 $2\oplus20(A'_s=628\ mm^2)$，$a_s=a'_s=40\ mm$，$l_0=5.5\ m$。求：$e_0=100\ mm$ 时截面能承受的轴向压力设计值和弯矩设计值。

解　由已知条件查表得 $f_c=11.9\ N/mm^2$，$f_t=1.27\ N/mm^2$，$f_y=300\ N/mm^2$。

$$h_0/\text{mm} = 600 - 40 = 560$$

$$e_a/\text{mm} = h/30 = 600/30 = 20$$

$$e_i/\text{mm} = e_0 + e_a = 100 + 20 = 120$$

$$e_i/\text{mm} = 120 < 0.3h_0/\text{mm} = 168,初步按小偏心受压计算$$

$$e/\text{mm} = e_i + h/2 - a_s = 120 + 600/2 - 40 = 380$$

根据公式(6.10)和公式(6.11)联立方程组,计算 ξ

$$\begin{cases} N = \alpha_1 f_c bx + f'_y A'_s - \sigma_s A_s \\ Ne = \alpha_1 f_c bx \left(h_0 - \dfrac{x}{2}\right) + f'_y A'_s (h_0 - a'_s) \end{cases}$$

代入已知数据,得

$$\begin{cases} N = 11.9 \times 400 \times 560\xi + 300 \times 628 - 300 \times 1\,520(\xi - 0.8)/(0.55 - 0.8) \\ 380N = 11.9 \times 400 \times 560\xi(1 - 0.5\xi) + 300 \times 628(560 - 40) \end{cases}$$

$$\xi^2 + 0.352\xi - 0.797 = 0$$

$$\xi = 0.734 > \xi_b = 0.55,确定为小偏心受压$$

$$x/\text{mm} = \xi h_0 = 0.734 \times 560 = 411.04 > 2a'_s/\text{mm} = 80$$

$$N/\text{kN} = \alpha_1 f_c bx + f'_y A'_s - \sigma_s A_s = 2\,024.6$$

$$M/(\text{kN} \cdot \text{m}) = Ne_0 = 2\,024.6 \times 0.1 = 202.46$$

$$l_0/b = 5.5/0.4 = 13.75,取 \varphi = 0.924$$

$0.9\varphi[f_c A + f'_y(A'_s + A_s)] = 0.9 \times 0.924 \times [11.9 \times 400 \times 600 + 300(1\,520 + 628)]\text{kN} = 2\,911\ \text{kN} > 2\,024.6\ \text{kN},满足要求。$

6.3.5 对称配筋

非对称配筋的偏心受压构件,是在充分利用混凝土强度的前提下,按受压和受拉的不同需要计算出 A'_s 与 A_s,这种非对称配筋方式可以节省钢筋。但偏心受压构件在各种荷载组合作用下,同一截面内可能分别承受正负的弯矩,截面中的受拉钢筋在反向弯矩作用下变为受压,而受压钢筋则变为受拉。在反向弯矩的作用下,非对称配筋的偏心受压构件很容易破坏,而且施工不便,容易把 A'_s 与 A_s 的位置放错。因此,当其所产生的正负弯矩值相差不大,或者其正负弯矩相差较大,但按对称配筋计算时其纵向钢筋总的用量比按不对称配筋计算时纵向钢筋的总量相差不多时,均宜采用对称配筋。

由于对称配筋是非对称配筋的特殊情形,因此偏心受压构件的基本公式仍可应用。根据对称配筋的特点,即 $A'_s = A_s$,$f'_y = f_y$,$a'_s = a_s$,这些公式均可简化。

1. 基本公式

(1) 大偏心受压构件

$$N = \alpha_1 f_c bx \tag{6.14}$$

$$Ne = \alpha_1 f_c bx \left(h_0 - \frac{x}{2}\right) + f'_y A'_s (h_0 - a'_s) \tag{6.15}$$

(2) 小偏心受压构件

$$N = \alpha_1 f_c bx + (f'_y - \sigma_s)A'_s \tag{6.16}$$

$$Ne = \alpha_1 f_c b x \left(h_0 - \frac{x}{2}\right) + f'_y A'_s (h_0 - a'_s) \tag{6.17}$$

$$\frac{\sigma_s}{f_y} = \frac{\xi - \beta_1}{\xi_b - \beta_1} \tag{6.18}$$

2. 截面设计

已知：构件截面的尺寸 $b \times h$，轴向压力设计值 N，弯矩设计值 M，混凝土和钢筋的强度等级，柱的计算长度 l_0。

求：钢筋截面面积 $A'_s = A_s$。

基本步骤：

(1) 判别大小偏心

$$\xi = \frac{N}{\alpha_1 f_c b h_0}$$

当 $\xi \leqslant \xi_b$ 时为大偏心受压，当 $\xi > \xi_b$ 时为小偏心受压。

(2) 大偏心受压

① 若 $2a'_s \leqslant x \leqslant \xi_b h_0$，则 $A'_s = A_s = \dfrac{Ne - \alpha_1 f_c b \xi h_0^2 (1 - 0.5\xi)}{f'_y (h_0 - a'_s)}$；

若 $A_s < \rho_{\min} bh$ 时，取 $A_s = \rho_{\min} bh$；

若 $A_s + A'_s > 5\% bh$，宜加大柱截面尺寸。

② 若 $x \leqslant 2a'_s$，取 $x = 2a'_s$，先按 $A_s = \dfrac{Ne'}{f_y (h_0 - a'_s)}$ 计算，再按 $A'_s = 0$ 代入基本公式

(6.5) 和公式(6.6) 计算 A_s，取其中较大者为所求的受拉钢筋。

(3) 小偏心受压

根据由公式(6.16)、公式(6.17) 和公式(6.18) 推导整理后的公式，计算 ξ，即

$$\xi = \frac{N - \alpha_1 f_c b \xi_b h_0}{\dfrac{Ne - 0.43\alpha_1 f_c b h_0^2}{(0.8 - \xi_b)(h_0 - a'_s)} + \alpha_1 f_c b h_0} + \xi_b$$

则　　　　　　　$$A'_s = A_s = \frac{Ne - \alpha_1 f_c b \xi h_0^2 (1 - 0.5\xi)}{f'_y (h_0 - a'_s)}$$

若 $A_s < \rho_{\min} bh$ 时，取 $A_s = \rho_{\min} bh$；

若 $A_s + A'_s > 5\% bh$，宜加大柱截面尺寸。

小偏心受压构件还要按轴心受压构件计算垂直于弯矩作用平面上的承载力。

3. 截面复核

已知：构件截面的尺寸 $b \times h$，混凝土和钢筋的强度等级，柱的计算长度 l_0，受压钢筋的面积 A'_s 与受拉钢筋的面积 A_s。

求：轴向压力设计值 N_u，弯矩设计值 M_u。

基本步骤：

① 假设为大偏心构件，根据公式(6.14)、(6.15) 及 $x = \xi h_0$ 计算 ξ。

若 $\xi \leqslant \xi_b$，确定为大偏心受压构件，$N_u = \alpha_1 f_c b \xi h_0$，$M_u = N_u e_0$；

若 $\xi > \xi_b$，按小偏心受压构件计算。

② 若为小偏心构件,按公式(6.16)和公式(6.17)及 $x=\xi h_0$ 重新计算 ξ。

$$N_u = \alpha_1 f_c b \xi h_0 + f'_y A'_s - \sigma_s A_s, M_u = N_u e_0$$

按轴心受压构件计算垂直于弯矩作用面的受压承载力,取较小者为构件所能承受的轴向压力。

例 6.9 已知钢筋混凝土矩形截面柱 $b \times h = 400 \text{ mm} \times 600 \text{ mm}$,承受的轴向力设计值 $N = 1\,000 \text{ kN}$,弯矩设计值 $M = 400 \text{ kN} \cdot \text{m}$,若柱的计算长度为 6 m,混凝土采用 C25,纵筋采用 HRB400 级钢筋,$a_s = a'_s = 40 \text{ mm}$,若采用对称配筋,试求钢筋截面面积。

解 查表得 $f_c = 11.9 \text{ N/mm}^2$,$f_t = 1.27 \text{ N/mm}^2$,$f_y = 360 \text{ N/mm}^2$。

$h_0/\text{mm} = 600 - 40 = 560$

$e_0/\text{mm} = M/N = 400 \times 10^6/(1\,000 \times 10^3) = 400$

$e_a/\text{mm} = h/30 = 600/30 = 20$,取 $e_a = 20 \text{ mm}$

$e_i/\text{mm} = e_0 + e_a = 400 + 20 = 420$

$e/\text{mm} = e_i + h/2 - a_s = 420 + 600/2 - 40 = 680$

$$\xi = \frac{N}{\alpha_1 f_c b h_0} = \frac{1\,000 \times 10^3}{1 \times 11.9 \times 400 \times 560} = 0.375 < \xi_b = 0.518,属于大偏心受压$$

$$A'_s/\text{mm}^2 = \frac{Ne - \alpha_1 f_c b h_0^2 \xi(1 - 0.5\xi)}{f'_y(h_0 - a'_s)} =$$

$$\frac{1\,000 \times 10^3 \times 680 - 1 \times 11.9 \times 400 \times 560^2 \times 0.375(1 - 0.5 \times 0.375)}{360 \times (560 - 40)} =$$

$1\,203$

$A_s = A'_s = 1\,203 \text{ mm}^2$

总用钢量 $2 \times 1\,203 \text{ mm}^2 = 2\,406 \text{ mm}^2$

受压、受拉钢筋均选用:$4\Phi22(A'_s = 1\,520 \text{ mm}^2)$

$A_{s,min}/\text{mm}^2 = 0.002bh = 0.002 \times 400 \times 600 = 480$

$A'_s = A_s > A_{s,min}$,总配筋率 $\rho = \frac{1\,520 + 1\,520}{400 \times 600} = 1.27\%$,$0.6\% < \rho < 5\%$,配筋满足要求。

例 6.10 已知钢筋混凝土矩形柱 $b \times h = 300 \text{ mm} \times 500 \text{ mm}$,承受的弯矩设计值 $M = 200 \text{ kN} \cdot \text{m}$,轴向力设计值 $N = 2\,000 \text{ kN}$,$l_0 = 3.5 \text{ m}$,纵筋采用 HRB400 级钢筋,混凝土采用 C25,$a_s = a'_s = 40 \text{ mm}$,若采用对称配筋,试求纵向钢筋截面面积。

解 (1) 由已知条件查表得 $f_c = 11.9 \text{ N/mm}^2$,$f_t = 1.27 \text{ N/mm}^2$,$f_y = 360 \text{ N/mm}^2$。

$$h_0/\text{mm} = 500 - 40 = 460$$

$$e_0/\text{mm} = M/N = 200 \times 10^6/(2\,000 \times 10^3) = 100$$

$$e_a/\text{mm} = h/30 = 500/30 \approx 16.7,取 e_a = 20 \text{ mm}$$

$$e_i/\text{mm} = e_0 + e_a = 100 + 20 = 120$$

$$e/\text{mm} = e_i + h/2 - a_s = 120 + 500/2 - 40 = 330$$

$$\xi = \frac{N}{\alpha_1 f_c b h_0} = \frac{2\,000 \times 10^3}{1 \times 11.9 \times 300 \times 460} = 1.218 > \xi_b = 0.518$$

重新按小偏心受压计算：

$$\xi = \cfrac{N - \alpha_1 f_c b \xi_b h_0}{\cfrac{Ne - 0.43 \alpha_1 f_c b h_0^2}{(0.8 - \xi_b)(h_0 - a'_s)} + \alpha_1 f_c b h_0} + \xi_b =$$

$$\cfrac{2\,000 \times 10^3 - 0.518 \times 1 \times 11.9 \times 300 \times 460}{\cfrac{2\,000 \times 10^3 \times 330 - 0.43 \times 1 \times 11.9 \times 300 \times 460^2}{(0.8 - 0.518) \times (460 - 40)} + 1 \times 11.9 \times 300 \times 460} +$$

$$0.518 = 0.767$$

$$A'_s = A_s / \mathrm{mm^2} = \frac{Ne - \alpha_1 f_c b \xi h_0^2 (1 - 0.5\xi)}{f'_y (h_0 - a'_s)} =$$

$$\frac{2\,000 \times 10^3 \times 330 - 1.0 \times 11.9 \times 300 \times 0.767 \times 460^2 \times (1 - 0.767/2)}{360 \times (460 - 40)} =$$

$$2\,002.6$$

$$A'_s = A_s > A_{s,\min} / \mathrm{mm^2} = 0.002bh = 0.002 \times 350 \times 500 = 350$$

总配筋率 $\rho = \dfrac{2\,002.6 + 2\,002.6}{300 \times 500} = 2.67\%$，$0.6\% < \rho < 5\%$，配筋满足要求。

（2）垂直弯矩平面方向的验算

$$l_0 / b = 3.5/0.3 = 11.7，取 \varphi = 0.954$$

$$0.9\varphi[f_c A + f'_y (A'_s + A_s)]/N = 0.9 \times 0.954 \times [11.9 \times 300 \times 500 + 360 \times$$

$$(2\,002.6 + 2\,002.6)] = 2\,770\,592 > 2\,000\,000\mathrm{N}，安全。$$

选择受拉、受压钢筋为 $2 \phi 25 + 2 \phi 28 (A'_s = 2\,214\ \mathrm{mm^2})$。

例 6.11　已知钢筋混凝土矩形柱 $b \times h = 600\ \mathrm{mm} \times 800\ \mathrm{mm}$，$l_0 = 4\ \mathrm{m}$，纵筋采用 HRB335 钢筋，混凝土采用 C30，每侧配筋 $6 \phi 25 (A'_s = 2\,945\ \mathrm{mm^2})$，$a_s = a'_s = 40\ \mathrm{mm}$，求 $e_0 = 400\ \mathrm{mm}$ 时截面能承受的轴向压力设计值和弯矩设计值。

解　由已知条件查表得 $f_c = 14.3\ \mathrm{N/mm^2}$，$f_t = 1.43\ \mathrm{N/mm^2}$，$f_y = 300\ \mathrm{N/mm^2}$。

$$h_0 / \mathrm{mm} = 800 - 40 = 760$$

$$e_a / \mathrm{mm} = h/30 = 800/30 = 26.7 > 20\ \mathrm{mm}$$

取 $e_a = 26.7\ \mathrm{mm}$，$e_i / \mathrm{mm} = e_0 + e_a = 400 + 26.7 = 426.7$

$e_i / \mathrm{mm} = 426.7 = 426.7 > 0.3 h_0 / \mathrm{mm} = 228$，初步按大偏心受压计算

$e / \mathrm{mm} = e_i + h/2 - a_s = 426.7 + 800/2 - 40 = 786.7$

根据公式（6.14）和公式（6.15）

$$\begin{cases} N = \alpha_1 f_c b x \\ Ne = \alpha_1 f_c b x \left(h_0 - \dfrac{x}{2}\right) + f'_y A'_s (h_0 - a'_s) \end{cases}$$

代入已知数据，得

$$\begin{cases} N = 14.3 \times 400 \times 600\xi \times 760 \\ 786.7N = 14.3 \times 600\xi \times 760^2 (1 - 0.5\xi) + 300 \times 2\,945(760 - 40) \end{cases}$$

$\xi^2 + 0.07\xi - 0.257 = 0$，$\xi = 0.473 < \xi_b$，确定为大偏心受压

$N_u / \mathrm{kN} = 1 \times 14.3 \times 600 \times 760 \times 0.473 = 3\,084.34$

$M_u / (\mathrm{kN \cdot m}) = N_u \cdot e_0 = 3\,084.34 \times 0.4 = 1\,233.7$

6.4　工字形截面偏心受压构件正截面承载力计算

在单层工业厂房中,为了节省材料和减轻构件自重,对于截面尺寸较大的柱可采用工字形截面。工字形截面柱的破坏特征、计算原则和计算方法与矩形截面一致,在计算时仅需考虑截面形状的影响。

6.4.1　不对称配筋

1. 大偏心受压构件计算公式

与 T 形受弯构件类似,工字形大偏心受压构件根据受压高度的不同,可以分为两类:

第一类:中和轴在翼缘内 $x \leqslant h'_f$,计算简图如图 6.13(a) 所示,这种情形相当于宽度为 b'_f、高度为 h 的矩形截面对称配筋的计算,计算公式为

$$N = \alpha_1 f_c b'_f x + f'_y A'_s - f_y A_s \tag{6.19}$$

$$Ne = \alpha_1 f_c b'_f x \left(h_0 - \frac{x}{2}\right) + f'_y A'_s (h_0 - a'_s) \tag{6.20}$$

当 $x < 2a'_s$ 时,取 $x = 2a'_s$,有

$$Ne' = f_y A_s (h_0 - a'_s) \tag{6.21}$$

第二类:中和轴在腹板内 $h'_f < x \leqslant \xi_b h_0$,计算简图如图 6.11(b) 所示,计算公式为

$$N = \alpha_1 f_c b x + \alpha_1 f_c (b'_f - b) h'_f + f'_y A'_s - f_y A_s \tag{6.22}$$

$$Ne = \alpha_1 f_c b x \left(h_0 - \frac{x}{2}\right) + \alpha_1 f_c (b'_f - b) h'_f \left(h_0 - \frac{h'_f}{2}\right) + f'_y A'_s (h_0 - a'_s) \tag{6.23}$$

2. 小偏心受压构件计算公式

小偏心受压构件的中和轴已进入腹板,也可以分为两类:

第一类:中和轴在腹板内 $\xi_b h_0 < x \leqslant h - h'_f$,计算简图如图 6.12(a) 所示,计算公式为

$$N = \alpha_1 f_c b x + \alpha_1 f_c (b'_f - b) h'_f + f'_y A'_s - \sigma_s A_s \tag{6.24}$$

$$Ne = \alpha_1 f_c b x \left(h_0 - \frac{x}{2}\right) + \alpha_1 f_c (b'_f - b) h'_f \left(h_0 - \frac{h'_f}{2}\right) + f'_y A'_s (h_0 - a'_s) \tag{6.25}$$

$$\sigma_s = \frac{\xi - 0.8}{\xi_b - 0.8} f_y \tag{6.26}$$

第二类:中和轴在翼缘内 $x > h - h'_f$,计算简图如图 6.12(b) 所示,计算公式为

$$N = \alpha_1 f_c b x + \alpha_1 f_c (b'_f - b) h'_f + \alpha_1 f_c (b'_f - b)(x - h + h'_f) + f'_y A'_s - \sigma_s A_s \tag{6.27}$$

$$Ne = \alpha_1 f_c b x \left(h_0 - \frac{x}{2}\right) + \alpha_1 f_c (b'_f - b) h'_f \left(h_0 - \frac{h'_f}{2}\right) +$$
$$\alpha_1 f_c (b'_f - b)(x - h + h'_f)\left(h'_f - a'_s - \frac{x - h + h'_f}{2}\right) + f'_y A'_s (h_0 - a'_s) \tag{6.28}$$

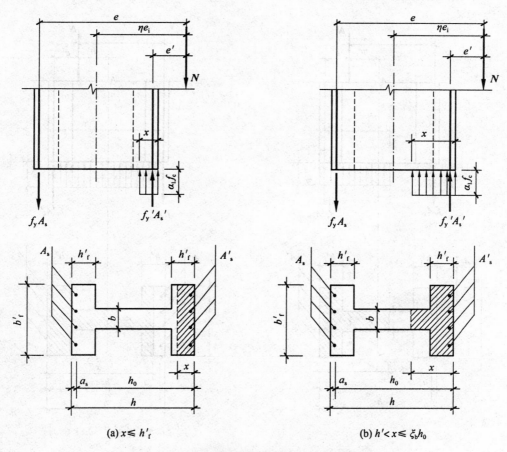

(a) $x \leqslant h'_f$　　　　　　　　(b) $h' < x \leqslant \xi_b h_0$

图 6.11　工字形截面大偏心受压构件计算简图

6.4.2　对称配筋

工字形截面柱一般为对称截面($b'_f = b_f, h'_f = h_f$)、对称配筋($A'_s = A_s, f'_y = f_y, a'_s = a_s$)的预制柱,将这些特殊的条件代入非对称配筋工字形截面偏心受压构件的基本公式,可得到对称配筋的基本公式。

1. 基本公式

(1) 大偏心受压构件

大偏心受压构件根据受压高度的不同,分为两类:

第一类:$x \leqslant h'_f$,计算公式为

$$N = \alpha_1 f_c b'_f x \tag{6.29}$$

$$Ne = \alpha_1 f_c b'_f x \left(h_0 - \frac{x}{2} \right) + f'_y A'_s (h_0 - a'_s) \tag{6.30}$$

当 $x < 2a'_s$ 时,取 $x = 2a'_s$,有

$$Ne' = f_y A_s (h_0 - a'_s) \tag{6.31}$$

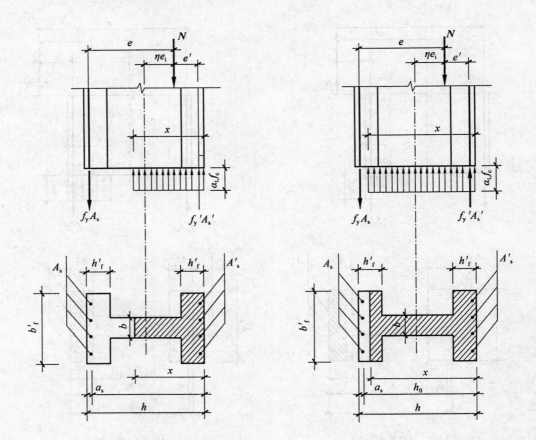

图 6.12　工字形截面小偏心受压构件计算简图

第二类：$h'_f < x \leqslant \xi_b h_0$，计算公式为

$$N = \alpha_1 f_c bx + \alpha_1 f_c (b'_f - b) h'_f \tag{6.32}$$

$$Ne = \alpha_1 f_c bx \left(h_0 - \frac{x}{2}\right) + \alpha_1 f_c (b'_f - b) h'_f \left(h_0 - \frac{h'_f}{2}\right) + f'_y A'_s (h_0 - a'_s) \tag{6.33}$$

（2）小偏心受压构件

小偏心受压构件的中和轴已进入腹板，也可以分为两类：

第一类：$\xi_b h_0 < x \leqslant h - h'_f$，计算公式为

$$N = \alpha_1 f_c bx + \alpha_1 f_c (b'_f - b) h'_f + f'_y A'_s - \sigma_s A_s \tag{6.34}$$

$$Ne = \alpha_1 f_c bx \left(h_0 - \frac{x}{2}\right) + \alpha_1 f_c (b'_f - b) h'_f \left(h_0 - \frac{h'_f}{2}\right) + f'_y A'_s (h_0 - a'_s) \tag{6.35}$$

$$\sigma_s = \frac{\xi - 0.8}{\xi_b - 0.8} f_y \tag{6.36}$$

第二类：$x > h - h'_f$，计算公式为

$$N = \alpha_1 f_c bx + \alpha_1 f_c (b'_f - b) h'_f + \alpha_1 f_c (b'_f - b)(x - h + h'_f) + f'_y A'_s - \sigma_s A_s \tag{6.37}$$

$$Ne = \alpha_1 f_c bx \left(h_0 - \frac{x}{2} \right) + \alpha_1 f_c (b'_f - b) h'_f \left(h_0 - \frac{h'_f}{2} \right) +$$

$$\alpha_1 f_c (b'_f - b)(x - h + h'_f) \left(h'_f - a'_s - \frac{x - h + h'_f}{2} \right) + f'_y A'_s (h_0 - a'_s)$$

$$(6.38)$$

2. 适用条件

$$\rho = \rho' \geqslant \rho_{min} = 0.2\%$$

$$\rho = \rho' = \frac{A_s}{bh + (b_f - b)h_f + (b'_f - b)h'_f}$$

3. 截面设计

已知：构件截面的尺寸 b、h、b'_f、h'_f，轴向压力设计值 N，弯矩设计值 M，混凝土和钢筋的强度等级，柱的计算长度 l_0。

求：纵向钢筋的截面面积 A'_s 和 A_s。

基本步骤：

(1) 判断大小偏心

先按大偏心受压中和轴在翼缘内时的基本公式计算受压区高度

$$x = \frac{N}{\alpha_1 f_c b'_f}$$

当 $x \leqslant h'_f$ 时，说明中和轴确实在翼缘内，为大偏心受压；

当 $x > h'_f$ 时，说明中和轴进入腹板，改按大偏心受压中和轴在腹板内的计算公式重新计算 x

$$x = \frac{N - \alpha_1 f_c (b'_f - b)h'_f}{\alpha_1 f_c b}$$

当 $x \leqslant \xi_b h_0$，即 $\xi \leqslant \xi_b$ 时，为大偏心受压，当 $x > \xi_b h_0$，即 $\xi > \xi_b$ 时，为小偏心受压。

(2) 大偏心受压时

① 若 $2a'_s \leqslant x \leqslant h'_f$，按中和轴在翼缘内时的计算公式计算钢筋面积，即

$$A_s = A'_s = \frac{Ne - \alpha_1 f_c b'_f x \left(h_0 - \frac{x}{2} \right)}{f'_y (h_0 - a'_s)}$$

② 若 $x < 2a'_s$，取 $x = 2a'_s$，先按 $A_s = \dfrac{Ne'}{f_y (h_0 - a'_s)}$ 计算 A_s，再按 $A'_s = 0$ 代入中和轴在翼缘内时的基本公式(6.22)和公式(6.23)计算 A_s，取其中较大者为所求的受拉钢筋面积。

③ 若 $x > h'_f$ 按中和轴在腹板内时的公式计算钢筋面积，即

$$A_s = A'_s = \frac{Ne - \alpha_1 f_c bx \left(h_0 - \frac{x}{2} \right) - \alpha_1 f_c (b'_f - b)h'_f \left(h_0 - \frac{h'_f}{2} \right)}{f'_y (h_0 - a'_s)}$$

若 $A_s < \rho_{min} bh$ 时，取 $A_s = \rho_{min} bh$

若 $A_s + A'_s > 5\% bh$，宜加大柱截面尺寸。

(3) 小偏心受压时

根据由公式(6.34)、公式(6.35)和公式(6.36)推导整理后的公式，计算 ξ，即

$$\xi = \frac{N - \alpha_1 f_c (b'_f - b) h'_f - \alpha_1 f_c b \xi_b h_0}{\dfrac{Ne - \alpha_1 f_c (b'_f - b) h'_f (h_0 - 0.5 h'_f) - 0.43 \alpha_1 f_c b h_0^2}{(0.8 - \xi_b)(h_0 - a'_s)} + \alpha_1 f_c b h_0} + \xi_b$$

则　$A'_s = A_s = \dfrac{Ne - \alpha_1 f_c (b'_f - b)(h_0 - 0.5 h'_f) - \alpha_1 f_c b \xi h_0^2 (1 - 0.5 \xi)}{f'_y (h_0 - a'_s)}$

若 $A_s < \rho_{min} bh$ 时，取 $A_s = \rho_{min} bh$；

若 $A_s + A'_s > 5\% bh$，宜加大柱截面尺寸。

工字形截面小偏心受压构件还要按轴心受压构件计算垂直于弯矩作用平面的承载力。

4. 截面复核

已知：构件截面的尺寸 b、h、b'_f、h'_f，混凝土和钢筋的强度等级，柱的计算长度 l_0，受压钢筋的面积 A'_s 与受拉钢筋的面积 A_s。

求：轴向压力设计值 N_u，弯矩设计值 M_u。

基本步骤：

① 判别大小偏心。

② 为大偏心构件时：

当 $x < h'_f$ 时，$N_u = \alpha_1 f_c b'_f x$，$M_u = N_u e_0$；

当 $x \geqslant h'_f$ 时，$N_u = \alpha_1 f_c b x + \alpha_1 f_c (b'_f - b) h'_f$，$M_u = N_u e_0$。

③ 为小偏心构件时，由公式(6.34)至公式(6.38)计算 x，然后计算 N_u、M_u。

按轴心受压构件计算垂直于弯矩作用面的受压承载力，取较小者为构件所能承受的轴向压力。

例 6.12　一钢筋混凝土排架柱，截面尺寸如图 6.13 所示，该柱的控制截面承受轴向力设计值 $N = 750$ kN，弯矩设计值 $M = 380$ kN·m，混凝土采用 C30，纵筋采用 HRB400 级钢筋，$a_s = a'_s = 40$ mm，若采用对称配筋，试求纵向钢筋截面面积。

解　由已知条件查表得 $f_c = 14.3$ N/mm^2，$f_t = 1.43$ N/mm^2，$f_y = 360$ N/mm^2。

$h_0 / mm = 800 - 40 = 760$

$e_0 / mm = \dfrac{M}{N} = \dfrac{380 \times 10^3}{750 \times 10^3} = 506.7$

$e_a / mm = \dfrac{h}{30} = \dfrac{800}{30} = 26.67 > 20$

$e_i / mm = e_0 + e_a = 506.7 + 26.67 = 533.4$

$e / mm = e_i + \dfrac{h}{2} - a_s = 533.4 + \dfrac{800}{2} -$

　　$40 = 893.4$

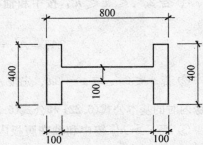

图 6.13　例题 6.12 图

先按大偏心受压中和轴在翼缘内时的基本公式计算受压区高度

$$x / mm = \frac{N}{\alpha_1 f_c b'_f} = \frac{750 \times 10^3}{1 \times 14.3 \times 400} = 131.1 > h'_f = 100 \text{ mm}$$

说明中和轴进入腹板，改按大偏心受压中和轴在腹板内时的基本公式重新计算 x

$$x/\text{mm} = \frac{N - \alpha_1 f_c (b'_f - b) h'_f}{\alpha_1 f_c b} =$$

$$\frac{750 \times 10^3 - 1 \times 14.3 \times 100(400 - 100)}{1 \times 14.3 \times 100} = 224.5 < \xi_b h_0/\text{mm} = 0.518 \times 760 =$$

393.7

按大偏心受压计算

$$A'_s = \left[Ne - \alpha_1 f_c bx \left(h_0 - \frac{x}{2} \right) - \alpha_1 f_c (b'_f - b) h'_f \left(h_0 - \frac{h'_f}{2} \right) \right] / [f'_y (h_0 - a'_s)] =$$

$$[750 \times 10^3 \times 893.3 - 1 \times 11.9 \times 100 \times 224.5 \times (760 - 224.5/2)$$

$$- 1 \times 11.9 \times (400 - 100) \times 100 \times (760 - 100/2)] / [360 \times (760 - 40)]$$

$$A_s = A'_s = 939.3 \ \text{mm}^2$$

选择受压、受拉钢筋分别为 $4 \Phi 20 (A'_s = 1\ 256 \ \text{mm}^2)$。

$$A_s = A'_s > A_{s,\text{min}}/\text{mm}^2 = 0.002 [bh + (b_f - b) h_f + (b'_f - b) h'_f] =$$

$$0.002 \times [100 \times 800 + 2 \times (400 - 100) \times 100] = 280$$

总配筋率 $\rho = \dfrac{1\ 256 + 1\ 256}{100 \times 800 + 2 \times (400 - 100) \times 100} = 1.79\%, 0.6\% < \rho < 5\%$

例 6.13　一钢筋混凝土排架柱,条件同例题 6.12,该柱的控制截面承受轴向力设计值 $N = 1\ 480 \ \text{kN}$,弯矩设计值 $M = 320 \ \text{kN} \cdot \text{m}, l_0 = 4 \ \text{m}$,若采用对称配筋,试求纵向钢筋截面。

解　$h_0/\text{mm} = 800 - 40 = 760, e_0/\text{mm} = \dfrac{M}{N} = \dfrac{320 \times 10^6}{1\ 480 \times 10^3} = 216.2$

$$e_a/\text{mm} = \frac{h}{30} = \frac{800}{30} \approx 26.67 > 20 \ \text{mm}$$

$$e_i/\text{mm} = e_0 + e_a = 216.2 + 26.67 = 242.9$$

$$e/\text{mm} = e_i + \frac{h}{2} - a_s = 242.9 + \frac{800}{2} - 40 = 602.9$$

先按大偏心受压中和轴在翼缘内时的基本公式计算受压区高度

$$x/\text{mm} = \frac{N}{\alpha_1 f_c b'_f} = \frac{1\ 480 \times 10^3}{1 \times 14.3 \times 400} = 258.7 > h'_f = 100 \ \text{mm}$$

说明中和轴进入腹板,改按大偏心受压中和轴在腹板内时的基本公式重新计算 x

$$x/\text{mm} = \frac{N - \alpha_1 f_c (b'_f - b) h'_f}{\alpha_1 f_c b} =$$

$$\frac{1\ 480 \times 10^3 - 1 \times 14.3 \times 100(400 - 100)}{1 \times 14.3 \times 100} = 735 > \xi_b h_0/\text{mm} = 0.518 \times 760 =$$

393.7

按小偏心受压计算

$$\xi = \frac{N - \alpha_1 f_c (b'_f - b) h'_f - \alpha_1 f_c b \xi_b h_0}{\dfrac{Ne - \alpha_1 f_c (b'_f - b) h'_f (h_0 - 0.5 h'_f) - 0.43 \alpha_1 f_c b h_0^2}{(0.8 - \xi_b)(h_0 - a'_s)} + \alpha_1 f_c b h_0} + \xi_b =$$

$$\frac{1\ 480 \times 10^3 - 1 \times 14.3 \times (400 - 100) \times 100 - 1 \times 14.3 \times 100 \times 760 \times 0.518}{\dfrac{1\ 480 \times 10^3 \times 602.9 - 0.43 \times 1 \times 14.3 \times 100 \times 760^2 - 1 \times 14.3 \times 100 \times (400 - 100)(760 - 100/2)}{(0.8 - 0.518) \times (760 - 40) + 1 \times 14.3 \times 100 \times 760}} +$$

0.518 = 0.737

$$A'_s/\text{mm}^2 = A_s = \frac{Ne - \alpha_1 f_c (b'_f - b)(h_0 - 0.5h'_f) - \alpha_1 f_c b \xi h_0^2 (1 - 0.5\xi)}{f'_y (h_0 - a'_s)} =$$

$$[1\,480 \times 10^3 \times 602.9 - 1 \times 14.3 \times (400 - 100) \times 100 \times (760 - 100/2) -$$

$$1 \times 14.3 \times 100 \times 0.737 \times 760^2 \times (1 - 0.5 \times 0.737)]/360 \times (760 - 40) =$$

$$784.3$$

选择受压、受拉钢筋均为 $4 \Phi 16 (A'_s = 804 \text{ mm}^2)$。

$$A_s = A'_s > A_{s,\min}/\text{mm}^2 = 0.002[bh + (b_f - b)h_f + (b'_f - b)h'_f] =$$

$$0.002 \times [100 \times 800 + 2 \times (400 - 100) \times 100] = 280$$

总配筋率 $\rho = \dfrac{804 + 804}{100 \times 800 + 2 \times (400 - 100) \times 100} = 1.15\%,0.6\% < \rho < 5\%$

$$I/\text{mm}^4 = 800 \times 100^3/12 + 4 \times (100 \times 150^3/12 + 100 \times 150 \times 125^2) = 111\,667 \times 10^4$$

$$i = \frac{I}{A} = \frac{111\,667 \times 10^4}{140\,000} = 89.32$$

$$\frac{l_0}{i} = \frac{4\,000}{89.32} = 44.8,\text{查表得 } \varphi = 0.94$$

$0.9\varphi[f_c A + f'_y (A'_s + A_s)]/N = 0.9 \times 0.94 \times [14.3 \times 140\,000 + 360 \times (804 + 804)] =$
$2\,183\,424.5 > 1\,480\,000\text{N},$该构件安全。

6.5　偏心受压构件 $N_u - M_u$ 相关曲线

偏心受压构件到达承载能力极限状态时,截面承受的轴力 N 与弯矩 M 并不是独立的,而是相关的。

根据大偏心受压构件和小偏心受压构件承载力计算的基本公式,可推导出 M 与 N 的关系式。对于大偏心受压构件,M 与 N 为二次抛物线关系,以轴力 N 为竖轴,弯矩 M 为横轴,M 与 N 的关系如图 6.14 所示的 AB 曲线段,随着 N 增大,M 也增大。对于小偏心受压构件,M 与 N 也是二次函数关系,但与大偏心不同的是,随着 N 增大,M 减少,如图 6.14 所示的 BC 曲线段。

对于给定的偏心受压构件正截面是否会发生强度破坏是由 M 和 N 两个变量共同决定的。凡能给出 AB 曲线上任意一点的组合,都将引起大偏心破坏,而 BC 曲线上的任意一点所对应的组合,都将引起小偏心破坏。$M - N$ 相关曲线是偏心受压构件承载力计算的依据。曲线上任意一点代表一组截面承载力,如果作用在截面上的内力坐标点位于图中曲线内侧,如 D 点,说明截面在该点对应的内力作用下未达到承载力极限状态,是安全的;位于曲线外侧,如 E 点,则表明截面在该点对应的内力作用下承载力不足;若作用在截面上的内力坐标恰好在轴线上,即 B 点,则处于极限状态。

$N - M$ 相关曲线有如下的特点:

(1)A 点坐标是受弯构件的承载能力,$N = 0$,但 M 不是最大;C 点坐标为轴心受压的承载能力,$M = 0$,N 最大;B 点坐标为大小偏心的界限,M 最大。

(2) 小偏心受压时,在相同的 M 值下,N 值越大越不安全,N 值越小越安全;大偏心受

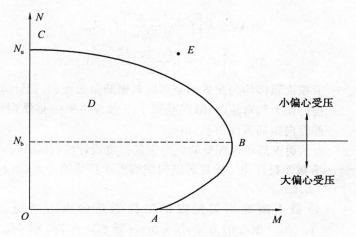

图 6.14　$M-N$ 相关曲线

压时,在相同的 M 值下,N 值越大越安全,N 值越小越不安全。无论是大偏心还是小偏心受压,在相同的 N 值下,M 值越大越不安全。

(3) 对称配筋时,如果截面形状和尺寸相同,混凝土强度等级和钢筋级别也相同,当配筋不同,则界限破坏所对应的轴向力是相同的。

作用在结构上的荷载有多种,但它们不一定都会同时出现或同时达到最大值,在结构设计时要进行荷载组合。利用 M 与 N 的变化规律,可帮助我们在设计时找到最不利的内力组合。如偏心受压构件对称配筋时,N_{max} 及相应的 M 较大的内力有可能对小偏心受压情况起控制作用;而 M_{max} 及相应的 N 较小的内力有可能对大偏心受压情况起控制作用。

6.6　双向偏心受压构件正截面承载力计算

双向偏心受压构件在实际工程中有时也会遇到,例如多层框架房屋的角柱。《规范》规定的计算双向偏心受压构件正截面承载力的方法比较复杂,现介绍《规范》的近似法验算。

$$N \leqslant \frac{1}{\dfrac{1}{N_{ux}} + \dfrac{1}{N_{uy}} + \dfrac{1}{N_{u0}}} \tag{6.39}$$

式中　N_{u0} —— 构件的截面轴心受压承载力设计值,N,$N_{u0} = f_c A + f'_y A'_s$;

　　　N_{ux} —— 轴向力作用于 x 轴,按全部纵向钢筋计算的构件偏心受压承载力设计值,N;

　　　N_{uy} —— 轴向力作用于 y 轴,按全部纵向钢筋计算的构件偏心受压承载力设计值,N。

构件的偏心受压承载力设计值 N_{ux} 和 N_{uy} 可按下列情况计算:

① 当纵向钢筋为上下两边布置时,按大小偏心基本公式计算;

② 当纵向钢筋沿截面腹部均匀配置时,在大小偏心基本公式等式的右边分别加以下两项

$$N_{sw} = \left[1 + \frac{\xi - \beta_1}{0.5\beta_1\omega}\right]f_{yw}A_{sw} \tag{6.40}$$

$$M_{sw} = \left[0.5 - \left(\frac{\xi - \beta_1}{\beta_1\omega}\right)^2\right]f_{yw}A_{sw}h_{sw} \tag{6.41}$$

式中　A_{sw}—— 沿截面腹部均匀配置的全部纵向钢筋截面面积,如计算对 x 轴由腹筋承担的轴力和弯矩时,除在截面上下最外边的一排纵向钢筋外,其余的全部纵向钢筋截面面积,mm;

f_{yw}—— 由截面腹部均匀配置的纵向钢筋强度设计值,N/mm²;

N_{sw}—— 沿截面腹部均匀配置的纵向钢筋所承担的轴向力,当 $\xi > \beta_1$ 时,取 $N_{sw} = f_{yw}A_{sw}$,N;

M_{sw}—— 沿截面腹部均匀配置的纵向钢筋的内力对受拉钢筋截面面积 $A_{sx}(A_{sy})$ 重心的力矩,N·mm;当 $\xi > \beta_1$ 时,取 $M_{sw} = 0.5f_{yw}A_{sw}h_{sw}$,$A_{sx}(A_{sy})$ 分别为对 x 轴(y 轴)取矩时,截面受拉区最外边一排纵向钢筋的截面面积,mm;

ω—— 均匀配置纵向钢筋区段的高度 h_{sw} 与截面高度 h_0 的比值 $\omega = h_{sw}/h_0$,并可取 $h_{sw} = h_0 - a_s$。

上述方法,只适用于均匀配置的纵向钢筋数量每个侧边不少于 4 根的矩形、工字形和 T 形截面,而且仅用于截面承载力验算,不能用于进行直接配筋设计。

6.7　偏心受压构件斜截面承载力计算

偏心受压构件除了作用有轴向力 N 和弯矩 M 外,还有可能作用有较大的剪力 V(如地震作用的框架柱),需要验算其斜截面受剪承载力。

试验表明,在由于轴向压力 N 的存在,延缓了斜裂缝的出现和开展,使截面保留有较大的混凝土剪压区面积,可以提高斜截面承载力,即轴向压力对构件抗剪是有利的,但这种作用是有限的。在轴压比 $\frac{N}{f_c bh}$ 较小时,构件的抗剪承载力随轴压比的增大而提高,当轴压比 $0.3 < \frac{N}{f_c bh} < 0.5$ 时,抗剪强度达到最大值,再增大轴压比,其抗剪承载力反而降低。

《规范》规定,矩形截面的钢筋混凝土偏心受压构件,其斜截面受剪承载力按下式计算

$$V = \frac{1.75}{\lambda + 1}f_t bh_0 + \frac{f_{yw}A_{sv}h_0}{s} + 0.07N \tag{6.42}$$

式中　N—— 与剪力设计值相应的轴向压力设计值,当 $N > 0.3f_c A$ 时,取 $N = 0.3f_c A$,N;

A—— 构件截面面积,mm²;

λ—— 偏心受压构件计算截面的剪跨比,对各类结构的框架柱,宜取 $\lambda = \frac{M}{Vh_0}$;对框架结构中的框架柱,当其反弯点在层高范围内时,可取 $\lambda = \frac{H_n}{2h_0}$,当 $\lambda < 1$ 时,

取 $\lambda=1$；当 $\lambda>3$ 时，取 $\lambda=3$；对其他偏心受压构件，当承受均布荷载时，取 $\lambda=1.5$；当承受集中荷载时（包括作用有多种荷载、且集中荷载对支座或节点边缘所产生的剪力值占总剪力值的 75% 以上的情况），$\lambda=\dfrac{a}{h_0}$，当 $\lambda<1.5$ 时，取 $\lambda=1.5$，当 $\lambda>3$ 时，取 $\lambda=3$。

《规范》还规定，矩形截面的钢筋混凝土偏心受压构件，为了避免斜压破坏，防止过多的配箍不能充分发挥作用，构件的截面尺寸应满足下式要求，当 $\dfrac{h_w}{b}\leqslant 4$ 时，$V\leqslant 0.25\beta_c f_c bh_0$，否则，应加大截面尺寸。矩形截面的钢筋混凝土偏心受压构件，若符合 $V\leqslant\dfrac{1.75}{\lambda+1}f_t bh_0+0.07N$，可不进行斜截面受剪承载力计算，按构造要求配置箍筋。

小　结

1.钢筋混凝土受压构件按纵向压力作用位置的不同可分为轴心受压构件和偏心受压构件。轴心受压构件由于纵向弯曲的影响将降低构件的承载力，在计算长柱时引入稳定系数 φ。

2.对既有纵向受压钢筋又配有螺旋箍筋的轴心受压柱，由于混凝土的横向变形受到箍筋的阻碍，间接地提高了混凝土的抗压强度，使构件承载能力有所提高。

3.钢筋混凝土偏心受压构件根据偏心距的大小和配筋情况，可分为大偏心受压和小偏心受压两种状态。其界限破坏与适筋和超筋梁的界限完全相同，即当 $\xi\leqslant\xi_b$ 时，构件为大偏心受压状态，反之构件为小偏心受压状态。

4.非对称配筋的截面设计，需要根据偏心距的大小判断大、小偏心受压情形：当 $e_i\leqslant 0.3h_0$ 时，按小偏心受压计算；当 $e_i>0.3h_0$ 时，按大偏心受压计算。而对称配筋的截面设计，则可按照 x 的大小直接判别：当 $x=\dfrac{N}{\alpha_1 f_c b}\leqslant\xi_b h_0$ 时，按大偏心受压计算；当 $x=\dfrac{N}{\alpha_1 f_c b}>\xi_b h_0$ 时，按小偏心受压计算。

5.偏心受压构件的斜截面承载力计算，与受弯构件矩形截面独立梁受集中荷载的抗剪承载力计算公式相似。偏心受压构件轴向压力在一定范围内会提高斜截面抗剪承载力。

练 习 题

1.什么是轴心受压构件和偏心受压构件？试举例说明。

2.轴心受压短柱的受力特征如何？轴心受压长柱的破坏特征与短柱有何区别？ 计算中如何考虑长柱的影响？

3.为什么钢筋混凝土受压构件宜采用高强度混凝土，而不宜采用高强度钢筋？

4.轴心压柱中纵向钢筋和箍筋各有哪些构造要求？

5.为什么设置螺旋箍筋时，柱的承载力能大大提高？

6.螺旋式箍筋柱的适用条件是什么？为何限制这些条件？

7.试说明配置普通箍筋和配置螺旋箍筋的轴压构件破坏形态有何区别？

8. 偏心受压构件的破坏形态有几种,其特点是什么?

9. 偏心受压长柱随 l_0/h 的变化可能发生哪几种破坏?

10. 大、小偏心受压破坏有何本质区别? 其判别的界限条件是什么?

11. 在非对称配筋时,如何判别偏心受压的类型?

12. 在对称配筋时,如何判别偏心受压的类型?

13. 偏心受压构件中的箍筋有哪些要求?

14. 矩形截面对称配筋偏心受压构件的 $N-M$ 相关曲线可以用来说明哪些问题?

15. 为什么要对小偏心受压构件进行垂直于弯矩方向截面的承载力验算?

16. 已知某多层四跨现浇框架结构的第二层内柱,轴心压力设计值 $N=1\ 100\ \text{kN}$,楼层高 $H=6\ \text{m}$,混凝土强度等级为 C20,采用 HRB335 级钢筋,柱截面尺寸为 350 mm × 350 mm。求所需纵筋面积。

17. 已知圆形截面现浇钢筋混凝土柱,直径不超过 350 mm,承受轴心压力设计值 $N=1\ 900\ \text{kN}$,计算长度 $l_0=4\ \text{m}$,混凝土强度等级 C25,柱中纵筋采用 HRB400 级钢筋,箍筋用 HPB235 级钢筋。试设计该柱截面。

18. 已知钢筋混凝土矩形柱 $b \times h = 400\ \text{mm} \times 600\ \text{mm}$,承受的轴向力设计值 $N=1\ 000\ \text{kN}$,弯矩设计值 $M=450\ \text{kN} \cdot \text{m}$,若柱的计算长度为 6 m,混凝土采用 C25($f_c=11.9\ \text{N/mm}^2$),纵筋采用 HRB400 钢筋($f_y=f'_y=360\ \text{N/mm}^2$),$a_s=a'_s=40\ \text{mm}$,若采用非对称配筋,试求纵向钢筋截面面积。

19. 已知某单层工业厂房的工字形截面边柱,下柱 $b=800\ \text{mm}$,$h=700\ \text{mm}$,$b_f=350\ \text{mm}$,$b'_f=350\ \text{mm}$,$h_f=h'_f=112\ \text{mm}$,$a_s=a'_s=45\ \text{mm}$;混凝土强度等级为 C35,采用 HRB400 级钢筋;对称配筋。试求钢筋截面面积。

第 7 章

受拉构件承载力计算

【学习要点】

受拉构件分为轴心受拉及偏心受拉两种,学习时可以与第6章受压构件有关内容进行比较。

轴心受拉构件由于混凝土开裂后退出工作,拉力全部由钢筋承受,承载力计算公式比较简单。偏心受拉构件根据其偏心矩的大小可分为小偏心受拉和大偏心受拉构件两类。小偏心受拉构件为全截面受拉,拉力全部由钢筋承受,计算公式亦比较简单。大偏心受拉构件截面上为部分受压、部分受拉,计算中的应力图形、计算公式及计算步骤均与大偏心受压构件相似,只有纵向力的方向相反。

以承受纵向拉力为主的构件称为受拉构件。钢筋混凝土受拉构件按照纵向拉力作用位置的不同,分为轴心受拉和偏心受拉两种类型。当纵向拉力的作用线与构件截面形心轴线重合时,称为轴心受拉构件,如钢筋混凝土屋架的受拉腹杆及下弦杆、承受内压力圆形水池的池壁等;当纵向拉力的作用线与构件截面形心轴线不重合或构件截面上既有轴心拉力,又有弯矩作用时称为偏心受拉构件,如钢筋混凝土矩形水池的池壁、承受水平荷载作用的框架边柱等。

钢筋混凝土轴心受拉构件一般采用正方形、矩形或其他对称截面,偏心受拉构件多采用矩形截面。

7.1　轴心受拉构件正截面承载力计算

1. 承载力计算公式

轴心受拉构件从加载到破坏,其过程可以分为3个阶段。第 Ⅰ 阶段为加载开始到混凝土受拉开裂;第 Ⅱ 阶段为混凝土开裂后至钢筋即将屈服;第 Ⅲ 阶段为受拉钢筋开始屈服到全部受拉钢筋完全屈服。这与适筋梁破坏的过程相似。

轴心受拉构件破坏时,混凝土退出工作,全部拉力由钢筋承担。轴心受拉构件的受拉承载力计算公式为

$$N = f_y A_s \tag{7.1}$$

式中　　N —— 轴向拉力设计值,N;

f_y——纵向受拉钢筋的抗拉强度设计值，N/mm²；

A_s——全部纵向受拉钢筋的截面面积，mm²。

2.构造要求

(1)纵向受力钢筋

纵向受力钢筋应沿截面四周均匀、对称布置，并优先选择直径较小的钢筋；全部纵向受拉钢筋的配筋率不应小于 0.4% 和 $90\frac{f_t}{f_y}$% 的较大值（f_t 为混凝土抗拉强度设计值）。纵向受力钢筋不得采用非焊接的搭接接头，搭接的受拉钢筋接头仅仅允许用在圆形池壁或管中，其接头位置应错开，搭接长度应不小于 $1.2l_a$ 和 300 mm。

(2)箍筋

箍筋主要是固定纵向受力钢筋的位置，并与纵向钢筋组成钢筋骨架。箍筋的直径一般为 4 ~ 6mm，间距不宜大于 200 mm（对屋架的腹杆不宜超过 150 mm）。

例7.1 已知某钢筋混凝土屋架下弦，截面尺寸 $b \times h = 200$ mm × 150 mm，端节点承受恒荷载标准值产生的轴向拉力 $N_{gk} = 60$ kN，活荷载标准产生的轴向拉力 $N_{qk} = 100$ kN。混凝土的强度等级为 C30，采用 HRB400 级纵向钢筋（$f_y = 360$ N/mm²），HPB235 级箍筋。求该轴心受拉构件的纵向钢筋。

解 （1）计算轴向拉力设计值 N

取恒荷载分项系数 $\gamma_G = 1.2$，取活荷载分项系数 $\gamma_Q = 1.4$，则

$$N/kN = \gamma_G N_{gk} + \gamma_Q N_{gk} = 1.2 \times 60 + 1.4 \times 100 = 212$$

（2）计算纵向受拉钢筋

$$A_s/mm^2 = \frac{N}{f_y} = \frac{212 \times 10^3}{360} = 589$$

$$0.9\frac{f_t}{f_y} = 0.9 \times \frac{1.1}{360} = 0.275\% < 0.4\%，因此 \rho_{min} = 0.4\%$$

$$\rho = \frac{A_s}{A} = \frac{589}{200 \times 150} = 1.96\% > 0.4\%，满足要求。$$

纵筋选 4 Φ 16（$A_s = 804$ mm²），箍筋选用 ϕ 6@200，符合构造要求。

7.2 偏心受拉构件正截面承载力计算

偏心受拉构件按轴向力作用在截面上的位置不同可分为大偏心受拉和小偏心受拉两种。当轴力作用在受拉与受压钢筋以外时，属于大偏心受拉，破坏时截面部分受压、部分受拉，截面不会裂通。当轴力作用在受拉与受压之间时，属于小偏心受拉，破坏时截面全部裂通，受拉与受压钢筋屈服，拉力全部由钢筋承担。

7.2.1 大偏心受拉构件

1.基本公式

大偏心受拉构件承载力计算简图如图 7.1 所示，由平衡条件可得大偏心受拉承载力计算公式为

$$N = f_y A_s - f'_y A'_s - \alpha_1 f_c bx \tag{7.2}$$

$$Ne = \alpha_1 f_c bx \left(h_0 - \frac{x}{2}\right) + f'_y A'_s (h_0 - a'_s) \tag{7.3}$$

式中　e——纵向拉力作用点至 A_s 合力作用点的距离，mm，$e = e_0 - \dfrac{h}{2} + a_s$。

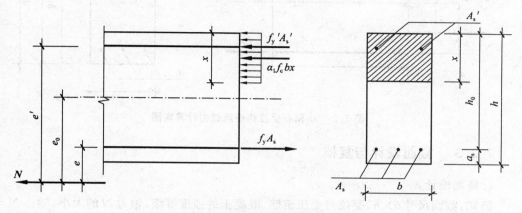

图 7.1　大偏心受拉构件承载力计算简图

2. 适用条件

（1）为了保证受拉钢筋屈服，应满足 $x \leqslant \xi_b h_0$；

（2）为了保证受压钢筋屈服，应满足 $x \geqslant 2a'_s$，当 $x < 2a'_s$ 时，取 $x = 2a'_s$，对受压钢筋取矩重新求 A_s，得 $A_s = \dfrac{Ne'}{f_y(h_0 - a'_s)}$；

（3）满足最小配筋率要求 $A_s \geqslant \rho_{min} bh$，$A'_s \geqslant \rho_{min} bh$，其中 ρ_{min} 取 0.2% 和 $45 \dfrac{f_t}{f_y}\%$ 的较大值。

7.2.2　小偏心受拉构件

1. 基本公式

小偏心受拉构件承载力计算简图如图 7.2 所示，由平衡条件可得小偏心受拉承载力计算公式为

$$N = f_y A_s + f'_y A'_s \tag{7.4}$$

$$Ne = f_y A'_s (h_0 - a'_s) \tag{7.5}$$

$$Ne' = f_y A_s (h_0 - a'_s) \tag{7.6}$$

式中　e——纵向拉力作用点至 A_s 合力作用点的距离，mm，$e = \dfrac{h}{2} - a_s - e_0$；

　　　e'——纵向拉力作用点至 A'_s 合力作用点的距离，mm，$e' = e_0 + \dfrac{h}{2} - a'_s$。

2. 适用条件

满足最小配筋率要求 $A_s \geqslant \rho_{min} bh$。

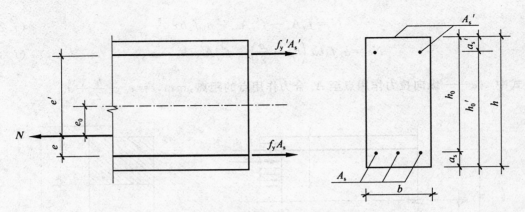

图 7.2　小偏心受拉构件承载力计算简图

7.2.3　截面设计与复核

1.截面设计

已知:截面尺寸 $b \times h$,受拉与受压钢筋、混凝土的强度等级,轴力 N 的大小,轴力 N 与中和轴之间的距离 e_0。

求:受拉钢筋的面积 A_s 和受压钢筋的面积 A'_s。

基本步骤:

① 判别大小偏心

当 $e_0 > \dfrac{h}{2} - a_s$ 时为大偏心受拉,当 $e_0 < \dfrac{h}{2} - a_s$ 时为小偏心受拉。

② 若为大偏心受拉,则利用大偏心基本公式(7.2) 和公式(7.3) 计算。

为使钢筋用量最少,取 $x = \xi_b h_0$,则

$$A'_s = \frac{Ne - \alpha_1 f_c b \xi_b h_0^2 (1 - \xi_b/2)}{f'_y (h_0 - a'_s)} \geqslant \rho_{\min} bh$$

$$A_s = \frac{\alpha_1 f_c b \xi_b h_0 + f'_y A'_s + N}{f_y} \geqslant \rho_{\min} bh$$

当 $A'_s < 0.002bh$,取 $A'_s = 0.002bh$。

$$x = h_0 - \sqrt{h_0^2 - \frac{2[Ne - f'_y A'_s (h_0 - a'_s)]}{\alpha_1 f_c b}}$$

若 $2a'_s \leqslant x \leqslant \xi_b h_0$

$$A_s = \frac{\alpha_1 f_c bx + f'_y A'_s + N}{f_y} \geqslant \rho_{\min} bh$$

若 $x < 2a'_s$,取 $x = 2a'_s$

$$A_s = \frac{Ne'}{f_y (h_0 - a'_s)} \geqslant \rho_{\min} bh$$

③ 若为小偏心受拉,则利用小偏心基本公式(7.5) 和公式(7.6) 计算

$$A_s = \frac{Ne'}{f_y (h_0 - a'_s)} \geqslant \rho_{\min} bh$$

$$A'_s = \frac{Ne}{f_y(h_0 - a'_s)} \geqslant \rho_{min} bh$$

2. 截面复核

已知：截面尺寸 $b \times h$，受拉与受压钢筋、混凝土的强度等级，轴力 N 与中和轴之间的距离 e_0，受拉钢筋的面积 A_s 和受压钢筋的面积 A'_s。

求：轴力的极限值 N_u。

基本步骤：

① 判别大小偏心

当 $e_0 > \dfrac{h}{2} - a_s$ 时为大偏心受拉，当 $e_0 < \dfrac{h}{2} - a_s$ 时为小偏心受拉。

② 若为大偏心受拉，则利用大偏心基本公式计算。

两个方程 2 个未知数，可先求出 x，若 $x \leqslant \xi_b h_0$，则 $N_u = f_y A_s - f'_y A'_s - \alpha_1 f_c bx$。

若 $x > \xi_b h_0$，说明 A_s 配置过多，不能屈服，应按受压构件计算 σ_s，重新计算 x，再求出 N_u。

③ 若为小偏心受拉，则利用小偏心基本公式计算

分别计算 $N_u = \dfrac{f_y A'_s (h_0 - a'_s)}{e}$ 和 $N_u = \dfrac{f_y A_s (h_0 - a'_s)}{e'}$，取二者之中较小值。

例 7.2　已知某矩形水池如图 7.3 所示，壁厚为 300 mm，可通过内力分析，求得跨中水平方向每米宽度上最大弯矩设计值 $M = 120$ kN·m，相应的每米宽度上的轴向拉力设计值 $N = 240$ kN，该水池的混凝土强度等级为 C25，钢筋用 HRB335 级钢筋。求：水池在该处需要的 A_s 和 A'_s 值。

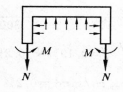

图 7.3　矩形水池池壁弯矩 M 和拉力 N 的示意图

解　由已知可得，$b \times h = 1\,000$ mm $\times 300$ mm，$a'_s = a_s = 35$ mm。查表得 $f_c = 11.9$ N/mm²，$f_t = 1.27$ N/mm²，$f_y = 300$ N/mm²。

$$e_0 / mm = \frac{M}{N} = \frac{120 \times 1\,000}{240} = 500，为大偏心受拉$$

$$e / mm = e_0 - \frac{h}{2} + a_s = 500 - 150 + 35 = 385$$

令 $x = \xi_b h_0$，则

$$A'_s = \frac{Ne - \alpha_1 f_c b \xi_b h_0^2 (1 - \xi_b/2)}{f'_y (h_0 - a'_s)} =$$

$$\frac{240 \times 10^3 \times 385 - 1.0 \times 11.9 \times 1\,000 \times 0.550 \times 265^2 \times (1 - 0.550/2)}{300 \times (265 - 35)} < 0$$

取 $A'_s / mm^2 = \rho_{min} bh = 0.2\% \times 1\,000 \times 300 = 600$

选用$\phi 12@180\,mm(A'_s = 628\ mm^2)$

$$x/mm = h_0 - \sqrt{h_0^2 - \frac{2\left[Ne - f'_y A'_s (h_0 - a'_s)\right]}{\alpha_1 f_c b}} =$$

$$265 - \sqrt{265^2 - \frac{2\left[240 \times 10^3 \times 385 - 300 \times 600 \times (265 - 35)\right]}{1.0 \times 11.9 \times 1\,000}} = 16.1$$

$x = 16.1\ mm < 2a'_s$，取 $x = 2a'_s = 70\ mm$

$$A_s/mm^2 = \frac{Ne'}{f_y(h_0 - a'_s)} = \frac{240 \times 10^3 \times (500 - 150 + 35)}{300 \times (265 - 35)} = 2\,140$$

$45\dfrac{f_t}{f_y}\% = 45 \times \dfrac{1.27}{300}\% = 0.19\% < 0.2\%, \rho_{min} = 0.2\%$

$A_s = 2\,140\ mm^2 > \rho_{min}bh/mm^2 = 0.2\% \times 1\,000 \times 300 = 600$

选用$\phi 14@70\,mm(A_s = 2\,199\ mm^2)$。

例 7.3 偏心受拉构件的截面尺寸为 $b \times h = 300\ mm \times 450\ mm$，构件承受的轴向拉力设计值 $N = 760\ kN$，弯矩设计值 $M = 120\ kN \cdot m$，混凝土强度等级为 C20，纵筋采用 HRB335 级钢筋，$a'_s = a_s = 35\ mm$。试计算所需纵向受力钢筋的面积。

解 由已知得，$f_c = 9.6\ N/mm^2$，$f_t = 1.1\ N/mm^2$，$f_y = 300\ N/mm^2$。

$h_0/mm = h - 35 = 450 - 35 = 415$

$e_0/mm = \dfrac{120 \times 10^6}{760 \times 10^3} = 157.9 < \left(\dfrac{h}{2} - a_s\right)/mm = \dfrac{450}{2} - 35 = 190$，为小偏心受拉

$$A_s/mm^2 = \frac{Ne'}{f_y(h_0 - a'_s)} = \frac{760 \times 10^3 \times (450/2 + 157.9 - 35)}{300 \times (415 - 35)} = 2\,320$$

$$A'_s/mm^2 = \frac{Ne}{f_y(h_0 - a'_s)} = \frac{760 \times 10^3 \times (450/2 - 157.9 - 35)}{300 \times (415 - 35)} = 214$$

$45\dfrac{f_t}{f_y}\% = 45 \times \dfrac{1.27}{300}\% = 0.19\% < 0.2\%, \rho_{min} = 0.2\%$

$A'_s = 214\ mm^2 < \rho_{min}bh/mm^2 = 0.2\% \times 300 \times 450 = 270$，取 $A'_s = 270\ mm^2$

$A_s = 2\,320\ mm^2 > \rho_{min}bh = 270\ mm^2$

选受压钢筋 $2\phi 14(A'_s = 308\ mm^2)$，受拉钢筋 $5\phi 25(A_s = 2\,454\ mm^2)$。

7.3 偏心受拉构件斜截面承载力计算

偏心受拉构件在承受弯矩和轴向拉力的同时，也承受着剪力作用，如果剪力较大，需验算其斜截面受剪承载力。试验表明，纵向拉力 N 的存在，使斜裂缝提前出现，甚至形成贯通全截面的斜裂缝，构件的斜截面承载力比无轴向拉力时要降低一些，降低的程度与轴向拉力的数值有关。对于矩形截面的钢筋混凝土偏心受拉构件，斜截面的受剪承载力计算公式为

$$V_u = \frac{1.75}{\lambda + 1.0} f_t b h_0 + 1.0 f_{yv} \frac{A_{sv}}{s} h_0 - 0.2N \tag{7.7}$$

式中 N —— 与剪力设计值 V 相应的轴向拉力设计值，N；

λ—— 计算截面的剪跨比,当承受均布荷载时,$\lambda = 1.5$;当承受集中荷载时,$\lambda = \dfrac{a}{h_0}$(a 为集中荷载至支座截面或节点边缘的距离);当 $\lambda < 1.5$ 时,取 $\lambda = 1.5$;当 $\lambda > 3$ 时,取 $\lambda = 3$。

当公式(7.7)右边的计算值小于 $f_{yv}\dfrac{A_{sv}}{s}h_0$ 时,应取 $f_{yv}\dfrac{A_{sv}}{s}h_0$,且 $f_{yv}\dfrac{A_{sv}}{s}h_0$ 的值不得小于 $0.36f_t bh_0$。

偏心受拉构件的箍筋一般应满足受弯构件对箍筋的构造要求。对矩形截面偏心受拉构件截面尺寸的要求同受弯构件。

小　结

1. 钢筋混凝土轴心受拉构件截面开裂前,混凝土与钢筋共同承受拉力,开裂后,裂缝贯通整个截面,拉力全部由钢筋承担。

2. 钢筋混凝土偏心受拉构件分为两种情形:当纵向拉力 N 作用在 A_s 和 A'_s 之间(即 $e_0 \leqslant \dfrac{h}{2} - a_s$)时,为小偏心受拉;当纵向拉力 N 作用在 A_s 和 A'_s 之外(即 $e_0 > \dfrac{h}{2} - a_s$)时,为大偏心受拉。小偏心受拉构件的受力特点类似于轴心受拉构件,破坏时拉力全部由钢筋承受;大偏心受拉构件的受力特点类似于受弯构件或大偏心受压构件,破坏时截面有混凝土受压区存在。

3. 偏心受拉构件可采用对称配筋或非对称配筋,在截面设计时根据不同情况采用不同的计算公式,计算出的钢筋截面面积 A_s 和 A'_s 应满足规范规定的最小配筋率要求。

4. 偏心受拉构件纵向拉力 N 的存在会降低截面的受剪承载力。

练 习 题

1. 什么是轴心受拉构件和偏心受拉构件? 试举例说明。

2. 轴心受拉构件的受力特点是什么?

3. 如何区分钢筋混凝土大、小偏心受拉? 它们的受力特点和破坏特征各有何不同?

4. 试比较双筋梁、非对称配筋的大偏心受压和大偏心受拉构件三者正截面承载力计算的异同。如果其他条件相同,只有钢筋数量的变化,试说明哪种构件需要的受拉钢筋多。

5. 某钢筋混凝土屋架的下弦杆,按轴心受拉构件进行截面设计。其拉力设计值 $N = 260$ kN,若截面尺寸为 $b \times h = 200$ mm $\times 140$ mm,采用的混凝土强度等级为 C20($f_c = 9.6$ N/mm²,$f_t = 1.1$ N/mm²),纵筋采用 HRB335 级钢筋($f_y = 300$ N/mm²),试按正截面承载力要求计算所需纵向受力钢筋的面积。

6. 已知某构件承受轴向拉力设计值 $N = 600$ kN,弯矩 $M = 540$ kN·m,混凝土强度等级为 C30,采用 HRB400 级钢筋。柱截面尺寸为 $b = 300$ mm,$h = 450$ mm,$a_s = a'_s = 45$ mm。求所需纵筋面积。

第 8 章

受扭构件承载力计算

【学习要点】

　　受扭构件在扭矩作用下产生剪应力及相应的主拉应力，当主拉应力超过混凝土的抗拉强度时，构件就会开裂。

　　掌握纯扭构件开裂扭矩计算时截面上剪应力分布图形以及纯扭和弯剪扭构件抗裂计算方法。矩形截面纯扭构件承载力计算公式是采用半理论半经验方法分析得出，不必强记公式，应理解公式中各符号意义。重点掌握矩形、T 形和工字形截面弯剪扭构件的承载力计算方法。它是采用弯矩作用下单独计算纵向受拉钢筋，而剪力和扭矩共同作用下，仍采用受弯构件的受剪承载力及纯扭构件的受扭承载力计算公式，但二者的混凝土承载力项，分别乘以考虑其相关关系而得出的降低系数。最后，截面中按受弯和受扭计算得出的纵向钢筋相叠加配置纵筋，按受剪和受扭计算得出的箍筋相叠加配置箍筋。

　　扭转是构件的基本受力形式之一，在钢筋混凝土结构中经常遇到。例如，钢筋混凝土框架的边梁（图 8.1(a)）、钢筋混凝土雨篷梁（图 8.1(b)）、单层工业厂房中的吊车梁和螺旋楼梯均受到扭矩的作用。

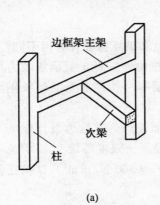

(a)

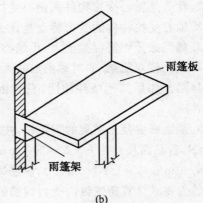

(b)

图 8.1　协调扭转和平衡扭转

　　静定的受扭构件，由荷载产生的扭矩是由构件的静力平衡条件确定而与受扭构件的扭转刚度无关，称为平衡扭转，如雨篷梁和吊车梁。对超静定受扭构件，作用在构件上的扭矩除了静力平衡条件以外，还必须由相邻构件的变形协调条件才能确定的，称为协调扭转,如框架边梁。在工程实际中,处于纯扭矩作用的情况是很少的,绝大多数都是处于弯矩、剪力、扭矩共同作用下的复合受扭情况。

8.1　纯扭构件的试验研究分析

8.1.1　素混凝土纯扭构件

试验表明,长方体试件在扭转作用下,先在构件一个长边侧面的中点 m 附近出现斜裂缝,并沿与构件轴线约成 45°方向迅速延伸到侧面的上下边缘 a、b 两点,随后在顶面和底面上大致沿 45°方向继续延伸到 c、d 两点,最后受压面 c、d 两点连线上的混凝土被压碎,构件断裂破坏,破坏面为一个空间扭曲面,如图 8.2 所示。构件到裂缝出现到破坏的时间很短,表明素混凝土纯扭转构件的破坏是突然的脆性破坏。

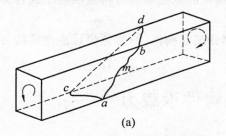
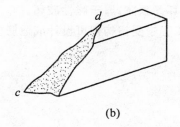

图 8.2　素混凝土纯扭构件的破坏面

8.1.2　钢筋混凝土纯扭构件

裂缝出现前,钢筋混凝土纯扭构件的受力性能,大体上符合圣维南弹性扭转理论。在扭矩较小时,其扭矩－扭转角曲线为直线,扭转刚度与按弹性理论的计算值十分接近,纵筋和箍筋的应力都很小。当扭矩稍大至接近开裂扭矩时,扭矩－扭转角曲线偏离了原直线。

裂缝出现时,由于部分混凝土退出工作,钢筋应力明显增大,特别是扭转角开始显著增大。在带有裂缝的混凝土和钢筋共同组成的新的受力体系中,混凝土受压,受扭纵筋和箍筋均受拉。钢筋混凝土构件截面的开裂扭矩比相应的素混凝土构件约高 10％～30％。

矩形截面钢筋混凝土受扭构件的初始裂缝一般发生在剪应力最大处,即截面长边的中点附近且与构件轴线约成 45°,之后这条初始裂缝逐渐向两边缘延伸并相继出现许多新的螺旋形裂缝,最后,构件由于混凝土和钢筋的应力、应变都不断增大而破坏。

8.1.3　配筋量的影响

受扭构件的破坏形态与受扭纵筋和受扭箍筋配筋率的大小有关,可分为适筋破坏、部分超筋破坏、超筋破坏和少筋破坏 4 类。

1. 适筋破坏

箍筋和纵筋配置适当,破坏前构件上陆续出现多条螺旋裂缝,首先与裂缝相交的箍筋与纵筋都达到屈服,然后裂缝不断加宽最后形成三面开裂一边受压的状态,进而受压混凝土被压碎,破坏有明显的预兆,属于延性破坏。

2. 部分超筋破坏

箍筋和纵筋配置过多,在混凝土被压碎时,只有相对较少的那部分钢筋屈服,另一部分钢筋不能屈服,破坏不是完全脆性。

3. 超筋破坏

箍筋和纵筋配置过多,当混凝土被压碎时,两者均未能达到屈服,破坏无预兆,属于脆性破坏。

4. 少筋破坏

箍筋和纵筋或其中之一配置过少,配筋构件的抗扭承载力与素混凝土构件无本质区别,破坏无预兆,属于脆性破坏。

工程中受扭构件可设计成适筋构件和部分超筋构件,而避免设计成超筋构件和少筋构件。

8.2 纯扭构件承载力

8.2.1 受扭性能

钢筋混凝土纯扭构件裂缝出现以前处于弹性工作阶段,抗扭钢筋的应力很小,可忽略钢筋对开裂扭矩的影响,按素混凝土构件计算。图 8.3 所示为素混凝土矩形截面受扭构件,在扭矩 T 作用下产生剪应力 τ 及相应的主压应力 σ_{cp} 及主拉应力 σ_{tp}。根据平衡关系,主应力在数值上与剪应力相等,方向相差 45°。当主拉应力 σ_{tp} 超过混凝土的抗拉强度时,混凝土将首先在截面长边中点垂直于主拉应力方向开裂。

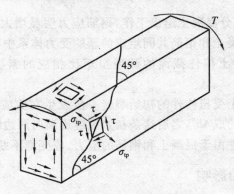

图 8.3 矩形截面受扭构件

对于理想塑性材料,当截面上某点的应力达到极限强度时,构件进入塑性状态。该点应力保持不变,应变可继续增长,荷载可继续增加,直到截面上各点的应力全部达到材料

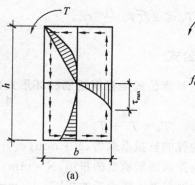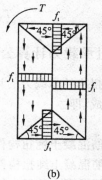

(a)　　　　　　　　　　(b)

图 8.4　扭剪应力分布

的极限强度时,构件达到极限承载力。图 8.4(b)为矩形截面纯扭构件在全塑性状态时的剪应力分布图。截面上的剪应力分为 4 个区域,取 $\tau_{\max} = f_t$,可求得其合力所组成的力偶即总扭矩 T 为

$$T = f_t \frac{b^2}{6}(3h - b) = f_t W_t \tag{8.1}$$

式中　　b—— 矩形截面短边边长,mm;

　　　　h—— 矩形截面长边边长,mm;

　　　　f_t—— 混凝土抗拉强度设计值,N/mm²。

　　由于混凝土既非弹性材料,又非理想塑性材料,而是介于二者之间的弹塑性材料。为了实用方便,可按全塑性状态的截面应力分布计算,乘以一个 0.7 的折减系数。开裂扭矩的计算公式为

$$T_{cr} = 0.7 f_t W_t \tag{8.2}$$

式中　　W_t—— 受扭构件的截面抗扭塑性抵抗矩,mm³。

8.2.2　极限扭矩的分析 —— 变角空间桁架模型

　　试验表明,受扭的素混凝土构件,一旦出现斜裂缝就立即发生破坏。若配置适量的受扭纵筋和箍筋,不但其承载力有较显著的提高,且构件破坏时,具有较好的延性。

　　试验分析和理论研究表明,在裂缝充分发展且钢筋应力接近屈服强度时,截面核心混凝土退出工作,从而实心截面的钢筋混凝土受扭构件可以假想为一箱形截面构件。此时,具有螺旋形裂缝的混凝土外壳、纵筋和箍筋共同组成空间桁架以抵抗扭矩。

　　钢筋混凝土受扭构件承载力以变角度空间桁架模型理论为基础计算。变角度空间桁架模型的基本假定有:

　　(1)混凝土只承受压力,具有螺旋形裂缝的混凝土外壳组成桁架的斜压杆,其倾角为 α;

　　(2)纵筋和箍筋只承受拉力,分别为桁架的弦杆和腹杆;

　　(3)忽略核心混凝土的受扭作用及钢筋的销栓作用。

　　以变角度空间桁架模型理论为基础,得出箍筋拉力和纵筋拉力计算式,由这两式可推导出适筋受扭构件中钢筋的承载力计算公式,即

$$T_s \leqslant 2\sqrt{\zeta} f_{yv} \frac{A_{st1}}{s} A_{cor} \qquad (8.3)$$

8.2.3 受扭承载力计算公式

钢筋混凝土纯扭构件承载力的计算公式是根据适筋破坏形式建立的,由钢筋和混凝土的抗扭承载力组成,即

$$T_u = T_s + T_c \qquad (8.4)$$

式中　T_u—— 钢筋混凝土纯扭构件的抗扭承载力,N·mm;

$\quad\quad T_s$—— 钢筋混凝土纯扭构件钢筋所承受的扭矩,N·mm;

$\quad\quad T_c$—— 钢筋混凝土纯扭构件混凝土所承受的扭矩,N·mm。

根据经验数据分析,《规范》规定钢筋混凝土纯扭构件承载力计算公式为

$$T \leqslant T_c + T_s = 0.35 f_t W_t + 1.2\sqrt{\zeta} f_{yv} \frac{A_{st1}}{s} A_{cor} \qquad (8.5)$$

$$\zeta = \frac{f_y A_{stl} s}{f_{yv} A_{st1} u_{cor}} \qquad (8.6)$$

式中　ζ—— 受扭纵向钢筋与箍筋的配筋强度比值,且应满足 $0.6 \leqslant \zeta \leqslant 1.7$ 的要求,当 $\zeta > 1.7$ 时,取 $\zeta = 1.7$,使纵向钢筋和箍筋能得到充分的利用;

$\quad\quad A_{st1}$—— 抗扭箍筋的单肢截面面积,mm^2;

$\quad\quad A_{stl}$—— 抗扭纵筋的截面面积,mm^2;

$\quad\quad f_{yv}$—— 受扭箍筋的抗拉强度设计值,取值不大于 360 N/mm^2;

$\quad\quad A_{cor}$—— 截面核心部分的面积,$A_{cor} = b_{cor} h_{cor}$,按规范规定 b_{cor}、h_{cor} 分别为从箍筋内表面计算的截面核心部分的短边和长边的尺寸;

$\quad\quad u_{cor}$—— 截面核心部分的周长,$u_{cor} = 2(b_{cor} + h_{cor})$;

$\quad\quad s$—— 受扭箍筋间距。

将公式(8.5)与公式(8.2)和(8.3)比较可以看出,式(8.5)为式(8.2)和式(8.3)的表达式之和,只是系数有所改变。这个系数是在统计试验资料的基础上,考虑了可靠指标的要求,由试验点偏下限得出的。

纯扭构件计算步骤:

(1)假定 ζ 的值,一般取 $\zeta = 1.2$。

(2)根据公式(8.5)计算箍筋用量,即

$$\frac{A_{st1}}{s} = \frac{T - 0.35 f_t W_t}{1.2\sqrt{\zeta} f_{yv} A_{cor}}$$

(3)根据公式(8.6)计算纵筋用量,即

$$A_{stl} = \zeta \frac{A_{st1} f_{yv} u_{cor}}{f_y s}$$

例 8.1　已知一钢筋混凝土矩形截面的纯扭构件,截面尺寸为 $b \times h = 150$ mm × 300 mm,作用其上的扭矩设计值 $T = 3.3$ kN·m,采用的混凝土强度等级为 C25($f_t = 1.27$ N/mm^2),钢筋用 HPB300($f_y = 270$ N/mm^2),试计算其配筋。

解　取保护层厚度为 25 mm,则混凝土核心截面面积为

$$A_{cor}/mm^2 = b_{cor} \times h_{cor} = 100 \times 250 = 25\ 000$$

$$W_t/mm^3 = \frac{b^2}{6}(3h-b) = \frac{150^2}{6}(3 \times 300 - 150) = 28.1 \times 10^5$$

当混凝土取用 C25 时，$f_t = 1.27\ N/mm^2$。取 $\zeta = 1.2$，则

$$\frac{A_{st1}}{s} = \frac{T - 0.35 f_t W_t}{1.2 \sqrt{\zeta} f_{yv} A_{cor}} = \frac{3.3 \times 10^6 - 0.35 \times 1.27 \times 28.1 \times 10^5}{1.2 \sqrt{1.2} \times 270 \times 2.5 \times 10^4} = 0.231$$

设箍筋直径为 $\phi 8$，$A_{st1} = 50.3\ mm^2$，$s/mm = 50.3/0.231 = 217.7$，取 $s = 200\ mm$。

$$A_{stl}/mm^2 = \zeta \frac{A_{st1} \cdot f_{yv} \cdot u_{cor}}{f_y \cdot s} = 1.2 \times \frac{50.3 \times 270 \times 2(100 + 250)}{270 \times 200} = 211.3$$

选用纵筋直径 $\phi 10$，则纵筋所需根数 $211.3/78.5 = 2.7$ 根，取 4 根，对称布置。

8.2.4　带翼缘截面的受扭承载力计算方法

带翼缘的 T 形、工字形、L 形截面纯扭构件的破坏形态和规律与矩形截面纯扭构件相似，腹板的破坏受翼缘影响不大，可将腹板和翼缘分别进行计算。划分的原则是先按截面总高度确定腹板截面，然后再划分受压翼缘及受拉翼缘。为简化计算，按各矩形截面的抗扭塑性抵抗矩的比例来分配截面总扭矩，确定各矩形截面所承担的扭矩，即

腹板

$$T_w = \frac{W_{tw}}{W_t} T \tag{8.7}$$

受压翼缘

$$T'_f = \frac{W'_{tf}}{W_t} T \tag{8.8}$$

受拉翼缘

$$T_f = \frac{W_{tf}}{W_t} T \tag{8.9}$$

式中　T——截面所承受的扭矩设计值，$N \cdot mm$；

　　　W_t——T 形和工字形整个截面的受扭塑性抵抗矩，mm^3；

　　　T_w, T'_f, T_f——分别为腹板、受压翼缘和受拉翼缘所承受的扭矩设计值，
　　　　　　$N \cdot mm$；

　　　W_{tw}, W'_{tf}, W_{tf}——分别为腹板、受压翼缘和受拉翼缘的截面受扭塑性抵抗矩，
　　　　　　mm^3

$$W_{tw} = \frac{b^2(3h-b)}{6} \tag{8.10}$$

$$W'_{tf} = \frac{h'^2_f(b'_f - b)}{2} \tag{8.11}$$

$$W_{tf} = \frac{h^2_f(b_f - b)}{2} \tag{8.12}$$

$$W_t = W_{tw} + W'_{tf} + W_{tf} \tag{8.13}$$

各矩形分块抗扭钢筋所承担的扭矩设计值可按下列规定计算

$$T_{tw} = T_w - 0.35 f_t W_{tw} \tag{8.14}$$

$$T'_{fs} = T'_f - 0.35 f_t W'_{tf} \tag{8.15}$$

$$T_{fs} = T_f - 0.35 f_t W_{tf} \tag{8.16}$$

式中　T_{tw}, T'_{fs}, T_{fs}——分别为腹板、受压翼缘和受拉翼缘抗扭钢筋所承受的扭矩设计值,N·mm。

8.3　弯剪扭构件的承载力

8.3.1　弯扭构件

弯矩和扭矩同时作用的构件称弯扭构件,弯扭构件中扭矩的存在总是使构件的受弯承载力降低,这是因为扭矩的作用使纵筋产生拉应力,加重了受弯构件中纵向受拉钢筋的负担,使其应力提前达到屈服,因而降低了受弯承载力。

要精确计算承受弯扭构件的配筋是比较复杂的,因为弯扭构件的受弯承载力和受扭承载力之间具有相关性,而影响这种相关性的因素很多,如弯扭比、截面高宽比、纵筋与箍筋配筋强度比以及混凝土强度等级等。因此,计算时采用一种简化而偏于安全的处理方法,即将受弯所需纵筋与受扭所需纵筋分别计算然后叠加,如图 8.5 所示。

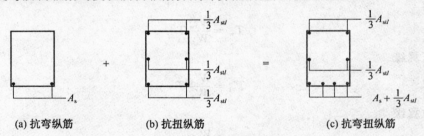

图 8.5　矩形截面弯扭构件纵向钢筋叠加图

8.3.2　剪扭构件

同时受到剪力和扭矩作用的构件称剪扭构件。其承载力总是低于剪力或扭矩单独作用时的承载力。这是因为二者的剪应力在构件一个侧面上是叠加的,其受力性能也是非常复杂的,完全按照二者之间的相关关系进行承载力计算是很困难的。

为方便计算,可采用如下方法:箍筋按受扭承载力和受剪承载力分别计算其用量,然后进行叠加。但混凝土部分在剪扭构件承载力计算中,有一部分被重复利用,过高地估计了其抗力作用。为了防止混凝土的双重利用而降低承载能力,必须考虑其受扭和受剪的相关关系。我国《规范》采用折减系数 β_t 来考虑剪扭共同作用的影响。β_t 的计算公式为

$$\beta_t = \frac{1.5}{1 + 0.5 \dfrac{VW_t}{Tbh_0}} \tag{8.17}$$

对以集中荷载为主的矩形截面混凝土剪扭构件(包括作用多种荷载,且其中荷载对支座截面或节点边缘产生的剪力值占总剪力值的 75% 以上的情况),上式可改为

$$\beta_t = \frac{1.5}{1 + 0.2(\lambda + 1)\dfrac{VW_t}{Tbh_0}} \tag{8.18}$$

式中　λ—— 计算截面的剪跨比，$1.4 \leqslant \lambda \leqslant 3$。

以上两式均要求 $0.5 \leqslant \beta_t \leqslant 1.0$。

矩形截面剪扭构件承载力按下式计算：

受剪承载力计算公式

$$V \leqslant 0.7(1.5 - \beta_t) f_t bh_0 + f_{yv}\frac{A_{sv}}{s}h_0 \tag{8.19}$$

对集中荷载作用下的矩形截面混凝土剪扭构件，则改为下式计算

$$V \leqslant (1.5 - \beta_t)\frac{1.75}{\lambda + 1}f_t bh_0 + f_{yv}\frac{A_{sv}}{s}h_0 \tag{8.20}$$

受扭承载力计算公式

$$T \leqslant 0.35\beta_t f_t W_t + 1.2\sqrt{\zeta}f_{yv}\frac{A_{st1}}{s}A_{cor} \tag{8.21}$$

8.3.3　《规范》的弯剪扭构件配筋计算方法及构造要求

1. 弯剪扭构件计算步骤

（1）验算截面尺寸

构件截面尺寸应满足下列条件

$$\frac{V}{bh_0} + \frac{T}{0.8W_t} \leqslant 0.25\beta_c f_c \tag{8.22}$$

式中　β_c—— 混凝土的强度影响系数。

如不满足上式条件，则加大截面尺寸或提高混凝土等级。

（2）确定计算方法

先判断截面上弯矩、剪力、扭矩中某种内力是否过小，可忽略不计，即对构件进行计算时可不考虑该项内力。

① 当满足下列条件时：

$$V \leqslant 0.35f_t bh_0 \tag{8.23}$$

且以集中荷载为主的构件满足下式时

$$V \leqslant \frac{0.875}{\lambda + 1}f_t bh_0 \tag{8.24}$$

可以忽略剪力的影响，仅按弯扭构件考虑。

② 当满足下列条件时：

$$T \leqslant 0.175f_t W_t \tag{8.25}$$

可忽略扭矩的影响，仅按受弯构件的正截面和斜截面承载力来计算。

③ 当符合下列条件时：

$$\frac{V}{bh_0} + \frac{T}{W_t} \leqslant 0.7f_t \tag{8.26}$$

则不需对构件进行剪扭承载力计算，只需对受弯构件正截面进行计算。这时仅对箍筋和

抗扭纵筋按构造要求配置。

④ 若以上条件均不符合,则按弯剪扭构件来进行计算。

(3) 弯剪扭构件的承载力计算

① 确定箍筋数量

抗剪箍筋

$$\frac{A_{sv}}{s} = \frac{V - 0.7(1.5 - \beta_t) f_t b h_0}{f_{yv} h_0} \quad (8.27)$$

或

$$\frac{A_{sv}}{s} = \frac{V - 1.75(1.5 - \beta_t) f_t b h_0 / (\lambda + 1)}{f_{yv} h_0} \quad (8.28)$$

抗扭箍筋

$$\frac{A_{st1}}{s} = \frac{T - 0.35\beta_t f_t W_t}{1.2\sqrt{\zeta} f_{yv} A_{cor}} \quad (8.29)$$

箍筋总量 $\frac{A_{sv}}{s} + \frac{A_{st1}}{s} = \frac{A_{sv1}^*}{s}$,并验算配箍率 $\rho_{sv} = \frac{n A_{sv1}^*}{bs} \geqslant 0.28 \frac{f_t}{f_{yv}}$。

② 确定纵筋数量

先计算抗扭纵筋数量,将上面求得单肢抗扭箍筋量 $\frac{A_{st1}}{s}$ 代入式(8.6),取 $\zeta = 1.2$,即可求出抗扭纵筋的截面面积

$$A_{stl} = \frac{\zeta f_{yv} A_{st1} U_{cor}}{f_y s}$$

并按下式验算抗扭纵筋的最小配筋率

$$\rho_{tl} = \frac{A_{stl}}{bh} \geqslant \rho_{tl, min} = 0.6 \sqrt{\frac{T}{Vb}} \frac{f_t}{f_y}$$

式中,$\frac{T}{Vb} > 2$ 时,取 $\frac{T}{Vb} = 2$。

再按受弯构件进行正截面承载力计算,求抗弯纵筋的数量 A_s,并验算其最小配筋率。将抗扭纵筋截面面积 A_{stl} 与抗弯纵筋截面面积 A_s 叠加。

2. 构造要求

(1) 截面限制条件

为了避免受扭构件配筋过多发生完全超筋破坏,《规范》规定了构件截面承载力的上限,即受扭构件截面尺寸和混凝土强度等级应符合下式要求,否则应增大截面尺寸或提高混凝土强度等级。

当 $\frac{h_w}{b} \leqslant 4$ 时,$\frac{V}{bh_0} + \frac{T}{0.8W_t} \leqslant 0.25\beta_c f_c$;

当 $\frac{h_w}{b} = 6$ 时,$\frac{V}{bh_0} + \frac{T}{0.8W_t} \leqslant 0.2\beta_c f_c$;

当 $4 < \frac{h_w}{b} < 6$ 时,用内插法计算;

当 $\frac{h_w}{b} > 6$ 时,受扭构件的截面尺寸条件应符合专门规定。

（2）最小配筋率

为了防止构件发生少筋破坏，在弯剪扭构件中纵向钢筋和箍筋的配筋率应符合最小配筋率要求。

$$配箍率\ \rho_{sv} = \frac{nA_{sv1}^*}{bs} \geqslant 0.28\frac{f_t}{f_{yv}}$$

抗弯钢筋的最小配筋率按第 4 章规定计算，抗扭纵筋的最小配筋率 $\rho_{tl} = \dfrac{A_{stl}}{bh} \geqslant \rho_{tl,\,min} = 0.6\sqrt{\dfrac{T}{Vb}}\dfrac{f_t}{f_y}$，式中 $\dfrac{T}{Vb} > 2$ 时，取 $\dfrac{T}{Vb} = 2$。

例 8.2　已知一均布荷载作用下钢筋混凝土 T 形截面弯剪扭构件，截面尺寸 $b_f' = 400\ mm$、$h_f' = 80\ mm$、$b \times h = 200\ mm \times 450\ mm$。构件所承受的弯矩设计值 $M = 54\ kN \cdot m$，剪力设计值 $V = 64\ kN$，扭矩设计值 $T = 6\ kN \cdot m$。采用混凝土 C20（$f_c = 9.6\ N/mm^2$、$f_t = 1.1\ N/mm^2$），箍筋采用 HPB300 级钢筋（$f_y = 270\ N/mm^2$），纵筋采用 HRB335 级钢筋（$f_y = 300\ N/mm^2$），试计算其配筋。

解　1. 验算截面尺寸

$h_0/mm = 450 - 35 = 415$

$$W_{tw}/mm^3 = \frac{b^2(3h-b)}{6} = \frac{200^2}{6} \times (3 \times 450 - 200) = 76.7 \times 10^5$$

$$W'_{tf}/mm^3 = \frac{h_f'^2(b_f'-b)}{2} = \frac{80^2}{2} \times (400 - 200) = 6.4 \times 10^5$$

$$W_t/mm^3 = W_{tw} + W'_{tf} = (76.7 + 6.4) \times 10^5 = 83.1 \times 10^5$$

$$\frac{h_w}{b} = \frac{415 - 80}{200} = 1.675 < 4$$

$$\left(\frac{V}{bh_0} + \frac{T}{0.8W_t}\right)/(N \cdot mm^{-2}) = \frac{64 \times 10^3}{200 \times 415} + \frac{6 \times 10^6}{0.8 \times 83.1 \times 10^5} = 1.67$$

$$0.25\beta_c f_c/(N \cdot mm^{-2}) = 0.25 \times 1.0 \times 9.6 = 2.4,\ \frac{V}{bh_0} + \frac{T}{0.8W_t} \leqslant 0.25\beta_c f_c$$

截面尺寸满足要求。

2. 确定计算方法

$V = 64 \times 10^3\ N > 0.35f_t bh_0 = (0.35 \times 1.1 \times 200 \times 415)N = 32 \times 10^3\ N$，故应考虑剪力的影响。

$T = 6 \times 10^6\ N \cdot mm > 0.175f_t W_t = (0.175 \times 1.1 \times 83.1 \times 10^5)N \cdot mm = 1.6 \times 10^6\ N \cdot mm$，故应考虑扭矩的影响。

$$\frac{V}{bh_0} + \frac{T}{W_t} = \left(\frac{64 \times 10^3}{200 \times 415} + \frac{6 \times 10^6}{83.1 \times 10^5}\right)N/mm^2 =$$

$$1.493\ N/mm^2 > 0.7f_t = 0.7 \times 1.1\ N/mm^2 = 0.77\ N/mm^2$$

故需按计算配置受扭钢筋。

因此，该构件按弯剪扭构件计算。

3. 确定箍筋数量

(1) 腹板配筋

$$A_{cor}/mm^2 = b_{cor} \times h_{cor} = 150 \times 400 = 0.6 \times 10^5$$

$$u_{cor}/mm = 2(b_{cor} + h_{cor}) = 2 \times (150 + 400) = 1\ 100$$

$$\beta_t = \frac{1.5}{1 + 0.5 \dfrac{V}{T} \cdot \dfrac{W_t}{bh_0}} = \frac{1.5}{1 + 0.5 \times \dfrac{6.4 \times 10^4}{5.54 \times 10^6} \times \dfrac{76.7 \times 10^5}{200 \times 415}} = 0.976$$

对腹板 $T_w/(kN \cdot m) = \dfrac{W_{tw}}{W_t} T = \dfrac{76.7 \times 10^5}{83.1 \times 10^5} \times 6.0 = 5.54$

对弯曲受压翼缘 $T'_f/(kN \cdot m) = \dfrac{W'_{tf}}{W_t} T = \dfrac{6.4 \times 10^5}{83.1 \times 10^5} \times 6.0 = 0.46$

取 $\zeta = 1.3$，得

① 抗扭箍筋

$$\frac{A_{st1}}{s} = \frac{T - 0.35\beta_t f_t W_t}{1.2\sqrt{\zeta} f_{yv} A_{cor}} = \frac{5.54 \times 10^6 - 0.35 \times 0.976 \times 1.1 \times 76.7 \times 10^5}{1.2\sqrt{1.3} \times 210 \times 0.6 \times 10^5} = 0.154$$

② 抗剪箍筋

$$\frac{A_{sv}}{s} = \frac{V - 0.7(1.5 - \beta_t) f_t bh_0}{f_{yv} h_0} =$$

$$\frac{64\ 000 - 0.7(1.5 - 0.976) \times 200 \times 415 \times 1.1}{270 \times 415} = 0.272$$

故得腹板单肢箍筋单位间距所需总面积为

$$\frac{A^*_{sv1}}{s} = 0.154 + \frac{0.272}{2} = 0.29$$

取箍筋直径为 $\phi 8 (A_{st1} = 50.3\ mm^2)$，则得箍筋间距为

$$s/mm = \frac{A_{st1}}{\dfrac{A^*_{sv1}}{s}} = \frac{50.3}{0.29} = 173，取用\ s = 160\ mm$$

配箍率：$\rho_{sv} = \dfrac{A_{sv}}{bs} = \dfrac{2 \times 50.3}{200 \times 160} = 0.314\%$

最小配箍率：$\rho_{sv,min} = 0.28 \dfrac{f_t}{f_{yv}} = 0.28 \times \dfrac{1.1}{270} = 0.114\%$

$\rho_{sv} > \rho_{sv,min}$，配箍率满足要求。

(2) 翼缘配筋

$A_{cor}/mm^2 = b_{cor} \times h_{cor} = 150 \times 30 = 4\ 500$

$u_{cor}/mm = 2(b_{cor} + h_{cor}) = 2 \times (150 + 30) = 360$

取 $\zeta = 1.5$，得

$$\frac{A_{st1}}{s} = \frac{4.6 \times 10^5 - 0.35 \times 6.4 \times 10^5 \times 1.1}{1.2\sqrt{1.5} \times 210 \times 0.045 \times 10^5} = 0.154$$

取箍筋直径为 $\phi 8 (A_{st1} = 50.3\ mm^2)$，则得箍筋间距

$$s/mm = \frac{50.3}{0.154} = 327，选用\ s = 160\ mm$$

配箍率：$\rho_{sv} = \dfrac{A_{sv}}{(b'_f - b)s} = \dfrac{2 \times 50.3}{200 \times 160} = 0.314\%$

最小配箍率：$\rho_{sv,min} = 0.28 \dfrac{f_t}{f_{yv}} = 0.28 \times \dfrac{1.1}{270} = 0.114\%$

$\rho_{sv} > \rho_{sv,min}$，配箍率满足要求。

4. 确定纵筋数量

（1）腹板配筋

抗弯纵筋：因 $a_1 f'_c b'_f h'_f \left(h_0 - \dfrac{h'_f}{2}\right)/(\text{kN} \cdot \text{m}) = 1.0 \times 9.6 \times 400 \times 80 \times \left(415 - \dfrac{80}{2}\right) =$

$115.2 > 54$ kN·m，故属于第一类 T 形截面。

$$\alpha_s = \frac{M}{\alpha_1 f_c b'_f h_0^2} = \frac{54 \times 10^6}{1.0 \times 9.6 \times 400 \times 415^2} = 0.082$$

查表 4.4 可得，$\xi = 0.086 < \xi_b = 0.550$

$$A_s/\text{mm}^2 = \frac{\alpha_1 f_c b h_0 \xi}{f_y} = \frac{1.0 \times 9.6 \times 400 \times 0.086 \times 415}{300} = 457$$

抗扭纵筋：$A_{stl}/\text{mm}^2 = 1.3 \times \dfrac{50.3 \times 270 \times 1\,100}{270 \times 171} = 421$

弯曲受压区所需纵筋总面积为 $A'_s/\text{mm}^2 = \dfrac{421}{2} = 211$，选用 2 φ 12（$A'_s = 226$ mm²）

弯曲受拉区所需纵筋总面积为 $A_s/\text{mm}^2 = 457 + \dfrac{421}{2} = 668$，选用 3 φ 18（$A_s = 763$ mm²）

抗弯纵筋配筋率：$\rho = \dfrac{A_s}{bh_0} = \dfrac{457}{200 \times 415} = 0.551\%$

最小抗弯配筋率：$\rho_{min} = 0.45 \dfrac{f_t}{f_y} = 0.45 \times \dfrac{1.1}{300} = 0.165\% < 0.2\%$

$\rho > \rho_{min} = 0.2\%$，纵筋配筋率满足要求。

抗扭纵筋配筋率：$\rho_{st} = \dfrac{A_{stl}}{bh} = \dfrac{421}{200 \times 450} = 0.47\%$

最小抗扭配筋率：$\rho_{st,min} = 0.6 \sqrt{\dfrac{T_w}{Vb}} \dfrac{f_t}{f_y} = 0.6 \times \sqrt{\dfrac{5.54 \times 10^6}{64 \times 10^3 \times 200}} \dfrac{1.1}{300} = 0.144\%$

$\rho_{st} \geqslant \rho_{st,min}$，抗扭纵筋满足要求。

（2）翼缘配筋

$$A_{stl}/\text{mm}^2 = 1.5 \times \frac{50.3 \times 270 \times 360}{270 \times 327} = 83$$

翼缘纵筋按构造要求配置，选用 4 φ 8

$$A_{stl}/\text{mm}^2 = 4 \times 50.3 = 201.2 > 83 \text{ mm}^2$$

抗扭纵筋配筋率：$\rho_{st} = \dfrac{A'_{stl}}{(b'_f - b)h'_f} = \dfrac{201.2}{200 \times 80} = 1.26\%$

$$\sqrt{\frac{T'_f}{Vb}} > 2，取 \sqrt{\frac{T'_f}{Vb}} = 2$$

抗扭纵筋最小配筋率：$\rho_{st,min} = 0.6\sqrt{\dfrac{T'_f}{Vb}}\dfrac{f_t}{f_y} = 0.6 \times \sqrt{2}\,\dfrac{1.1}{300} = 0.31\%$

$\rho_{st} \geqslant \rho_{st,min}$，抗扭纵筋满足要求。

8.4 受扭构件的配筋构造要求

8.4.1 箍筋构造要求

从受力性能上看，受扭箍筋在整个周边上均匀受拉，为保证其充分发挥作用，受扭箍筋应做成封闭的。当采用绑扎骨架时，应将箍筋末端弯折成135°，并且嵌入混凝土核心区至少 $10d$（d 为箍筋直径）。此外，箍筋的直径和间距还应符合受弯构件对箍筋的有关规定。

在超静定结构中，箍筋间距不宜大于 $0.75b$（b 为矩形截面或 T 形、工字形截面的腹板宽度）。

8.4.2 纵向钢筋构造要求

受扭构件的抗扭纵筋应尽可能沿周边均匀对称布置，间距不应大于 200 mm，也不应大于截面短边尺寸，在截面的四角必须设置抗扭纵筋。当受扭纵筋按计算确定时，则其接头和锚固均应按受拉钢筋的有关规定处理。

小 结

1. 尽管受扭构件开裂之后混凝土达到破坏，但在钢筋混凝土受扭构件中，由于钢筋的存在，混凝土斜裂缝受到抑制而不能自由开展，斜裂缝之间的混凝土犹如桁架的斜压杆，能承担一部分扭矩。由钢筋和混凝土承担扭矩之和，构架了钢筋混凝土纯扭构件承载力计算公式。

2. 对于配筋的纯扭矩形截面，欲使抗扭纵筋和箍筋能得到充分利用，其数量和强度的配比 ζ 应有一定的范围，其值为 $0.6 \leqslant \zeta \leqslant 1.7$。

3. 与受弯构件一样，为防止受扭构件超筋和少筋的破坏，计算公式也给出了两个限制条件。受扭钢筋应按照在两个方向各自对称、均匀布置的原则进行设置。由于箍筋在整个周长上均受到拉力，因此箍筋在构造上必须封闭严紧。

4. 对于弯剪扭构件，由于扭矩和剪力产生的剪应力是在同一方向，故混凝土承担的剪力被重复利用，应予降低，也即将混凝土承担的扭矩乘以小于 1.0 的降低系数 β。箍筋可由扭矩和剪力分别计算然后叠加；纵向钢筋亦由弯矩和扭矩分别计算，然后在各自位置上叠加。

5. 为计算方便，对于弯剪扭构件，当扭矩较小时，可忽略受扭的影响，按受弯构件计算钢筋；当剪力较小时，仅按弯、扭构件计算钢筋。

练习题

1. 在设计钢筋混凝土受扭构件时,怎样才能避免出现少筋构件和完全超筋构件?

2. 试说明受扭构件承载力计算公式中 ζ 的物理意义,《规范》规定 ζ 的限制范围是多少?

3. 纯扭构件中,当 $T \leqslant 0.7 f_t W_t$ 时,应如何配筋?

4. 弯剪扭构件当 $V/bh_0 + T/W_t \leqslant 0.7 f_t$ 时,应如何配筋?

5. 试说明《规范》采用的弯剪扭构件的简化计算原则。

6. 受扭构件中对抗扭钢筋有哪些构造要求?

7. 雨篷剖面如图所示,雨篷板上承受均布荷载(已包括板的自身重力)$q = 3.6 \text{ kN/m}^2$(设计值),在雨篷自由端沿板宽方向每米承受活荷载 $p = 1.4 \text{ kN/m}$(设计值)。雨篷梁截面尺寸 240 mm × 240 mm,计算跨度 2.5 m。采用混凝土强度等级为 C30,箍筋采用 HPB300 级钢筋,纵筋采用 HRB400 级钢筋,环境类别为二类。经计算知:雨篷梁弯矩设计值 $M = 14 \text{ kN} \cdot \text{m}$,剪力设计值 $V = 16 \text{ kN}$,试确定雨篷梁的配筋数量。

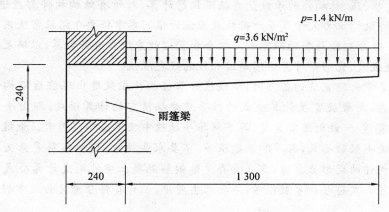

习题 7 图

8. 一个承受均布荷载作用的矩形截面弯剪扭构件,其截面尺寸如下:$b \times h = 250 \text{ mm} \times 600 \text{ mm}$,承受的扭矩设计值 $T = 20 \text{ kN} \cdot \text{m}$,剪力设计值 $V = 68 \text{ kN}$,弯矩设计值为 $M = 100 \text{ kN} \cdot \text{m}$,所采用的混凝土强度等级为 C20($f_c = 9.6 \text{ N/mm}^2, f_t = 1.1 \text{ N/mm}^2$),纵筋采用 HRB400 级钢筋($f_y = 360 \text{ N/mm}^2$),箍筋采用 HPB300 级钢筋($f_{yv} = 270 \text{ N/mm}^2$),试设计该构件。

9. 一承受均布荷载作用的 T 形截面弯剪扭构件,截面尺寸如下:$b = 200 \text{ mm}, h = 450 \text{ mm}, b_f' = 400 \text{ mm}, h_f' = 80 \text{ mm}$,承受的扭矩设计值 $T = 8 \text{ kN} \cdot \text{m}$,剪力设计值 $V = 45 \text{ kN}$,弯矩设计值 $M = 70 \text{ kN} \cdot \text{m}$,混凝土强度等级为 C20($f_c = 9.6 \text{ N/mm}^2, f_t = 1.1 \text{ N/mm}^2$),纵向钢筋采用 HRB335 级钢筋($f_y = 300 \text{ N/mm}^2$),箍筋采用 HPB300 级钢筋($f_{yv} = 270 \text{ N/mm}^2$),试设计该构件。

第**9**章

钢筋混凝土构件的变形、裂缝和耐久性

【学习要点】

弯（剪）、扭、压、拉构件的承载能力极限状态计算，对所有结构构件都应进行计算，使满足结构构件设计抗力大于或等于荷载效应设计值。本章将要介绍正常使用极限状态验算，结构构件应分别按荷载的短期效应组合和长期效应组合进行验算，以满足结构构件的使用要求，使裂缝、变形等计算值不超过相应的规定限值。

在学习本章裂缝宽度的验算时，必须很好掌握构件在裂缝出现前后沿构件长度各截面的应力状态，对裂缝宽度计算公式的推导只要搞清它的计算模式，即由平均裂缝间距—平均裂缝宽度—最大裂缝宽度，再了解推导过程中应考虑哪些因素。裂缝宽度计算公式实为半理论半经验公式，符号和系数很多，不要求去硬记，但对各符号意义必须掌握。在学习受弯构件的变形验算时，重点要弄清楚钢筋混凝土梁的刚度计算公式是如何导出的。刚度计算公式符号和系数很多，不要求去硬记，但对各符号意义必须掌握。

9.1 变形和裂缝的计算要求

钢筋混凝土结构构件，除应进行承载力计算外，还应根据结构构件的工作条件或使用要求，进行正常使用极限状态的验算，即对使用上需控制变形值的结构构件应进行变形验算，对使用上允许出现裂缝的构件应进行裂缝宽度验算，以满足结构构件的适用性和耐久性的要求。

控制挠度主要基于以下 4 个理由：

（1）结构构件挠度过大会损坏其使用功能，如屋面积水、渗漏，影响仪器正常使用等。

（2）板挠度过大会使其所支承构件非承重墙装修脱落，墙体开裂，甚至压碎。

（3）根据经验，人们能够承受的最大挠度大致为 $l_0/250$（l_0 为构件计算跨度），超过这个限度就会引起用户的关注和不安。

（4）梁端转角过大将改变其支承面积和支承反力的作用位置并可能危及砖墙（板）的

稳定,墙体产生沿楼板的水平裂缝。构件挠度过大,在可变荷载作用下会发生颤动,产生动力效应,使结构内力增大,甚至发生共振。

限制裂缝开裂宽度主要基于下列 2 个理由:

(1) 外观要求。外观是评价结构质量的重要因素,而裂缝开裂过宽有损结构外观,令人产生不安全感。

(2) 耐久性要求。近年来国内对处于室内正常环境条件下的钢筋混凝土构件最大裂缝观测结果以及国外的一些工程调查结果均表明,不论裂缝宽度大小、使用时间的长短、地区湿度的差异,凡钢筋上不出现结露或水膜,则其裂缝处钢筋基本上未发现明显的锈蚀痕迹。故就耐久性要求而言,对于处于这种环境条件下的钢筋混凝土一般构件,其裂缝宽度的允许值可予适当放宽。而对处于露天或室内高温环境的钢筋混凝土构件,观测结果表明,裂缝处钢筋都有不同程度的去皮锈蚀,当裂缝宽度大于 0.2 mm 时,裂缝处钢筋有轻微的表皮锈蚀。

因此,规范有如下规定。

1. 受弯构件的挠度应满足下列条件

$$f_{max} \leqslant [f] \tag{9.1}$$

式中　f_{max}—— 受弯构件的最大挠度,应按荷载效应的标准组合或准永久组合并考虑长期作用影响进行计算;

　　　$[f]$—— 受弯构件的挠度限值,按表 9.1 采用。

表 9.1　受弯构件的允许挠度 $[f]$

项次	构件类型		允许挠度(以计算跨度计算)
1	吊车梁	手动	$l_0/500$
		电动	$l_0/600$
2	屋盖、楼盖及楼梯构件	$l_0 < 7$ m 时	$l_0/200(l_0/250)$
		$7 \leqslant l_0 \leqslant 9$ m 时	$l_0/250(l_0/300)$
		$l_0 > 9$ m 时	$l_0/300(l_0/400)$

注:① 表中 l_0 为构件的计算跨度。

　② 表中括号内的数据适用于使用上对挠度有较高要求的构件。

　③ 如果构件制作时预先起拱,且使用上也允许,则在验算挠度时,可将计算所得的挠度值减去反拱值;对预应力混凝土构件,尚可减去预加力所产生的反拱值。

　④ 计算悬臂构件的挠度限值时,其计算跨度 l_0 按实际悬臂长度的 2 倍取用。

2. 钢筋混凝土构件的裂缝宽度,应满足下列条件

$$\omega_{max} \leqslant \omega_{min} \tag{9.2}$$

式中　ω_{max}—— 在荷载的标准组合下或准永久组合,并考虑长期作用影响的最大裂缝宽度;

　　　ω_{min}—— 裂缝宽度限值,依环境类别按表 9.2 取值。

表 9.2　结构构件的裂缝控制等级和最大裂缝宽度限值　　　　　　mm

环境类别	钢筋混凝土		预应力混凝土	
	裂缝控制等级	最大裂缝宽度限值	裂缝控制等级	最大裂缝宽度限值
一	三	0.3(0.4)	三	0.2
二	三	0.2	二	—
三	三	0.2	—	—

注：① 对处于年平均相对湿度小于 60% 地区一类环境中的受弯构件,其最大裂缝宽度可采用括号内的数值。

② 在一类环境中,对钢筋混凝土屋架、托架及需作疲劳验算的吊车梁,其最大裂缝宽度限值应取 0.2 mm;对钢筋混凝土屋面梁和托架,其最大裂缝宽度限值应取 0.3 mm。

③ 在一类环境中,对预应力混凝土屋面梁、托梁、屋架、托架、屋面板和楼板,应按二级裂缝控制等级进行验算;在一类和二类环境中,对需做疲劳验算的预应力混凝土吊车梁,应按裂缝控制等级不低于二级的构件进行验算。

④ 表中规定的预应力混凝土构件等级和最大裂缝宽度限值仅取适用于正截面的验算;预应力混凝土构件的斜截面裂缝控制验算应符合正常使用极限状态验算。

9.2　变形验算

9.2.1　受弯构件的刚度

结构或结构构件受力后将在截面上产生内力,并使截面产生变形。截面上的材料抵抗内力的能力就是截面承载力;抵抗变形的能力就是截面刚度。对于承受弯矩 M 的截面来说,抵抗截面转动的能力就是截面弯曲刚度。截面的转动是以截面曲率 φ 来度量的,因此截面弯曲刚度就是使截面产生单位曲率需要施加的弯矩值。

1. 短期截面弯曲刚度 B_s

截面弯曲刚度不仅随弯矩(荷载)的增大而减小,而且还将随荷载作用时间的增长而减小。这里先介绍不考虑时间因素的短期截面弯曲刚度,记作 B_s。

(1) 裂缝出现后刚度的计算公式

图 9.1 所表示为纯弯矩段内弯矩 $M_k = 0.5M_u^0 \sim 0.7M_u^0$ 时,测得的钢筋和混凝土的应变情况:

① 对于开裂后的钢筋混凝土来说,沿构件长度方向各截面的应力和应变都是变化的。裂缝截面钢筋的应力 σ_{sk} 及应变 ε_s 最大。

② 裂缝之间,由于混凝土参加工作而使钢筋的应力及应变均有不同变化。它们将随离裂缝截面距离的增大而减小。在两条裂缝之间,钢筋应变的平均值为 ε_{sm}。

③ 在裂缝截面,混凝土受压区边缘的应力 σ_c 及应变 ε_c 最大。而在裂缝之间,受压区边缘混凝土的应力及应变也是变化的,可用受压区边缘混凝土应变不均匀系数 ψ_c 来加以反映,即在两条裂缝之间受压区边缘混凝土的平均应变为 $\varepsilon_{cm} = \psi_c \varepsilon_c$。但因此时混凝土受压区已出现一定的塑性变形,其变形模量随压应力的增大而减小,混凝土压应力的变化与

应变并不成正比关系。

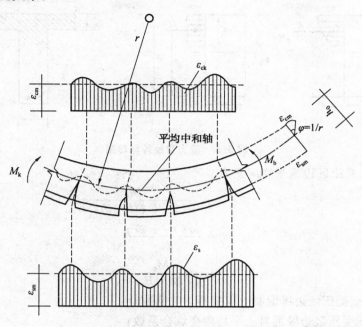

图 9.1　纯弯段内的平均应变

综上所述,开裂后纯弯段的中和轴位置也是沿着构件纵轴呈波浪起伏变化的。但在钢筋屈服前,对于平均中和轴而言,沿截面高度测量的平均应变仍然符合平截面假定。

因此,对于开裂后的钢筋混凝土构件,可采用下式计算刚度,即

$$B_s = \frac{M_k}{\varphi} = \frac{M_k h_0}{\varepsilon_{sm} + \varepsilon_{cm}} \tag{9.3}$$

式中　　B_s——在荷载效应标准组合作用下受弯构件的短期刚度;

　　　　M_k——按荷载效应标准组合计算的弯矩值;

　　　　φ——截面曲率;

　　　　h_0——截面的有效高度;

　　　　$\varepsilon_{sm}, \varepsilon_{cm}$——分别为纵向受拉钢筋重心处的平均拉应变和受压区边缘混凝土的平均压应变,第二个下标"m"表示平均值。

(2) 平均应变 ε_{sm} 和 ε_{cm}

① 平均应变 ε_{cm}

如图 9.2 所示,在裂缝截面上,受压区混凝土应力图形为曲线形(边缘应力为 σ_c),可化简为矩形图形进行计算,其折算高度为 ξh_0,应力图形丰满系数为 ω。对 T 形截面,混凝土的计算受压区面积为 $(b'_f - b)h'_f + b\xi h_0$,而受压区合力应为 $\omega \sigma_c (\gamma'_f + \xi) b h_0$;其中 $\gamma'_f = \dfrac{(b'_f - b)h'_f}{b h_0}$。

则

$$\sigma_c = \frac{M_q}{\omega(\gamma'_f + \xi) b h_0 \eta h_0} \tag{9.4}$$

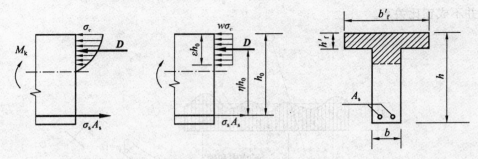

图 9.2　应力变换计算简图

故混凝土受压区边缘平均应变为

$$\varepsilon_{cm} = \psi_c \varepsilon_c = \psi_c \frac{M_q}{\omega(\gamma'_f + \xi) b h_0 \eta h_0 \gamma E_c} \tag{9.5}$$

令

$$\zeta = \frac{\omega \gamma (\gamma'_f + \xi) \eta}{\psi_c}$$

则

$$\varepsilon_{cm} = \frac{M_q}{\zeta b h_0^2 E_c} \tag{9.6}$$

式中　ψ_c—— 受压区边缘混凝土应变不均匀系数；

ζ—— 受压区边缘混凝土平均应变综合系数；

γ—— 混凝土弹性系数，$\gamma = \varepsilon_e / \varepsilon_c$；

η—— 裂缝截面处的内力臂系数。

② 平均应变 ε_{sm}

图 9.2 对受压区合压力取矩，可得裂缝截面处纵向受拉钢筋的应力

$$\sigma_{sq} = \frac{M_q}{A_s \eta h_0} \tag{9.7}$$

式中　η—— 裂缝截面处的内力臂系数，研究表明，对常用的混凝土强度等级及配筋率，可近似地取 $\eta = 0.87$。

纵向受拉钢筋的平均应变 ε_{sm} 可以由裂缝截面处纵向受拉钢筋的应变 ε_{sk} 来表示，即

$$\varepsilon_{sm} = \psi \varepsilon_{sm} = \psi \frac{\sigma_{sq}}{E_s} = \psi \frac{M_q}{A_s \eta h_0 E_s} = 1.15 \psi \frac{M_q}{A_s h_0 E_s} \tag{9.8}$$

式中　ψ—— 裂缝间纵向受拉钢筋的应变不均匀系数。

$$\psi = 1.1 - 0.65 \frac{f_{tk}}{\rho_{te} \sigma_{sq}} \tag{9.9}$$

其中，$\rho_{te} = \dfrac{A_s}{A_{te}}$，当 $\rho_{te} < 0.01$ 时，取 $\rho_{te} = 0.01$。

③ B_s 计算公式

将公式(9.6)及公式(9.8)代入公式(9.3)并简化后，即得出在荷载准永久组合作用下钢筋混凝土受弯构件短期刚度计算公式的基本形式为

$$B_s = \frac{E_s A_s h_0^2}{\dfrac{\psi}{\eta} + \dfrac{\alpha_E \rho}{\zeta}} \tag{9.10}$$

式中　ρ——纵向受拉钢筋配筋率，$\rho = A_s / (bh_0)$。

此外，根据经验资料回归分析，$\dfrac{\alpha_E \rho}{\zeta}$ 可按下式计算

$$\frac{\alpha_E \rho}{\zeta} = 0.2 + \frac{6\alpha_E \rho}{1 + 3.5\gamma'_f} \tag{9.11}$$

这样，可得《规范》中规定的在荷载标准组合作用下受弯构件短期刚度的计算公式为

$$B_s = \frac{E_s A_s h_0^2}{1.15\psi + 0.2 + \dfrac{6\alpha_E \rho}{1 + 3.5\gamma'_f}} \tag{9.12}$$

2. 长期截面弯曲刚度 B

在荷载长期作用下，构件截面弯曲刚度将会降低，导致构件的挠度增大。在实际工程中，总是有部分长期荷载作用在构件上，因此计算挠度时必须采用按荷载效应的标准组合并考虑荷载效应的长期作用影响的刚度 B。

计算荷载长期作用对梁挠度影响的方法有多种，第一类方法为用不同方式及在不同程度上考虑混凝土徐变及收缩的影响以计算长期刚度，或直接计算由于荷载长期作用而产生的挠度增长和由收缩而引起的翘曲；第二类方法是用根据试验结果确定的挠度增大系数来计算长期刚度。我国《规范》采用第二种方法。

前已述及，在梁的受压区配置纵向钢筋的多少及构件所处环境的湿度条件，都会对荷载长期作用下梁的挠度增长产生影响。国内的试验表明，受压钢筋对荷载短期作用下的挠度影响较小，但对荷载长期作用下受压区混凝土的徐变以至梁的挠度增长起着抑制作用。抑制的程度与受压钢筋和受拉钢筋的相对数量有关，与混凝土龄期也有关。对早龄期的梁，受压钢筋对减小梁的挠度作用大些。

目前由于缺乏资料，《规范》根据推导建议对按荷载标准组合并考虑长期作用对挠度影响的矩形、T 形、倒 T 形和工字形截面受弯构件的刚度 B 按下式计算

$$B = \frac{M_k}{M_q(\theta - 1) + M_k} \cdot B_s \tag{9.13}$$

式中　M_q——按荷载的准永久组合计算的弯矩值；

　　　θ——考虑荷载长期作用对挠度增长的影响系数。

对 θ 的取值可根据纵向受压钢筋配筋率 ρ'（$\rho' = A_s / bh_0$）与纵向受拉钢筋配筋率 ρ（$\rho = \dfrac{A_s}{bh_0}$）值来确定，对钢筋混凝土受弯构件，《规范》提出按下列规定取用：

当 $\rho' = 0$ 时，$\theta = 2.0$；

当 $\rho' = \rho$ 时，$\theta = 1.6$；

当 ρ' 为中间值时，θ 按直线内插法确定。

上述 θ 值适用于一般情况下的矩形、T 形和工字形截面梁。由于 θ 值与温度、湿度有关，对于干燥地区，建议 θ 值应酌情增加 $15\% \sim 25\%$。对翼缘位于受拉区的倒 T 形梁，由于在荷载标准组合作用下受拉混凝土参加工作较多，而在荷载准永久组合作用下退出工作的影响较大，建议 θ 增大 20%。此外，对于因水泥用量较多等原因导致混凝土的徐变和收缩较大的构件，亦根据经验，将 θ 酌情增大。

9.2.2 受弯构件的挠度

在求得钢筋混凝土构件的短期刚度 B_s 或长期刚度 B 后,挠度值可按一般材料力学公式计算,仅需将上述算得的刚度值代替材料力学公式中的弹性刚度即可。

但是对于受弯构件,例如图 9.3 所示的简支梁,在对称集中荷载作用下,除纯弯区段外,在剪跨段各截面弯矩是不相等的,越靠近支座弯矩越小。靠近支座附近截面上的刚度较弯矩大的截面大得多。如果都用纯弯区段的截面弯曲刚度计算,似乎会使挠度计算值偏大。但实际情况却不然,因为在剪跨段内还存在着剪切变形,甚至可能出现少量斜裂缝,它们都会使梁的挠度增大,而这些在计算时都没有考虑。为了简化计算,对于图 9.3所示的简支梁,可按"最小刚度原则"计算梁的挠度。

所谓"最小刚度原则"就是在简支梁全跨长范围内,可都按弯矩最大处的截面弯曲刚度,亦即按最小的截面弯曲刚度(即如图 9.3 中虚线所示),用材料力学方法中不考虑剪切变形影响的公式来计算挠度。当挠度上存在正、负弯矩时,可分别取同号弯矩区段内$|M_{max}|$ 处截面的最小刚度计算挠度。

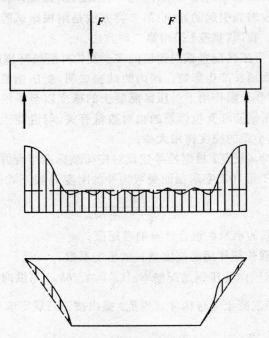

图 9.3 沿梁长的刚度和曲率分布

例如,对于均布荷载作用下的单跨简支梁的跨中挠度,即按跨中截面最大弯矩 M_{max}处的刚度 $B(B = B_{min})$ 计算而得

$$v = \frac{5}{48} \frac{M_{max} l_0^2}{B} \qquad (9.14)$$

又如对承受均布荷载的单跨外伸梁,如图 9.4 所示,AE 段为正弯矩,EF 段为负弯矩,则 AE 段按 D 截面的刚度 B_1 取用,EF 按 C 截面的刚度 B_2 取用。

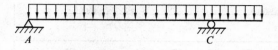

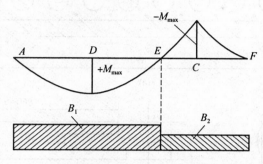

图 9.4　均布荷载作用下单跨外伸梁的弯矩图及刚度取值

对于连续梁的跨中挠度,当为等截面且计算挠度内的支座截面弯曲刚度不大于跨中截面弯曲刚度的两倍或不小于跨中截面弯曲刚度的 $\frac{1}{2}$ 时,也可按跨中最大弯矩截面的截面弯曲刚度计算。

例 9.1　钢筋混凝土空心楼板截面尺寸为 $120~\text{mm} \times 860~\text{mm}$,如图 9.5(a) 所示,计算跨度 l_0 为 3.66 m,板承受自重、抹面重量及楼面均布活荷载,跨中按荷载效应标准组合计算的弯矩值 $M_k = 4~998.6~\text{N} \cdot \text{m}$,按荷载效应准永久组合计算的弯矩值 $M_q = 2~866.5~\text{N} \cdot \text{m}$,混凝土强度等级为 C20,钢筋为 HPB300 级钢筋,根据正截面承载力的计算,配置 $9\phi 8$,$A_s = 452~\text{mm}^2$,板的允许挠度为 $l_0/200$,试验算该板的挠度。

解　先将圆孔按等面积、同形心轴位置和对形心轴惯性矩不变的原则折算成矩形孔,如图 9.5(b) 所示,即

$$\frac{\pi d^2}{4} = b_1 h_1, \quad \frac{\pi d^4}{64} = \frac{b_1 h_1^3}{12}$$

求得 $b_1 = 0.91 d$,$h_1 = 0.87 d$,折算后的工字形截面尺寸如图 9.5(c) 所示。则由公式 (9.7) 得

$$\sigma_{s9}/(\text{N} \cdot \text{mm}^{-2}) = \frac{M_9}{0.87 A_s h_0} = \frac{2~866~500}{0.87 \times 452 \times 105} = 69.4$$

$$\rho_{te} = \frac{A_s}{0.5 bh + (b_f - b) h_f} = \frac{452}{0.5 \times 307 \times 120 \times (890 - 307) \times 27} = 0.013~2$$

由公式 (9.9) 得

$$\psi = 1.1 - \frac{0.65 f_{tk}}{\rho_{te} \cdot \sigma_{sk}} = 1.1 - \frac{0.65 \times 1.54}{0.013~2 \times 69.4} = 7.3 \times 10^{-3}$$

$$\alpha_E = \frac{E_s}{E_c} = \frac{2.0 \times 10^5}{2.55 \times 10^4} = 7.843$$

$$\rho = \frac{A_s}{bh_0} = \frac{452}{307 \times 105} = 0.014$$

$$\gamma'_f = \frac{(b'_f - b) h'_f}{bh_0} = \frac{(860 - 307) \times 21}{307 \times 105} = 0.360$$

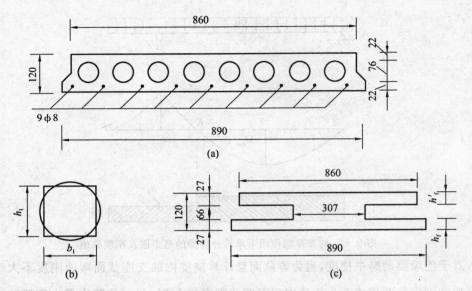

图 9.5　工字形截面尺寸图

因 $h'_f = 27\ \text{mm} > 0.2h_0 = 21\ \text{mm}$，故取 $h'_f = 21\ \text{mm}$。

由公式（9.12）得荷载效应标准组合作用下的短期刚度为

$$B_s/(\text{N} \cdot \text{mm}^2) = \frac{E_s A_s h_0^2}{1.15\psi + 0.2 + \dfrac{6\alpha_E\rho}{1 + 3.5\gamma'_f}} =$$

$$\frac{2 \times 10^5 \times 452 \times 105^2}{1.15 \times 7.3 \times 10^{-3} + 0.2 + \dfrac{6 \times 7.843 \times 0.014}{1 + 3.5 \times 0.360}} = 1.99 \times 10^{12}$$

因 $\rho' = 0$ 时，$\theta = 2$，故由公式（9.13）及公式（9.14）得，在荷载标准组合作用下并考虑长期作用影响的刚度为

$$B/(\text{N} \cdot \text{mm}^2) = \frac{M_k}{M_q(\theta - 1) + M_k} \cdot B_s =$$

$$\frac{4\ 998.6}{2\ 866.5 \times (2 - 1) + 4\ 998.6} \times 1.99 \times 10^{12} = 12.64 \times 10^{11}$$

跨中最大挠度为

$$\upsilon/\text{mm} = \frac{5}{48} \times \frac{4\ 998\ 600 \times 3\ 660^2}{12.64 \times 10^{11}} = 5.52$$

$$\frac{\upsilon}{l_0} = \frac{5.52}{3\ 660} = \frac{1}{663} < \frac{1}{200}，故满足要求。$$

9.3 裂缝宽度验算

9.3.1 裂缝的出现与分布规律

1. 裂缝的出现

钢筋混凝土受弯构件在混凝土未开裂前,受拉区钢筋与混凝土共同受力。沿构件长度方向,钢筋应力与混凝土应力大致相等。

当荷载增加时,由于混凝土材料的非均质性,在抗拉能力最薄弱截面上首先出现第一批裂缝(一条或几条)。裂缝截面上开裂的混凝土脱离了工作,原来承受的拉力转由钢筋承担。因此,裂缝截面处钢筋的应变及应力突然增高,如图 9.6 所示。由于靠近裂缝区段钢筋与混凝土产生相对滑移现象,裂缝两边原来受拉而张紧的混凝土回缩,使裂缝一出现即有一定的宽度。

随着裂缝截面钢筋应力的增大,裂缝两侧钢筋与混凝土之间产生粘结应力,使混凝土不能回缩到完全放松的无应力状态。这种粘结应力将钢筋应力向混凝土传递,使混凝土参与受拉工作。距裂缝截面越远,累计粘结力越大,混凝土拉应力越大,钢筋应力越小。当达到一定距离 $l_{cr,min}$ 后,钢筋与其周围混凝土间具有相同的应变,粘结应力消失。当混凝土中的应力达到抗拉极限强度时,此截面即出现新的裂缝。

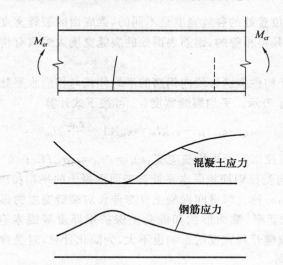

图 9.6 受弯构件第一批裂缝出现时混凝土及钢筋应力分布

新的裂缝出现后,该截面裂开的混凝土脱离工作,不再承受拉应力,钢筋应力突增。沿构件长度方向,钢筋与混凝土应力随着离开裂缝截面的距离而变化,距离越远,混凝土应力越大,钢筋应力越小,如图 9.7 所示,中性轴的位置也沿纵向呈波浪形变化。

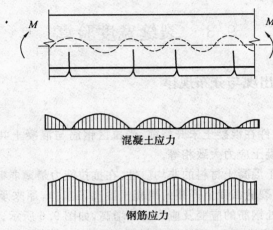

图9.7　受弯构件开裂后混凝土及钢筋应力分布

2. 裂缝的间距

假设混凝土材料是均质的,则两条相邻裂缝的最大间距应为 $2l$,比 $2l$ 稍大一点时,就会在中间出现一道新的裂缝,使裂缝间距变为 l。但由于混凝土质量的不均匀性,裂缝间距也疏密不等,存在着较大的离散性。从理论上讲,裂缝间距在 $l \sim 2l$ 之间,其平均裂缝间距为 $1.5l$。

3. 裂缝宽度

同一条裂缝,不同位置处的裂缝宽度是不同的,梁底面的裂缝宽度比梁侧表面的大。沿裂缝深度,裂缝宽度是不相等的,钢筋表面处的裂缝宽度大约只有构件混凝土表面裂缝宽度的 $1/5 \sim 1/3$。

平均裂缝宽度等于构件裂缝区段内钢筋的平均伸长与相应水平处构件侧表面混凝土平均伸长的差值,用 ω_m 表示。平均裂缝宽度 ω_m 可按下式计算

$$\omega_m = \varepsilon_{sm} l_m - \varepsilon_{ctm} l_m = \varepsilon_{sm}(1 - \frac{\varepsilon_{ctm}}{\varepsilon_{sm}}) l_m \tag{9.15}$$

式中　　ε_{sm}——纵向受拉钢筋的平均拉应变,$\varepsilon_{sm} = \psi \varepsilon_{sk} = \psi \sigma_{sk}/E_s$;

　　　　ε_{ctm}——与纵向受拉钢筋相同水平处侧表面混凝土的平均拉应变。

令 $\alpha_c = 1 - \varepsilon_{ctm}/\varepsilon_{sm}$,$\alpha_c$ 称为裂缝间混凝土自身伸长对裂缝宽度的影响系数。试验研究表明,系数 α_c 虽然与配筋率、截面形状和混凝土保护层厚度等因素有关,但在一般情况下,α_c 变化不大,且对裂缝开展宽度的影响也不大,为简化计算,对受弯、轴心受拉构件,均可近似取 $\alpha_c = 0.85$。则

$$\omega_m = \alpha_c \psi \frac{\sigma_{sk}}{E_s} l_m = 0.85 \psi \frac{\sigma_{sk}}{E_s} l_m \tag{9.16}$$

9.3.2　最大裂缝宽度

1. 短期荷载作用下的最大裂缝宽度 $\omega_{s,max}$

可根据平均裂缝宽度乘以裂缝宽度扩大系数 τ 得到,即

$$\omega_{s,max} = \tau \omega_m \tag{9.17}$$

2.长期荷载作用下最大裂缝宽度 $\omega_{\max}$

长期荷载作用下的最大裂缝可由短期荷载作用下的最大裂缝宽度乘以裂缝扩大系数 τ_1 得到,即

$$\omega_{\max} = \tau_1 \omega_{s,\max} = \tau\tau_1 \omega_m \tag{9.18}$$

根据大量试验测得:轴心受拉构件和偏心受拉构件 $\tau = 1.9$,偏心受压构件 $\tau = 1.66$; $\tau_1 = 1.5$。

《规范》规定对矩形、T形、倒T形和工字形截面的受拉、受弯和大偏心受压构件,按荷载效应的准永久组合并考虑长期作用的影响,其最大裂缝宽度 $\omega_{\max}$(mm)可按下式计算

$$\omega_{\max} = \alpha_{cr} \psi \frac{\sigma_{sq}}{E_s}\left(1.9c + 0.08\frac{d_{eq}}{\rho_{te}}\right) \tag{9.19}$$

式中　　c——最外层纵向受拉钢筋外边缘至受拉区底边的距离,mm,当 $c < 20$ mm 时,取 $c = 20$ mm;当 $c > 65$ mm 时,取 $c = 65$ mm;

　　　　d_{ep}——纵向受拉钢筋的等效直径,mm, $d_{ep} = \sum n_i d_i^2 / \left(\sum n_i v_i d_i\right)$, n_i、d_i 分别为受拉区第 i 种纵向钢筋的根数、公称直径(mm), v_i 为第 i 种纵向钢筋的相对粘结特性系数,光面钢筋 $v_i = 0.7$,带肋钢筋 $v_i = 1.0$;

　　　　α_{cr}——构件受力特征系数,对钢筋混凝土构件有:轴心受拉构件, $\alpha_{cr} = 2.7$;偏心受拉构件, $\alpha_{cr} = 2.4$;受弯和偏心受压构件, $\alpha_{cr} = 1.9$。

但应注意,公式(9.19)计算出的最大裂缝宽度,并不是绝对最大值,而是具有95%保证的相对最大裂缝宽度。

3.最大裂缝宽度验算

验算裂缝宽度时,应满足

$$\omega_{\max} \leqslant \omega_{\min} \tag{9.20}$$

式中　　$\omega_{\min}$——《规范》中规定的最大裂缝宽度限值。

例 9.2　已知某屋架下弦按轴心受拉构件设计,截面尺寸为 200 mm × 160 mm,保护层厚度 $c = 25$ mm,配置 6Φ16HRB400 级钢筋,混凝土强度等级为C40,荷载效应准永久组合的轴向拉力 $N_9 = 138$ kN, $\omega_{\min} = 0.2$ mm。试验算最大裂缝宽度。

解　按式(9.19), $\alpha_{cr} = 2.7$。

$\rho_{te} = A_s/(bh) = 804/(200 \times 160) = 0.025\ 1$

$d_{eq}/\rho_{te} = 16/0.025\ 1$ mm $= 637$ mm

$\sigma_{sq}/(\text{N} \cdot \text{mm}^{-2}) = N_9/A_s = 138 \times 10^3/804 = 172$

$\psi = 1.1 - \dfrac{0.65 f_{tk}}{\rho_{te}\sigma_{sq}} = 1.1 - \dfrac{0.65 \times 2.40}{0.025\ 1 \times 172} = 0.74$

则 $\omega_{\max}/\text{mm} = \alpha_{cr}\psi\dfrac{\sigma_{sq}}{E_s}\left(1.9c + 0.08\dfrac{d_{eq}}{\rho_{te}}\right) = 2.7 \times 0.74 \times \dfrac{172}{2 \times 10^5}(1.9 \times 25 + 0.08 \times 637) = 0.169 < \omega_{\min} = 0.2$ mm,满足要求。

9.4 混凝土结构的耐久性

9.4.1 耐久性的概念与主要影响因素

混凝土结构的耐久性是指结构或构件在设计使用年限内,在正常维护条件下,不需要进行大修就可满足正常使用和安全功能要求的能力。一般建筑结构的设计使用年限为50年,纪念性建筑和特别重要的建筑结构为100年及以上。

影响耐久性的因素很多,主要有内部和外部两方面。

内部因素:混凝土的强度、密实性、水泥用量、水灰比、氯离子及碱含量、外加剂用量和保护层厚度等。

外部因素:外部因素主要是指环境条件,包括温度、湿度、CO_2 含量和侵蚀性介质等。

但在实际工程中,结构物出现耐久性问题,并不是由单一的内部或外部因素引起的,而是由内部和外部因素综合作用的结果。此外,设计不周、施工质量差或使用中维护不当等也会影响结构的耐久性。

9.4.2 提高混凝土耐久性的措施

影响混凝土耐久性的主要综合因素是混凝土的碳化及钢筋锈蚀。

混凝土的碳化主要是指大气中的 CO_2 与混凝土中的 $Ca(OH)_2$ 发生中和反应,使混凝土碱性下降的现象。所以,混凝土的碳化也叫混凝土的中性化。

延缓混凝土的碳化,能够有效地提高混凝土的耐久性。针对影响混凝土碳化的因素,减小其碳化的主要措施有:

(1) 合理设计混凝土配合比,规定水泥用量的最低限值和水灰比的最高限值,合理采用掺和料;

(2) 提高混凝土的密实性、抗渗性;

(3) 规定钢筋保护层的最小厚度;

(4) 采用覆盖面层(水泥砂浆或涂料等)。

混凝土中钢筋表面有一层氧化膜,这层膜能够有效的保护钢筋,防止其锈蚀。然而混凝土会发生碳化现象,当混凝土保护层被碳化至钢筋表面时,将破坏钢筋表面的氧化膜。此外,当混凝土构件的裂缝宽度超过一定限值时,将会加速混凝土的碳化,使钢筋表面的氧化膜更易遭到破坏。钢筋表面氧化膜的破坏是钢筋锈蚀的充分条件。钢筋被严重锈蚀后,截面承载力就会下降,最终构件就会破坏或失效。

防止钢筋锈蚀也能有效地提高结构的耐久性,防止钢筋锈蚀的主要因素有:

(1) 降低水灰比,增加水泥用量,提高混凝土的密实度;

(2) 要有足够的混凝土保护层厚度;

(3) 严格控制氯离子的含量;

(4) 采用覆盖层,防止 CO_2、O_2、氯离子的渗入。

9.4.3　耐久性设计的目的和基本原则

耐久性设计的目的是要保证结构的使用年限，也称为设计使用寿命。我国设计标准的设计基准期为 50 年，这是否就是设计使用寿命？这两者似乎不完全相同。设计使用寿命和结构的重要性有关，重要的建筑当然设计寿命要长一些。此外，设计寿命与经济发达状况有关，与结构工作性质有关，也与结构使用材料有一定关系。设计使用寿命应为社会或业主所能接受。

按照我国实际情况，可以把耐久性等级分为 4 级：

Ⅰ 级　　　　重要建筑　　　　设计使用寿命 ≥ 100 年

Ⅱ 级　　　　一般建筑　　　　设计使用寿命 50 年

Ⅲ 级　　　　次要建筑　　　　设计使用寿命 25 ～ 30 年

Ⅳ 级　　　　临时建筑　　　　设计使用寿命 ≤ 10 年

此外，对建筑中的次要构件，易于更新的构件，其耐久性等级可适当降低。

小　结

《规范》规定的混凝土保护层最小厚度、最大裂缝宽度和构件变形等有关限值，主要是基于结构的耐久性要求和正常使用要求。

对混凝土受弯构件的挠度计算，与弹性匀质材料梁相比，区别在于截面的抗弯刚度不为常数，它随荷载的增加、梁纵向受拉钢筋配筋率的降低以及荷载作用时间的增长而减小，而且沿构件跨度，各截面抗弯刚度都不相同。因此，挠度计算问题实际上即为截面抗弯刚度的计算问题。

验算构件变形和裂缝宽度时，应按荷载标准组合并考虑荷载长期效应的影响。

最大裂缝宽度的计算公式是在平均裂缝间距和平均裂缝宽度理论计算值的基础上，根据试验资料统计求得的"扩大系数"后加以确定的。平均裂缝宽度是指构件平均裂缝区段内钢筋的平均伸长与相应水平处构件侧表面混凝土平均伸长的差值。平均裂缝宽度乘以"扩大系数"即为最大裂缝宽度。

练 习 题

1. 试说明《规范》关于受弯构件挠度计算的基本规定。

2. 试简要说明《规范》中最大裂缝计算公式是怎样建立的。

3. 试分析减少受弯构件挠度和裂缝宽度的有效措施是什么？

4. 试分析影响混凝土结构耐久性的主要因素。

5. 试分析影响混凝土碳化的主要因素。

6. 指出减小混凝土碳化的有效措施。

7. 指出防止钢筋锈蚀的措施。

第10章

预应力混凝土构件

【学习要点】

本章从预应力的概念入手,介绍了施加预应力的目的和两种主要的施加预应力的方法:先张法和后张法;预应力混凝土所用材料、常用的锚、夹具;预应力损失的概念、分类、计算方法及其组合;预应力混凝土轴心受拉构件各阶段应力状态的分析和设计计算方法,以及有关预应力混凝土结构的基本构造要求。

10.1 概 述

10.1.1 预应力混凝土的基本原理

普通钢筋混凝土受拉与受弯等构件,由于混凝土的抗拉强度及极限拉应变值都很低(其极限拉应变约为 $0.1 \times 10^{-3} \sim 0.15 \times 10^{-3}$),所以对使用上不允许出现裂缝的构件,受拉钢筋的应力只能控制在 $20 \sim 30$ N/mm²,不能充分利用其强度。即使对于允许开裂的构件,当裂缝宽度控制在 $0.2 \sim 0.3$ mm 时,受拉钢筋应力也只能用到 250 N/mm² 左右。若采用高强度钢筋,在使用阶段其应力可达到 $500 \sim 1\ 000$ N/mm²,但此时构件的裂缝宽度将很大,无法满足其裂缝及变形控制要求。因此,在普通钢筋混凝土结构中采用高强度钢筋是不能充分发挥其作用的,这就使普通钢筋混凝土结构用于大跨度承重结构或承受动力荷载成为不可能或很不经济。

为了避免普通钢筋混凝土结构的裂缝过早出现,充分利用高强度钢筋和高强度混凝土,目前采用的方法是在结构承受外荷载作用之前,在结构受拉区人为地预先施加压应力,从而可以部分或全部抵消由外荷载产生的拉应力,推迟和限制裂缝的开展,充分利用钢筋的抗拉能力,提高结构的抗裂度和刚度。

现以图 10.1 所示预应力混凝土简支梁为例,说明预应力混凝土的基本原理。

在外荷载作用之前,预先在梁的受拉区施加一对集中压力 N,使梁跨中截面的上边缘混凝土产生预拉应力 σ_{pt},下边缘混凝土产生预压应力 σ_{pc},如图 10.1(a) 所示。当使用荷载 q 作用时,梁跨中截面的下边缘混凝土将产生拉应力 σ_{ct},上边缘混凝土产生压应力 σ_c,如图 10.1(b) 所示。这样,在预压力 N 和外荷载 q 的共同作用下,该梁跨中截面的下边缘混凝土产生的拉应力将减至 $\sigma_{ct} - \sigma_{pc}$，上边缘混凝土应力一般为压应力，但也有可能为拉应力，如图 10.1(c) 所示。如果施加的预压力比较大，则甚至在使用荷载作用下，梁的下边缘仍为压应力。由此可见，预应力混凝土构件可推迟和限制构件裂缝的开展，提高构件的抗裂度和刚度，从根本上克服了普通钢筋混凝土结构抗裂性差的主要缺点，并为采用高强度钢筋和高强度混凝土创造了条件。这种由配置受力的预应力钢筋通过张拉或其他方法建立预加应力的混凝土结构，称为预应力混凝土结构。

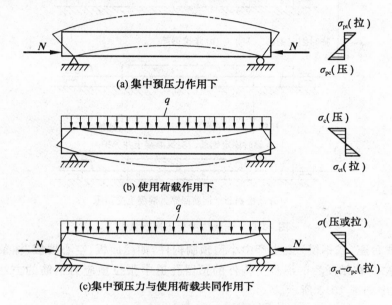

(a) 集中预压力作用下

(b) 使用荷载作用下

(c) 集中预压力与使用荷载共同作用下

图 10.1　预应力混凝土简支梁

预应力混凝土构件可根据截面的应力状态分为全预应力混凝土、部分预应力混凝土。所谓全预应力混凝土是指在使用荷载作用下，不允许截面上混凝土出现拉应力的情况；部分预应力混凝土则是指预应力混凝土构件在使用荷载作用下，允许截面上混凝土出现拉应力，但最大裂缝宽度不得超过允许值。此外，近年还发展起来的无粘结预应力混凝土，是在预应力筋的管道内以油脂充填，使预应力筋与管道壁不粘结。施工时，在浇筑混凝土之前可直接将无粘结预应力筋像非预应力钢筋一样布设即可浇筑混凝土，混凝土达到一定强度后，直接张拉钢筋并锚固，张拉力直接由锚具传递到混凝土上去。

1. 施加预应力的方法

施加预应力的方法有多种，可分为机械张拉法、电热张拉法和化学方法等。

(1) 机械张拉法

机械张拉法是目前最常用的方法，它是通过机械张拉设备张拉配置在结构构件内的纵向预应力钢筋，并使其产生弹性回缩，从而达到对构件施加预应力的目的。机械张拉法按照张拉钢筋与浇筑混凝土的先后顺序又可分为先张法和后张法两种。

① 先张法。在浇筑混凝土之前张拉预应力钢筋的方法称为先张法，其主要工序如图 10.2 所示。

先张法施工工艺简单、生产效率高、锚夹具可多次重复使用、质量容易保证，通常适用

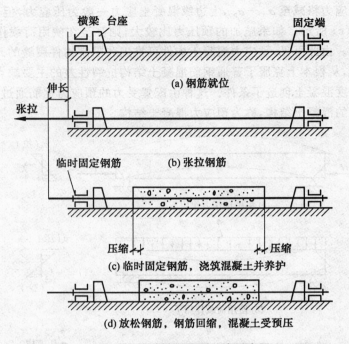

图 10.2　先张法主要工序示意图

在专用的长线台座（或钢模）上生产中小型预制构件,如屋面板、空心楼板、檩条等。

　　② 后张法。在结硬后的混凝土构件的预留孔道中张拉预应力钢筋的方法称为后张法,其主要工序如图 10.3 所示。

　　后张法不需要专门台座,适用在现场制作大型构件,但其施工工艺较复杂,锚具加工要求的精度高,消耗量大,成本较高。

　　（2）电热张拉法

　　电热张拉法是将低压强电流通过预应力钢筋使其加热伸长,利用断电后钢筋降温冷却回缩来建立预压应力的。其优点是:劳动强度低、投资小、设备工艺简单、效率高。缺点是:耗电量大、预应力建立难以准确。电热张拉法常用于制造楼屋面构件、电线杆、枕轨等。

　　（3）化学方法

　　化学方法是利用膨胀水泥实现的。它主要应用于压力管道等预制装配式构件。目前还处于实践中,尚未得到广泛的应用。

　　2．预应力混凝土构件的锚具和夹具

　　锚具和夹具是用于锚固预应力钢筋的工具,是制造预应力钢筋混凝土构件所必不可少的部件。通常将构件制成后能够取下重复使用的称为夹具;锚固在构件端部,与构件联成一体共同受力而不再取下的称为锚具。夹具和锚具主要依靠摩擦阻力、握裹力和承压锚固等来夹住或锚住钢筋。对于夹具和锚具的一般要求是:安全可靠、性能优良、构造简单、使用方便、节约钢材、造价低廉。

　　锚夹具的种类很多,以下为几种典型的预应力锚夹具。

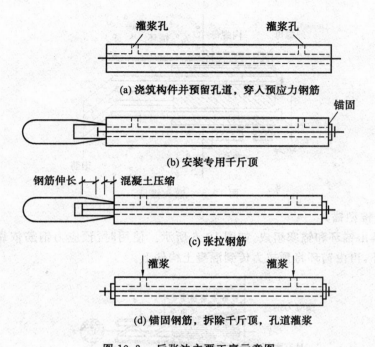

(a) 浇筑构件并预留孔道，穿入预应力钢筋

(b) 安装专用千斤顶

(c) 张拉钢筋

(d) 锚固钢筋，拆除千斤顶，孔道灌浆

图 10.3　后张法主要工序示意图

（1）螺丝端杆锚具

这种锚具多用于较粗直径的预应力钢筋的锚固，是在单根预应力钢筋的两端各焊上一根短的螺丝端杆，并套以螺帽及垫板，如图 10.4 所示。

图 10.4　螺丝端杆锚具

使用时，螺丝端杆与预应力钢筋对焊，用张拉设备张拉螺丝端杆，然后用螺帽锚固，拉力由螺帽传至端杆和预应力钢筋。螺丝端杆与预应力钢筋的焊接，应在预应力钢筋冷拉前进行，经冷拉后螺丝端杆不得发生塑性变形。

螺丝端杆锚具构造简单、操作方便、受力可靠、滑移量小，且可以多次使用。缺点是：对预应力钢筋下料长度的精确度要求高，以免发生螺纹长度不够。

（2）镦头锚具

这种锚具是利用预应力钢丝的粗镦头来锚固钢丝的，如图 10.5 所示。使用时，预应力钢丝的预拉力由镦头传至锚环，再依靠螺纹将力传到螺母，并经过垫板传到混凝土构件上。

镦头锚具加工简单，张拉方便，锚固可靠，成本低廉，但对钢丝的下料长度要求严格。它适用于锚固多根直径 10 ～ 18 mm 的钢筋或平行钢丝束。

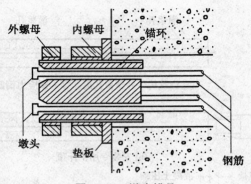

图 10.5　镦头锚具

（3）钢质锥型锚具

这种锚具由锚环和锚塞组成，如图 10.6 所示。使用时，预应力钢筋依靠摩擦力将预拉力传到锚环，再由锚环将预拉力传到混凝土构件上。

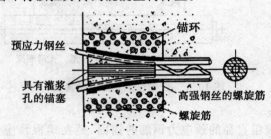

图 10.6　钢质锥型锚具

钢质锥型锚具既可用于张拉端，也可用于固定端。它适用于锚固多根直径 5 ～ 12 mm 的平行钢丝束或多根直径 13 ～ 15 mm 的平行钢绞线束。

（4）JM 型锚具

这种锚具由锚环与夹片组成，如图 10.7 所示。使用时，预应力钢筋依靠摩擦力将预拉力传给夹片，夹片依靠其斜面上的承压力将预拉力传给锚环，后者再通过承压力将预拉力传到混凝土构件上。

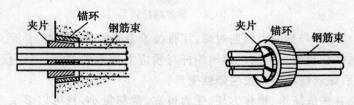

图 10.7　JM12 型锚具

由于 JM 型锚具将预应力钢筋各自独立地分开锚固于夹片的各个锥型孔内，任何一组夹具滑移、碎裂或预压力钢筋拉断，都不会影响其他预应力钢筋的锚固。它既可用于张拉端，也可用于固定端，适用于锚固较粗的钢筋和钢绞线。

（5）QM 型锚具

这种锚具由锚环与夹片组成一个独立的锚固单元，如图 10.8 所示。使用时，由于夹片内孔有齿而能使其咬合预应力筋,并进而带动夹片进入锚环锥孔内,使预应力筋获得牢固可靠的锚固。QM 型锚具的特点是:任意一根钢绞线滑移或断裂都不会影响其他锚固,故其性能可靠、互换性好、群锚能力强。它既可用于张拉端,也可用于固定端,适用于锚固各类钢丝束和钢绞线。

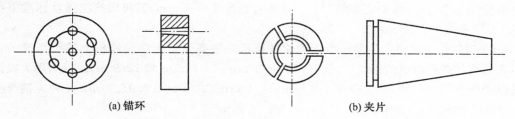

(a) 锚环　　　　　　　　　　　　(b) 夹片

图 10.8　QM 型锚具

（6）XM 型锚具

XM型锚具的锚固原理与QM型锚具相似,夹片形式为斜弧形,如图 10.9 所示。与 QM 型锚具相比,XM型锚具可锚固更多根数钢绞线的预应力束,常用于大型预应力混凝土结构。

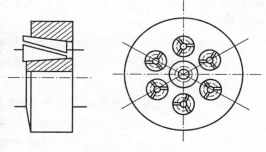

除了上述的几种锚具以外,我国近年对预应力混凝土构件的锚夹具进行了大量的试验研制工作,开发出了 SF、YM、VLM 和 B&S 型等新型锚具,使预应力混凝土结构锚夹具的锚固性能得到进一步提高。

图 10.9　XM 型锚具

3.预应力混凝土对材料的要求

预应力混凝土构件在施工阶段,预应力钢筋因张拉时就有很高的拉应力,在使用阶段,其拉应力会进一步增高。同时,混凝土也将承受较大的预压应力。这些都要求预应力混凝土构件采用强度等级较高的钢材和混凝土。

（1）预应力钢材

预应力混凝土构件所用的钢材,应具有下列性能:

① 强度高。混凝土预压应力建立的大小,主要取决于预应力钢筋张拉后回缩的能力。考虑到构件在制作过程中还会出现各种因素造成的预应力损失,因此需要采用较高的张拉应力,这必然要求预应力钢筋应具有较高的抗拉强度,否则就不能建立有效的预压应力。

② 具有一定的塑性。为了避免预应力混凝土构件发生脆性破坏,保证在构件破坏之前具有较大的变形能力,要求预应力钢筋具有一定的伸长率。当构件处于低温环境或受到冲击荷载作用时,更应注意其塑性和抗冲击韧性的要求。

③ 良好的加工性能。预应力钢筋应具有较好的冷拉、冷拔和焊接性能等,在经弯转或"镦粗"后应不影响其物理力学性能。

④ 与混凝土之间具有较好的粘结性能。先张法预应力混凝土构件预应力的建立,主要依靠其钢筋和混凝土之间的粘结力来完成。因此,预应力钢筋与混凝土之间必须要有足够的粘结强度。当采用光面高强钢丝时,其表面应经"刻痕"或"压波"等措施处理或捻

制成钢绞线后使用。

目前用于混凝土构件中的预应力钢材主要有钢丝、钢绞线及热处理钢筋等。

① 钢丝。预应力混凝土所用钢丝是将碳的质量分数为 0.5% ~ 0.9% 的优质高碳钢轧制成盘条,经回火、酸洗、镀铜或磷化处理后多次冷拔而成。常用钢丝的主要类型有光面钢丝、螺旋肋钢丝和刻痕钢丝等。钢丝的直径为 4 ~ 9 mm,其极限抗拉强度标准值可达 1 570 ~ 1 770 N/mm²。

② 钢绞线。预应力混凝土所用钢绞线是用多根高强钢丝在绞线机上扭绞而成的。用 3 根钢丝扭绞而成的钢绞线,其直径有 8.6 mm、10.8 mm 和 12.9 mm 3 种;用 7 根钢丝扭绞而成的钢绞线,其直径有 9.5 mm、11.1 mm、12.7 mm 和 15.2 mm 4 种。钢绞线的极限抗拉强度标准值可达 1 570 ~ 1 860 N/mm²。

③ 热处理钢筋。预应力混凝土所用热处理钢筋是用热轧中碳低合金钢经淬火、回火调质处理而制成的高强度钢筋。其直径有 6 mm、8.2 mm 和 10 mm 3 种,极限抗拉强度标准值为 1 470 N/mm²。

在预应力混凝土结构中,除预应力钢筋外还常采用非预应力钢筋,对非预应力钢筋的要求与在普通钢筋混凝土结构中的要求相同。

（2）混凝土

预应力混凝土构件所用的混凝土,应满足下列要求:

① 强度高。在预应力混凝土结构中应采用强度较高的混凝土,才能建立起较高的预压应力,同时可减小构件截面尺寸,减轻结构自重。另外,对先张法构件,强度较高的混凝土可提高钢筋与混凝土之间的粘结力;对后张法构件,则可提高锚固端的局部承压承载力。

② 收缩、徐变小。混凝土的收缩、徐变小,可以减小混凝土因收缩、徐变引起的预应力损失,从而建立较高有效的预压应力。

③ 快硬、早强。混凝土具有较好的快硬、早强性,可以提高台座、模具、锚夹具及张拉设备等的周转率,加快施工进度,降低间接费用。

与普通钢筋混凝土结构相比,预应力混凝土结构应采用强度等级更高的混凝土。《规范》规定,预应力混凝土结构的混凝土强度等级不应低于 C30;当采用钢绞线、钢丝、热处理钢筋作预应力钢筋时,其等级不宜低于 C40。

4. 预应力混凝土构件的优缺点

与普通钢筋混凝土结构相比,预应力混凝土结构具有下列优点:

（1）抗裂性好

通过对结构受拉区施加预压应力,可以避免结构在使用荷载作用下出现裂缝或裂缝过宽的现象,从而改善结构的使用性能,提高结构的耐久性。对于某些抗裂性要求较高的结构和构件,如钢筋混凝土水池、油罐、压力容器及单层工业厂房屋架下弦杆件等,采用预应力混凝土尤为必要。

（2）可充分利用高强度钢材,减轻结构自重

在普通钢筋混凝土结构中,由于裂缝宽度和挠度的限制,高强度钢材不可能被充分利用。而在预应力混凝土结构可以充分利用材料的高强度性能,减小构件截面尺寸,减轻结

构自重。

（3）提高受剪承载力

预应力钢筋可大大降低构件中的主拉应力,延缓构件斜裂缝的出现与开展,提高构件的抗剪能力。

（4）提高抗疲劳强度

预应力混凝土结构中,由于预应力钢筋已经事先张拉,在重复荷载作用下,钢筋中应力循环幅度势必降低,而钢筋混凝土结构的疲劳破坏一般是由钢筋的疲劳所控制的,这对于承受动力荷载为主的结构是很有利的。

（5）经济性好

实践表明,同普通钢筋混凝土结构相比,预应力混凝土结构可节省 20％ ～ 40％ 的混凝土、30％ ～ 60％ 的主筋钢材;与钢结构相比,则可节省一半以上的造价。

当然,预应力混凝土结构也存在一些缺点,如施工要求较高的机械设备和施工技术条件,所用材料的单价较高,施工工序多而复杂,相应的设计计算比普通钢筋混凝土结构要复杂得多,抗震性能也较普通钢筋混凝土结构差些。

5. 预应力混凝土结构的发展

对混凝土施加预应力使之改善受力性能的想法,早在 19 世纪后期就有学者提出。由于早期钢材和混凝土强度低、锚具性能差,对混凝土的收缩、徐变及其他预应力损失对预应力效应的影响认识还很不充分,使预应力混凝土的预应力效果不显著,影响了其推广使用。20 世纪 30 年代,随着高强钢材的大量生产、锚夹具性能的提高以及预应力混凝土设计理论的发展和完善,预应力混凝土才得到真正的发展。从早期的建造工业建筑、桥梁、轨枕、水池等结构或构件,到目前广泛应用于居住建筑、大跨和大空间公共建筑、高层建筑、高耸结构、地下结构、海洋结构、压力容器、大吨位轮船结构及跑道路面结构等各个领域。

我国预应力技术是在 20 世纪 50 年代后期起步的,当时采用冷拉钢筋作为预应力筋,生产预制混凝土屋架、吊车梁等工业厂房构件。20 世纪 70 年代,在民用建筑中开始推广冷拔低碳钢丝配筋的预制预应力混凝土中小型构件。20 世纪 80 年代后,结合我国现代多层工业厂房与大型公共建筑发展的需要,高强钢丝与钢绞线配筋的现代预应力混凝土出现,我国预应力技术从单个构件发展到预应力混凝土结构的新阶段。

10.2　预应力混凝土构件设计的一般规定

10.2.1　张拉控制应力

张拉控制应力是指在张拉预应力钢筋时所控制达到的最大应力值。其值为张拉设备（如千斤顶油压表）所指示的总张拉力除以预应力钢筋截面面积所得到的应力值,以 σ_{con} 表示。

为了充分发挥预应力混凝土的优点,张拉控制应力 σ_{con} 宜定得尽可能高一些,以使混凝土获得较高的预压应力,提高构件的抗裂性。但张拉控制应力也不能定得过高,否则构件在施工阶段,其受拉区就可能因为拉应力过大而直接开裂,或者由于开裂荷载接近其破坏荷载,而导致构件在破坏前无明显的预兆,后张法构件还可能在构件端部出现混凝土局部受压破坏。另外,为了减少预应力损失,构件有时还需要进行超张拉,而钢筋的实际屈服强度具有一定的离散性,如将张拉控制应力定得过高,也有可能使个别预应力钢筋的应力超过其屈服强度,产生较大的塑性变形,从而达不到预期的预应力效果;对于高强钢丝,甚至会发生脆断。

张拉控制应力 σ_{con} 的取值,除与预应力钢材的种类有关外还和张拉方法有关。

冷拉钢筋属于软钢,以屈服强度作为强度标准值,所以张拉控制应力 σ_{con} 可以定得高一些。而钢丝和钢绞线属于硬钢,塑性差,且以极限抗拉强度作为强度标准值,故张拉控制应力 σ_{con} 应该定得低一些。

先张法是浇注混凝土之前在台座上张拉预应力钢筋,混凝土是在钢筋放张后才产生弹性压缩的,故需要考虑混凝土弹性压缩引起的应力降低。而后张法是在混凝土构件上张拉钢筋,在张拉的同时,混凝土被压缩,因而不必再考虑混凝土弹性压缩而引起的应力降低。所以,后张法构件的张拉控制应力 σ_{con} 应比先张法构件定得低一些。

《规范》规定,预应力钢筋的张拉控制应力 σ_{con} 不宜超过表10.1规定的限值,且不应小于 $0.4f_{ptk}$。

表 10.1　张拉控制应力限值

钢筋种类	张拉方法	
	先张法	后张法
消除应力钢丝、钢绞线	$0.75f_{ptk}$	$0.75f_{ptk}$
热处理钢筋	$0.70f_{ptk}$	$0.65f_{ptk}$

注:(1) 表中 f_{ptk} 为预应力钢筋的强度标准值。

(2) 当符合下列情况之一时,表10.1中的张拉控制应力限值可提高 $0.05f_{ptk}$:

① 要求提高构件在施工阶段的抗裂性能而在使用阶段受压区内设置的预应力钢筋;

② 要求部分抵消由于应力松弛、摩擦、钢筋分批张拉以及预应力钢筋与张拉台座之间的温差等因素产生的预应力损失。

10.2.2　预应力损失及减少预应力损失的措施

预应力混凝土构件在施工及使用过程中,预应力钢筋的张拉应力值并不是始终不变的,由于各种原因(如由于预应力钢筋与孔道壁之间的摩擦,锚具夹片的滑移,混凝土的收缩、徐变以及钢筋的应力松弛等因素)会使得预应力钢筋的张拉应力不断降低。这种预应力钢筋应力的降低,即为预应力损失 σ_l。

由于引起预应力损失的因素很多,而且有些因素引起的预应力损失值还随时间的增长和环境的变化而变化,并且又进一步相互影响,所以要精确计算和确定预应力的损失值是一项非常复杂的工作。目前,对于预应力损失的计算,各国规范的规定大同小异,一般均采用分项计算再叠加确定总预应力损失的方法。

1. 锚具变形和预应力钢筋内缩引起的预应力损失 σ_{l1}

(1) 预应力直线钢筋

预应力直线钢筋当张拉到 σ_{con} 后即被锚固于台座或构件上,由于锚具变形(如螺帽、垫板与构件之间缝隙的挤紧)和预应力钢筋的滑移使钢筋回缩,引起预应力损失 $\sigma_{l1}(\mathrm{N/mm^2})$,其值可按下式计算

$$\sigma_{l1} = \frac{a}{l} E_s \tag{10.1}$$

式中　a——张拉端锚具变形和钢筋内缩值,mm,按表 10.2 取用;

　　　l——张拉端至锚固端之间的距离,mm。

表 10.2　锚具变形和钢筋内缩值 a

锚具类别		a/mm
支承式锚具(钢丝束镦头锚具等)	螺帽缝隙	1
	每块后加垫板的缝隙	1
锥塞式锚具(钢丝束的钢质锥型锚具等)		5
夹片式锚具	有顶压时	5
	无顶压时	6 ~ 8

注:① 表中的锚具变形和钢筋内缩值也可根据实测数据确定;
②其他类型的锚具变形和钢筋内缩值应根据实测数据确定。

对于块体拼成的结构,其预应力损失尚应计及块体间填缝的预压变形。当采用混凝土或砂浆为填缝材料时,每条填缝的预压变形可取 1 mm。

(2)预应力曲线钢筋

当后张法构件采用曲线预应力钢筋时,由于反摩擦的作用,锚固损失在张拉端最大,沿预应力钢筋逐步减小,直到消失,如图10.10 所示。根据变形协调原理,后张法构件预应力曲线钢筋由于锚具变形和预应力钢筋内缩引起的预应力损失 $\sigma_{l1}(\mathrm{N/mm^2})$,可按下列公式计算

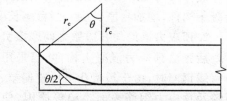

(a) 预应力钢筋端部曲线段示意图

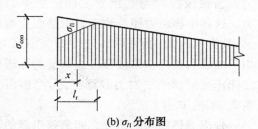

(b) σ_{l1} 分布图

图 10.10　预应力钢筋端部曲线段因锚具变形和钢筋回缩引起的预应力损失计算图

$$\sigma_{l1} = 2\sigma_{con} l_f \left(\frac{\mu}{\gamma_c} + \kappa\right)\left(1 - \frac{x}{l_f}\right) \tag{10.2}$$

反向摩擦影响长度 $l_f(\mathrm{m})$ 按下式计算

$$l_f = \sqrt{\frac{aE_s}{1\,000\sigma_{con}\left(\dfrac{\mu}{\gamma_c} + \kappa\right)}} \tag{10.3}$$

式中　γ_c——圆弧形曲线预应力钢筋的曲率半径,m;

　　　κ——考虑孔道每米长度局部偏差的摩擦系数,按表 10.3 取用;

μ—— 预应力钢筋与孔道壁之间的摩擦系数,按表 10.3 取用;

x—— 张拉端至计算截面的孔道长度,m,可近似取该段孔道在纵轴上的投影长度;

E_s—— 预应力钢筋弹性模量;

a—— 张拉端锚具变形和钢筋内缩值,mm,按表 10.2 取用。

表 10.3　摩擦系数 κ 及 μ 值

孔道成型方式	κ	μ
预埋金属波纹管	0.001 5	0.25
预埋钢管	0.001 0	0.30
橡胶管或钢管抽芯成型	0.001 4	0.55

注:① 表中数据也可根据实测数据确定;

　　② 当采用钢丝束的钢质锥形锚具及类似形式锚具时,尚应考虑锚环口处的附加摩擦损失,其值可根据实测数据确定。

(3) 减少 σ_{l1} 损失的措施

选择锚具变形小或使预应力钢筋内缩小的锚夹具,并尽量少用垫板;对先张法预应力混凝土构件,增加台座长度。当台座长度超过 100 m 时,σ_{l1} 可忽略不计。

2. 预应力钢筋与孔道壁之间摩擦引起的预应力损失 σ_{l2}

后张法预应力混凝土构件,当采用预应力直线钢筋时,由于预留孔道位置偏差、内壁粗糙及预应力钢筋表面粗糙等原因,使预应力钢筋在张拉时与孔道壁之间产生摩擦阻力。这种摩擦阻力距离预应力钢筋张拉端越远,其影响越大;当采用预应力曲线钢筋时,由于曲线孔道的曲率使预应力钢筋与孔道壁之间产生附加的法向力和摩擦力,摩擦阻力更大,如图 10.11 所示。

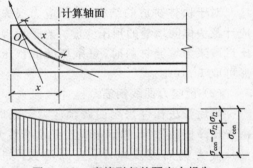

图 10.11　摩擦引起的预应力损失

预应力钢筋与孔道壁之间摩擦引起的预应力损失 σ_{l2}(N/mm²),可按下列公式计算

$$\sigma_{l2} = \sigma_{con}\left(1 - \frac{1}{e^{\kappa x + \mu\theta}}\right) \tag{10.4}$$

式中　x—— 张拉端至计算截面的孔道长度,m,可近似取该段孔道在纵轴上的投影长度;

　　　θ—— 张拉端至计算截面孔道部分切线的夹角,rad;

　　　κ—— 考虑孔道每米长度局部偏差的摩擦系数,按表 10.3 取用;

　　　μ—— 预应力钢筋与孔道壁之间的摩擦系数,按表 10.3 取用。

当 $(\kappa x + \mu\theta) \leqslant 0.2$ 时,可按下列公式近似计算

$$\sigma_{l2} = (\kappa x + \mu\theta)\sigma_{con} \tag{10.5}$$

对多曲率的曲线孔道或直线段与曲线段组成的孔道,应分段计算摩擦引起的预应力损失。

减少 σ_{l2} 损失的措施有:

(1) 两端张拉

对于较长的构件可在两端进行张拉,则计算中的孔道长度可减少一半,如图 10.12(b) 所示。但这个措施将引起 σ_{l1} 的增加,使用时应加以注意。

(2) 超张拉

如张拉程序为:$0 \to 1.1\sigma_{con}$ 持荷 2 min $\to 0.85\sigma_{con} \to \sigma_{con}$,如图 10.12(c) 所示。当张拉端 A 超张拉至 $1.1\sigma_{con}$ 时,钢筋中预拉应力将沿 EHD 分布。当张拉端的张拉应力降低至 $0.85\sigma_{con}$ 时,由于钢筋回缩时孔道摩擦力的反向影响,钢筋中预拉应力将沿 $FGHD$ 分布。当张拉端 A 再次张拉至 σ_{con} 时,钢筋中预拉应力将沿 $CGHD$ 分布,它比一次张拉至 σ_{con} 的预拉应力分布均匀,且预应力损失也有所减少。

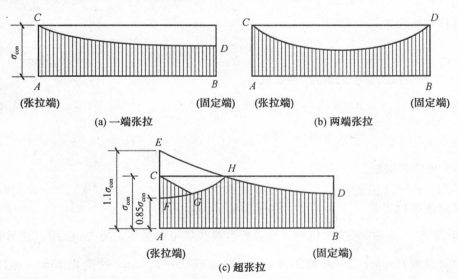

图 10.12　钢筋张拉方法对减少预应力损失的影响

3. 加热养护时,预应力钢筋与台座之间的温差引起的预应力损失 σ_{l3}

为了缩短先张法构件的生产周期,混凝土浇筑后常进行蒸汽养护。升温时,新浇筑的混凝土尚未结硬,钢筋受热后可自由伸长,但两端的台座是固定不动的,亦即台座间距离保持不变,这必然使张拉后受力的钢筋变松,产生预应力损失。降温时,混凝土已结硬并同预应力钢筋结成整体共同回缩,而且二者的温度线膨胀系数相近,故所产生的预应力损失无法恢复。

设混凝土加热养护时,受张拉的钢筋与承受拉力的设备(台座)之间的温差为 Δt(℃),钢筋的温度线膨胀系数为 $\alpha = 1 \times 10^{-5}/$℃,则 σ_{l3}(N/mm²) 可按下式计算

$$\sigma_{l3} = \varepsilon_s E_s = \frac{\Delta l}{l} E_s = \frac{\alpha l \Delta t}{l} E_s = \alpha E_s \Delta t = 1 \times 10^{-5} \times 2.0 \times 10^5 \times \Delta t = 2\Delta t \quad (10.6)$$

为减少 σ_{l3} 损失,可采用两次升温养护,即在蒸汽养护混凝土时,先控制养护室内温差

不超过 20 ℃,待混凝土强度达到 C7.5 ～ C10 后,再逐渐升温至规定的养护温度。此时可认为钢筋与混凝土已结成整体,能够一起胀缩而无预应力损失。如果是在钢模上张拉预应力钢筋,由于预应力钢筋是锚固在钢模上的,升温时两者温度相同,因此不会因温差而产生预应力损失。

4. 预应力钢筋的应力松弛引起的预应力损失 σ_{l4}

钢筋在高应力作用下,其塑性变形具有随时间而增长的性质。在钢筋长度保持不变的条件下,其应力会随时间的增长而逐渐降低,这种现象称为钢筋的应力松弛。钢筋的应力松弛引起的预应力损失 σ_{l4}(N/mm²)的计算方法如下。

(1) 预应力钢丝、钢绞线

① 对于普通松弛预应力钢丝、钢绞线

采用一次张拉工艺

$$\sigma_{l4} = 0.40\left(\frac{\sigma_{con}}{f_{ptk}} - 0.5\right)\sigma_{con} \tag{10.7}$$

采用超张拉工艺

$$\sigma_{l4} = 0.36\left(\frac{\sigma_{con}}{f_{ptk}} - 0.5\right)\sigma_{con} \tag{10.8}$$

② 对于低松弛预应力钢丝、钢绞线

当 $\sigma_{con} \leqslant 0.7 f_{ptk}$ 时 $\qquad \sigma_{l4} = 0.125\left(\frac{\sigma_{con}}{f_{ptk}} - 0.5\right)\sigma_{con} \tag{10.9}$

当 $0.7 f_{ptk} < \sigma_{con} \leqslant 0.8 f_{ptk}$ 时 $\qquad \sigma_{l4} = 0.2\left(\frac{\sigma_{con}}{f_{ptk}} - 0.575\right)\sigma_{con} \tag{10.10}$

(2) 热处理钢筋

采用一次张拉工艺 $\qquad\qquad \sigma_{l4} = 0.05\sigma_{con} \tag{10.11}$

采用超张拉工艺 $\qquad\qquad \sigma_{l4} = 0.035\sigma_{con} \tag{10.12}$

当 $\frac{\sigma_{con}}{f_{ptk}} \leqslant 0.5$ 时,预应力钢筋的应力松弛损失值可取为零。另外,取用上述超张拉的预应力损失值时,其张拉程序应为:$0 \rightarrow 1.03\sigma_{con}$ 或 $0 \rightarrow 1.05\sigma_{con}$ 持荷 2 min $\rightarrow \sigma_{con}$。

试验表明,钢筋应力松弛与时间和初应力有关。应力松弛在开始阶段发展较快,第一小时松弛可达全部松弛损失的 50% 左右,24 h 后可达 80% 左右,以后发展缓慢;应力松弛与初应力呈线性关系,张拉控制应力值高,应力松弛大。反之,应力松弛小。为减少 σ_{l4} 损失可进行超张拉,因为在高应力状态下,钢筋在短时间内所产生的松弛损失即可达到它在低应力下需经过较长时间才能完成的松弛数值。

5. 混凝土的收缩和徐变引起的预应力损失 σ_{l5}

在一般湿度条件下,混凝土结硬时会发生体积收缩,而在预压力作用下,混凝土会发生沿压力方向的徐变。二者都使构件的长度缩短,预应力钢筋也随之内缩,产生预应力损失。混凝土的收缩和徐变引起的预应力损失 σ_{l5}(N/mm²),可按下列公式计算:

先张法构件

$$\sigma_{l5} = \frac{45 + 280\frac{\sigma_{pc}}{f'_{cu}}}{1 + 15\rho} \tag{10.13}$$

$$\sigma'_{l5} = \frac{45 + 280 \dfrac{\sigma'_{pc}}{f'_{cu}}}{1 + 15\rho'} \tag{10.14}$$

后张法构件

$$\sigma_{l5} = \frac{35 + 280 \dfrac{\sigma_{pc}}{f'_{cu}}}{1 + 15\rho} \tag{10.15}$$

$$\sigma'_{l5} = \frac{35 + 280 \dfrac{\sigma'_{pc}}{f'_{cu}}}{1 + 15\rho'} \tag{10.16}$$

式中　σ_{pc}，σ'_{pc}——在受拉区、受压区预应力钢筋合力点处的混凝土法向压应力；

　　　f'_{cu}——施加预应力时的混凝土立方体抗压强度；

　　　ρ，ρ'——受拉区、受压区预应力钢筋和非预应力钢筋的配筋率。

对先张法构件

$$\rho = \frac{A_p + A_s}{A_0}, \rho' = \frac{A'_p + A'_s}{A_0} \tag{10.17}$$

对后张法构件

$$\rho = \frac{A_p + A_s}{A_n}, \rho' = \frac{A'_p + A'_s}{A_n} \tag{10.18}$$

式中　A_0——混凝土换算截面面积；

　　　A_n——混凝土净截面面积。

对于对称配置预应力钢筋和非预应力钢筋的构件，配筋率 ρ、ρ' 应按钢筋总截面面积的一半计算。

上述公式是在相对湿度为 60% ～ 80% 环境条件下得出的经验公式，对处于高湿度环境条件下，σ_{l5} 及 σ'_{l5} 值可降低 50%。而当结构处于年平均相对湿度低于 40% 的环境下，σ_{l5} 及 σ'_{l5} 值应增加 30%。对坍落度大的泵送混凝土或周围空气相对湿度为 40% ～ 60% 的情况，宜根据实际情况考虑混凝土收缩和徐变引起预应力损失值增大的影响，或采用其他可靠数据。

由于混凝土收缩和徐变引起的预应力损失 σ_{l5} 在预应力总损失中所占比例较大，故应采取有效措施减少 σ_{l5}。采用高强度等级水泥，减少水泥用量，降低水灰比，采用干硬性混凝土；选择级配较好的骨料，加强振捣，提高混凝土的密实性，注意加强混凝土养护等，都可以减少混凝土的收缩和徐变引起的预应力损失。

6. 环形构件混凝土受螺旋式预应力钢筋局部挤压引起的预应力损失 σ_{l6}

环形构件混凝土由于受螺旋式预应力钢筋的挤压而发生局部压陷，构件的直径将有所减小，预应力钢筋中的拉应力就会随之而降低，引起预应力损失 σ_{l6}。

σ_{l6} 的大小与环形构件的直径 d 成反比。构件直径 d 越小，预应力损失 σ_{l6} 越大。《规范》规定：当 $d \leqslant 3$ m 时，取 $\sigma_{l6} = 30$ N/mm^2；当 $d > 3$ m 时，取 $\sigma_{l6} = 0$。

10.2.3　预应力损失值的组合

上述各项预应力损失是按不同张拉施工方式和在不同阶段分批产生的。通常把混凝土预压前出现的预应力损失称为第一批损失(σ_{lI})，混凝土预压后出现的预应力损失称为第二批损失(σ_{lII})。

预应力混凝土构件在各阶段的预应力损失值可按表 10.4 的规定进行组合。

预应力损失的计算值与实际预应力损失值之间可能有一定的误差，为避免计算值偏小带来的不利影响，《规范》规定当计算求得的预应力总损失 $\sigma_l = \sigma_{lI} + \sigma_{lII}$ 小于下列数值时，应按下列数值取用：

先张法构件　　100 N/mm²；

后张法构件　　80 N/mm²。

表 10.4　各阶段预应力损失值的组合

预应力损失值的组合	先张法构件	后张法构件
混凝土预压前（第一批）的损失 σ_{lI}	$\sigma_{l1} + \sigma_{l2} + \sigma_{l3} + \sigma_{l4}$	$\sigma_{l1} + \sigma_{l2}$
混凝土预压后（第二批）的损失 σ_{lII}	σ_{l5}	$\sigma_{l4} + \sigma_{l5} + \sigma_{l6}$

注：先张法构件由于钢筋应力松弛引起的损失值在第一批和第二批损失中所占的比例如需区分，可根据实际情况确定。

10.3　预应力混凝土轴心受拉构件

10.3.1　截面应力分析

预应力混凝土构件从张拉钢筋开始直到构件破坏，可分为两个阶段：施工阶段和使用阶段。施工阶段是指构件承受外荷载之前的受力阶段；使用阶段是指构件承受外荷载之后的受力阶段。设计预应力混凝土构件时，除保证使用阶段的承载力和抗裂度要求外，还要进行施工阶段验算，因此必须对预应力混凝土构件在施工阶段和使用阶段的应力状态进行分析。下面以轴心受拉构件为例，分先张法和后张法两种情况分别介绍构件在各阶段的应力状态。

1. 先张法构件

先张法构件各阶段钢筋和混凝土的应力变化过程参见表 10.5。

（1）施工阶段

① 张拉预应力钢筋。如表 10.5 中第 ② 项所示，在台座上张拉截面面积为 A_p 的预应力钢筋至控制应力 σ_{con}，这时预应力钢筋的总预拉力为 $\sigma_{con}A_p$。

表 10.5　先张法预应力混凝土轴心受压构件各阶段的应力分析

受力阶段	简图	预应力钢筋应力 σ_p	混凝土应力 σ_{pc}	非预应力钢筋应力 σ_s
施工阶段 ① 在台座上穿钢筋		0	—	—
② 张拉预应力钢筋		σ_{con}	—	—
③ 完成第一批预损失		$\sigma_{con}-\sigma_{l1}$	0	0
④ 放松钢筋		$\sigma_{pe\,I}=\sigma_{con}-\sigma_{l1}-\alpha_E\sigma_{pc\,I}$	$\sigma_{pc\,I}=\dfrac{(\sigma_{con}-\sigma_{l1})A_p}{A_0}\,(压)$	$\sigma_{s\,I}=\alpha_E\sigma_{pc\,I}\,(压)$
⑤ 完成第二批预损失		$\sigma_{pe\,II}=\sigma_{con}-\sigma_{l}-\alpha_E\sigma_{pc\,I}$	$\sigma_{pc\,II}=\dfrac{(\sigma_{con}-\sigma_{l})A_p}{A_0}\,(压)$	$\sigma_{s\,II}=\alpha_E\sigma_{pc\,I}+\sigma_{l5}\,(压)$
使用阶段 ⑥ 加载至 $\sigma_{pc}=0$		$\sigma_{p0}=\sigma_{con}-\sigma_{l}$	0	$\sigma_{l5}\,(压)$
⑦ 加载至裂缝即将出现		$\sigma_{pcr}=\sigma_{con}-\sigma_{l}+\alpha_E f_{tk}$	$f_{tk}\,(拉)$	$\alpha_E f_{tk}-\sigma_{l5}\,(拉)$
⑧ 加载至破坏		f_{py}	0	$f_y\,(拉)$

② 完成第一批预应力损失 $\sigma_{l\mathrm{I}}$。如表 10.5 中第 ③ 项所示,张拉钢筋完毕后,将预应力钢筋锚固在台座上,浇注混凝土并进行养护。由于锚具变形、温差和钢筋应力松弛,产生第一批预应力损失 $\sigma_{l\mathrm{I}}$。此时,预应力钢筋的拉应力由 σ_{con} 降低至 $\sigma_{pe} = \sigma_{con} - \sigma_{l\mathrm{I}}$,由于预应力钢筋尚未放松,混凝土的应力 $\sigma_{pc} = 0$,非预应力钢筋的应力 $\sigma_s = 0$。

③ 放松预应力钢筋、预压混凝土。如表 10.5 中第 ④ 项所示,当混凝土的强度达到其设计强度 75% 以上时,混凝土与钢筋之间具有了足够的粘结力,即可放松预应力钢筋。由于混凝土已结硬,依靠钢筋和混凝土之间的粘结力,预应力钢筋回缩的同时使混凝土产生预压应力 $\sigma_{pc\mathrm{I}}$。根据钢筋与混凝土的变形协调关系,预应力钢筋的拉应力也相应减小了 $\alpha_E \sigma_{pc\mathrm{I}}$,此时预应力钢筋的有效预拉应力为

$$\sigma_{pe\mathrm{I}} = \sigma_{con} - \sigma_{l\mathrm{I}} - \alpha_E \sigma_{pc\mathrm{I}} \tag{10.19}$$

式中　α_E—— 钢筋弹性模量与混凝土弹性模量的比值,$\alpha_E = E_s / E_c$。

同样,非预应力钢筋也将产生预压应力,其大小为

$$\sigma_{s\mathrm{I}} = \alpha_E \sigma_{pc\mathrm{I}} \text{(压)} \tag{10.20}$$

根据力的平衡条件可得

$$\sigma_{pe\mathrm{I}} A_p = \sigma_{pc\mathrm{I}} A_c + \sigma_{s\mathrm{I}} A_s \tag{10.21}$$

将式(10.19) 和式(10.20) 代入上式,可得

$$\sigma_{pc\mathrm{I}} = \frac{(\sigma_{con} - \sigma_{l\mathrm{I}}) A_p}{A_c + \alpha_E A_s + \alpha_E A_p} = \frac{N_{p\mathrm{I}}}{A_n + \alpha_E A_p} = \frac{N_{p\mathrm{I}}}{A_0} \tag{10.22}$$

式中　A_c—— 扣除预应力钢筋和非预应力钢筋截面面积后的混凝土截面面积;

　　　A_n—— 净截面面积,即扣除孔道、凹槽等削弱部分的混凝土全部截面面积及纵向非预应力钢筋截面面积换算成混凝土的截面面积之和;对由不同混凝土强度等级组成的截面,应根据混凝土弹性模量比值换算成同一强度等级的截面面积,$A_n = A_c + \alpha_E A_s$;

　　　A_0—— 换算截面面积:包括净截面面积以及全部纵向预应力钢筋截面面积换算成混凝土的截面面积,$A_0 = A_c + \alpha_E A_s + \alpha_E A_p$;

　　　$N_{p\mathrm{I}}$—— 完成第一批预应力损失后,预应力钢筋的总预拉力,$N_{p\mathrm{I}} = (\sigma_{con} - \sigma_{l\mathrm{I}}) A_p$。

④ 混凝土受到预压应力,完成第二批预应力损失 $\sigma_{l\mathrm{II}}$ 如表 10.5 中第 ⑤ 项所示,随着时间的增长,由于混凝土发生收缩、徐变及预应力钢筋进一步松弛,产生第二批预应力损失 $\sigma_{l\mathrm{II}}$。此时,由于钢筋和混凝土进一步缩短,混凝土的压应力由 σ_{pc} 降低至 $\sigma_{pc\mathrm{II}}$,预应力钢筋的拉应力由 $\sigma_{pe\mathrm{I}}$ 降低至 $\sigma_{pe\mathrm{II}}$,非预应力钢筋的压应力也由 $\sigma_{s\mathrm{I}}$ 变为 $\sigma_{s\mathrm{II}}$,于是

$$\sigma_{pe\mathrm{II}} = \sigma_{con} - \sigma_{l\mathrm{I}} - \alpha_E \sigma_{pc\mathrm{I}} - \sigma_{l\mathrm{II}} + \alpha_E(\sigma_{pc\mathrm{I}} - \sigma_{pc\mathrm{II}}) = \sigma_{con} - \sigma_l - \alpha_E \sigma_{pc\mathrm{II}} \tag{10.23}$$

式中　$\alpha_E(\sigma_{pc\mathrm{I}} - \sigma_{pc\mathrm{II}})$—— 由于混凝土压应力减小,构件的弹性压缩有所恢复,其差额值所引起的预应力钢筋中拉应力的增加量。

此时,非预应力钢筋产生的压应力 $\sigma_{s\mathrm{II}}$ 应包括 $\alpha_E \sigma_{pc\mathrm{II}}$ 及由于混凝土收缩、徐变而在预应力钢筋中产生的压应力 σ_{l5},所以

$$\sigma_{s\mathrm{II}} = \alpha_E \sigma_{pc\mathrm{II}} + \sigma_{l5} \text{(压)} \tag{10.24}$$

由力的平衡条件求得

$$\sigma_{\text{pe}\text{II}} A_p = \sigma_{\text{pc}\text{II}} A_c + \sigma_{s\text{II}} A_s$$

将式(10.23)和式(10.24)代入上式,可得

$$\sigma_{\text{pc}\text{II}} = \frac{(\sigma_{\text{con}} - \sigma_l) A_p - \sigma_{l5} A_s}{A_c + \alpha_E A_s + \alpha_E A_p} = \frac{N_{\text{p}\text{II}} - \sigma_{l5} A_s}{A_0} \tag{10.25}$$

式中　　$\sigma_{\text{pc}\text{II}}$——全部损失完成后,在预应力混凝土中所建立的"有效预压应力";

$N_{\text{p}\text{II}}$——完成全部预应力损失后,预应力钢筋的总预拉力,$N_{\text{p}\text{II}} = (\sigma_{\text{con}} - \sigma_l) A_p$。

(2)使用阶段

① 加载至混凝土的预压应力为零时,如表 10.5 中第 ⑥ 项所示,当构件承受的轴向拉力 $N_{\text{p}0}$,使混凝土预压应力 $\sigma_{\text{pc}\text{II}}$ 全部抵消,即混凝土的应力为零,截面处于"消压"状态,$\sigma_{\text{pc}\text{II}} = 0$。这时,预应力非预应力钢筋应力增量均应为 $\alpha_E \sigma_{\text{pc}\text{II}}$,即

$$\sigma_{\text{p}0} = \sigma_{\text{pe}\text{II}} + \alpha_E \sigma_{\text{pc}\text{II}}$$

将式(10.23)代入上式,可得

$$\sigma_{\text{p}0} = \sigma_{\text{con}} - \sigma_l \tag{10.26}$$

$$\sigma_{s0} = \sigma_{s\text{II}} - \alpha_E \sigma_{\text{pc}\text{II}} = \alpha_E \sigma_{\text{pc}\text{II}} + \sigma_{l5} - \alpha_E \sigma_{\text{pc}\text{II}} = \sigma_{l5}(\text{压}) \tag{10.27}$$

轴向拉力 $N_{\text{p}0}$ 可由力的平衡条件求得

$$N_{\text{p}0} = \sigma_{\text{p}0} A_p - \sigma_{s0} A_s$$

将式(10.26)和式(10.27)代入上式,可得

$$N_{\text{p}0} = (\sigma_{\text{con}} - \sigma_l) A_p - \sigma_{l5} A_s = N_{\text{p}\text{II}} - \sigma_{l5} A_s$$

由式(10.25)知

$$N_{\text{p}\text{II}} - \sigma_{l5} A_s = \sigma_{\text{pc}\text{II}} A_0$$

则

$$N_{\text{p}0} = \sigma_{\text{pc}\text{II}} A_0 \tag{10.28}$$

式中　　$N_{\text{p}0}$——混凝土应力为零时的轴向拉力,称为"消压拉力"。

② 加载至裂缝即将出现。如表 10.5 中第 ⑦ 项所示,当轴向拉力超过 $N_{\text{p}0}$ 后,混凝土开始受拉。当荷载加至 N_{cr},即混凝土拉应力达到其轴心抗拉强度标准值 f_{tk} 时,混凝土即将开裂,此时,预应力和非预应力钢筋的应力增量均应为 $\alpha_E f_{\text{tk}}$,则

$$\sigma_{\text{pcr}} = \sigma_{\text{p}0} + \alpha_E f_{\text{tk}} = \sigma_{\text{con}} - \sigma_l + \alpha_E f_{\text{tk}} \tag{10.29}$$

$$\sigma_s = \alpha_E f_{\text{tk}} - \sigma_{l5}(\text{拉}) \tag{10.30}$$

轴向拉力 N_{cr} 亦可由力的平衡条件求得

$$N_{\text{cr}} = \sigma_{\text{pcr}} A_p + \sigma_s A_s + f_{\text{tk}} A_c$$

将式(10.29)和式(10.30)代入上式,可得

$$N_{\text{cr}} = (\sigma_{\text{pc}\text{II}} + f_{\text{tk}}) A_0 \tag{10.31}$$

式中　　N_{cr}——混凝土即将裂缝时的轴向拉力,称为"抗裂拉力"。

由此可见,由于预压应力 $\sigma_{\text{pc}\text{II}}$ 的作用,使得预应力钢筋混凝土轴心受拉构件的抗裂拉力比普通钢筋混凝土轴心受拉构件大很多(通常 $\sigma_{\text{pc}\text{II}}$ 比 f_{tk} 大得多),这就是为什么预应力钢筋混凝土构件较普通钢筋混凝土构件抗裂性高的原因所在。

③ 加载至构件破坏。如表 10.5 中第 ⑧ 项所示,当轴向拉力超过 N_{cr} 后,混凝土开始出现裂缝。在裂缝截面处,混凝土就不再承受拉力,拉力全部由预应力钢筋和非预应力钢

筋承担。当钢筋应力达到设计强度时,构件破坏。此时极限轴向拉力 N_u 可由力的平衡条件求得

$$N_{\mathrm{u}} = f_{\mathrm{py}}A_{\mathrm{p}} + f_{\mathrm{y}}A_{\mathrm{s}}$$（10.32）

式中　f_{py}——预应力钢筋的抗拉强度设计值;

　　　f_{y}——非预应力钢筋的抗拉强度设计值。

由公式(10.32)可见,施加预应力并不能提高构件的承载力。

如图 10.13 所示为先张法预应力混凝土轴心受拉构件各阶段预应力钢筋应力与混凝土应力变化的示意图。虚线表示相同截面、配筋和材料的普通钢筋混凝土构件的应力变化示意图。

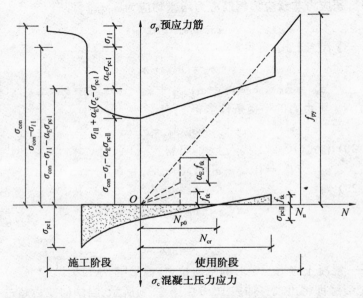

图 10.13　先张法预应力混凝土轴心受拉构件应力变化图

2.后张法构件

后张法构件各阶段钢筋和混凝土的应力变化过程见表 10.6。

(1)施工阶段

① 浇筑混凝土并养护直至预应力钢筋张拉前。表 10.6 中第 ① 项所示,此阶段中可以认为构件截面上没有任何应力。

② 张拉预应力钢筋。如表 10.6 中第 ② 项所示,在张拉预应力钢筋过程中,千斤顶的反作用力同时传递给混凝土,使混凝土受到弹性压缩,并产生摩擦损失 σ_{l2}。

此时,预应力钢筋中的拉应力为

$$\sigma_{\mathrm{pe}} = \sigma_{\mathrm{con}} - \sigma_{l2}$$（10.33）

非预应力钢筋中的压应力为

$$\sigma_{\mathrm{s}} = \alpha_{\mathrm{E}}\sigma_{\mathrm{pe}}（压）$$（10.34）

由力的平衡条件求得

$$\sigma_{\mathrm{pe}}A_{\mathrm{p}} = \sigma_{\mathrm{pc}}A_{\mathrm{c}} + \sigma_{\mathrm{s}}A_{\mathrm{s}}$$

将式(10.33)和式(10.34)代入上式,可得

$$(\sigma_{con} - \sigma_{l2})A_p = \sigma_{pc}A_c + \alpha_E \sigma_{pc}A_s$$

$$\sigma_{pc} = \frac{(\sigma_{con} - \sigma_{l2})A_p}{A_c + \alpha_E A_s} = \frac{(\sigma_{con} - \sigma_{l2})A_p}{A_n} \tag{10.35}$$

式中　A_c——扣除非预应力钢筋截面面积以及孔道、凹槽等削弱部分后的混凝土截面面积。

③ 预应力钢筋张拉完毕并予锚固至完成第一批预应力损失 σ_{lI}。如表 10.6 中第 ③ 项所示,张拉预应力钢筋后,由于锚具变形和钢筋内缩引起预应力损失 σ_{l1}。此时,预应力钢筋的拉应力由 σ_{pe} 降低至 σ_{peI},即

$$\sigma_{peI} = \sigma_{con} - \sigma_{l2} - \sigma_{l1} = \sigma_{con} - \sigma_{lI} \tag{10.36}$$

若混凝土获得的预压应力为 σ_{pcI},则非预应力钢筋中的压应力为

$$\sigma_{sI} = \alpha_E \sigma_{pcI} \quad (\text{压}) \tag{10.37}$$

由力的平衡条件求得

$$\sigma_{peI} A_p = \sigma_{pcI} A_c + \sigma_{sI} A_s$$

将式(10.36)和式(10.37)代入上式,可得

$$(\sigma_{con} - \sigma_{lI})A_p = \sigma_{pcI} A_c + \alpha_E \sigma_{pcI} A_s$$

$$\sigma_{pcI} = \frac{(\sigma_{con} - \sigma_{lI})A_p}{A_c + \alpha_E A_s} = \frac{N_{pI}}{A_n} \tag{10.38}$$

式中　N_{pI}——完成第一批预应力损失后,预应力钢筋的总预拉力,$N_{pI} = (\sigma_{con} - \sigma_{lI})A_p$。

④ 混凝土受到预压应力后至完成第二批预应力损失 σ_{lII}。如表 10.6 中第 ④ 项所示,由于钢筋应力松弛、混凝土的收缩和徐变(对于环形构件还有局部挤压变形),引起预应力损失 σ_{l4}、σ_{l5}(以及 σ_{l6}),即完成第二批预应力损失 $\sigma_{lII} = \sigma_{l4} + \sigma_{l5}(+\sigma_{l6})$。此时预应力钢筋的拉应力由 σ_{peI} 降低至 σ_{peII},即

$$\sigma_{peII} = \sigma_{con} - \sigma_{lI} - \sigma_{lII} = \sigma_{con} - \sigma_l \tag{10.39}$$

若混凝土所获得的预压应力为 σ_{pcII},非预应力钢筋中的压应力相应为

$$\sigma_{sII} = \alpha_E \sigma_{pcI} + \sigma_{l5} - \alpha_E(\sigma_{pcI} - \sigma_{pcII}) = \alpha_E \sigma_{pcII} + \sigma_{l5} \quad (\text{压}) \tag{10.40}$$

由力的平衡条件求得

$$\sigma_{peII} A_p = \sigma_{pcII} A_c + \sigma_{sII} A_s$$

将式(10.39)和式(10.40)代入上式,可得

$$(\sigma_{con} - \sigma_l)A_p = \sigma_{pcII} A_c + (\alpha_E \sigma_{pcII} + \sigma_{l5})A_s$$

$$\sigma_{pcII} = \frac{(\sigma_{con} - \sigma_l)A_p - \sigma_{l5}A_s}{A_c + \alpha_E A_s} = \frac{(\sigma_{con} - \sigma_l)A_p - \sigma_{l5}A_s}{A_n} \tag{10.41}$$

(2) 使用阶段

① 加载至混凝土的预压应力为零。如表 10.6 中第 ⑤ 项所示,当构件承受的轴向拉力 N_{p0} 使混凝土预压应力 σ_{pcII} 被全部抵消,即混凝土的应力 $\sigma_{pcII} = 0$。这时,预应力钢筋和非预应力钢筋应力增量应为 $\alpha_E \sigma_{pcII}$,则

$$\sigma_{p0} = \sigma_{peII} + \alpha_E \sigma_{pcII} = \sigma_{con} - \sigma_l + \alpha_E \sigma_{pcII} \tag{10.42}$$

$$\sigma_{s0} = \sigma_{sII} - \alpha_E \sigma_{pcII} = \alpha_E \sigma_{pcII} + \sigma_{l5} - \alpha_E \sigma_{pcII} = \sigma_{l5} \quad (\text{压}) \tag{10.43}$$

由力的平衡条件可求得轴向拉力 N_{p0} 为

$$N_{p0} = \sigma_{p0}A_p - \sigma_{s0}A_s$$

将式(10.42)和式(10.43)代入上式,可得

$$N_{p0} = (\sigma_{con} - \sigma_l + \alpha_E\sigma_{pc\,II})A_p - \sigma_{l5}A_s \tag{10.44a}$$

由式(10.41)知

$$(\sigma_{con} - \sigma_l)A_p - \sigma_{l5}A_s = \sigma_{pc\,II}(A_c + \alpha_E A_s)$$

故

$$N_{p0} = \sigma_{pc\,II}(A_c + \alpha_E A_s) + \alpha_E\sigma_{pc\,II}A_p = \sigma_{pc\,II}(A_c + \alpha_E A_s + \alpha_E A_p) = \sigma_{pc\,II}A_0$$

$$\tag{10.44b}$$

② 加载至裂缝即将出现。如表10.6中第⑥项所示,当轴向拉力超过 N_{p0} 后,混凝土开始受拉。当荷载加至 N_{cr},混凝土拉应力达到其轴心抗拉强度标准值 f_{tk} 时,混凝土即将开裂,这时预应力和非预应力钢筋应力增量均应为 $\alpha_E f_{tk}$,则

$$\sigma_{pcr} = \sigma_{p0} + \alpha_E f_{tk} = (\sigma_{con} - \sigma_l + \alpha_E\sigma_{pc\,II}) + \alpha_E f_{tk} \tag{10.45}$$

$$\sigma_s = \alpha_E f_{tk} - \sigma_{l5}(\text{拉}) \tag{10.46}$$

轴向拉力 N_{cr} 可由力的平衡条件求得

$$N_{cr} = \sigma_{pcr}A_p + \sigma_s A_s + f_{tk}A_c$$

将式(10.45)和式(10.46)代入上式,可得

$$N_{cr} = (\sigma_{con} - \sigma_l + \alpha_E\sigma_{pc\,II} + \alpha_E f_{tk})A_p + (\alpha_E f_{tk} - \sigma_{l5})A_s + f_{tk}A_c =$$
$$(\sigma_{con} - \sigma_l + \alpha_E\sigma_{pc\,II})A_p - \sigma_{l5}A_s + f_{tk}(A_c + \alpha_E A_s + \alpha_E A_p)$$

由式(10.44a)和式(10.44b)知

$$N_{p0} = \sigma_{pc\,II}A_0 = (\sigma_{con} - \sigma_l + \alpha_E\sigma_{pc\,II})A_p - \sigma_{l5}A_s$$

则

$$N_{cr} = \sigma_{pc\,II}A_0 + f_{tk}A_0 = (\sigma_{pc\,II} + f_{tk})A_0 \tag{10.47}$$

③ 加载至构件破坏。如表10.6中第⑦项所示,与先张法构件相同,当轴向拉力达到 N_u 时,构件破坏,此时预应力钢筋和非预应力钢筋的应力分别达到 f_{py} 和 f_y。由力的平衡条件,可得

$$N_u = f_{py}A_p + f_y A_s \tag{10.48}$$

如图10.14所示为后张法预应力混凝土轴心受拉构件各阶段预应力钢筋应力与混凝土应力变化的示意图。

比较表10.5、表10.6及图10.13、图10.14可知:

① 在施工阶段,当完成第二批预应力损失后,混凝土所获得的有效预压应力 $\sigma_{pc\,II}$,先张法和后张法构件的计算公式形式基本相同,只是由于二者不同的施工工艺,而使其 σ_l 的具体计算值有所不同。同时在计算公式中,先张法构件采用换算截面面积 A_0,而后张法构件采用净截面面积 A_n。如果采用相同的 σ_{con}、相同的材料强度等级、相同的混凝土截面尺寸、相同的预应力钢筋及截面面积,由于 $A_0 > A_n$,则后张法构件建立的有效预压应力 σ_{pc} 要比先张法构件高些。

② 在使用阶段,不论先张法还是后张法构件,N_{p0}、N_{cr} 和 N_u 的计算公式形式都相同,但计算 N_{p0} 和 N_{cr} 时,两种方法的 $\sigma_{pc\,II}$ 是不同的。

表 10.6　后张法预应力混凝土轴心受压构件各阶段的应力分析

受力阶段	简图	预应力钢筋应力 σ_P	混凝土应力 σ_{pc}	非预应力钢筋应力 σ_s
施工阶段 ① 穿钢筋		0	0	0
施工阶段 ② 张拉钢筋	$\sigma_{pe}A_p$ σ_{pc}（压）	$\sigma_{con}-\sigma_{l2}$	$\sigma_{pc}=\dfrac{(\sigma_{con}-\sigma_{l2})A_p}{A_n}$（压）	$\sigma_s=\alpha_E\sigma_{pc}$（压）
施工阶段 ③ 完成第一批损失	$\sigma_{peI}A_p$ σ_{pcI}（压）	$\sigma_{peI}=\sigma_{con}-\sigma_{lI}$	$\sigma_{pcI}=\dfrac{(\sigma_{con}-\sigma_{lI})A_p}{A_n}$（压）	$\sigma_{sI}=\alpha_E\sigma_{pcI}$（压）
施工阶段 ④ 完成第二批损失	$\sigma_{peII}A_p$ σ_{pcII}（压）	$\sigma_{peII}=\sigma_{con}-\sigma_l$	$\sigma_{pcII}=\dfrac{(\sigma_{con}-\sigma_l)A_p-\sigma_{l5}A_s}{A_n}$（压）	$\sigma_{sI}=\alpha_E\sigma_{pcI}+\sigma_{l5}$（压）
使用阶段 ⑤ 加载至 $\sigma_{pc}=0$	N_0 0 N_0	$\sigma_{pe}=\sigma_{con}-\sigma_l+\alpha_E\sigma_{pcI}$	0	σ_{l5}（压）
使用阶段 ⑥ 加载至裂缝即将出现	N_{cr} f_{tk}（拉） N_{cr}	$\sigma_{pc}=\sigma_{con}-\sigma_l+\alpha_E\sigma_{pcI}+\alpha_E f_{tk}$	f_{tk}（拉）	$\alpha_E f_{tk}-\sigma_{l5}$（拉）
使用阶段 ⑦ 加载至破坏	N_u N_u	f_{py}	0	f_y（拉）

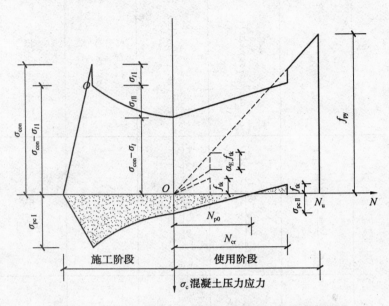

图 10.14　后张法预应力混凝土轴心受拉构件应力变化图

③ 由于预压应力 σ_{pcII} 的作用,使得预应力混凝土轴心受拉构件出现裂缝比普通钢筋混凝土轴心受拉构件迟得多,故其抗裂度大为提高,但出现裂缝时的荷载值与构件的破坏荷载值比较接近,所以其延性较差。

④ 预应力混凝土轴心受拉构件从开始张拉直至其破坏,预应力钢筋始终处于高拉应力状态,而混凝土在轴向拉力达到 N_{p0} 之前,也始终处于受压状态,两种材料充分发挥了各自的材料性能。

⑤ 当材料的强度等级和截面尺寸相同时,预应力混凝土轴心受拉构件与普通钢筋混凝土轴心受拉构件的正截面受拉承载力完全相同。

10.3.2　使用阶段的承载力计算

根据各阶段应力分析,当预应力混凝土轴心受拉构件加载至破坏时,全部荷载应由预应力钢筋和非预应力钢筋承担,计算简图如图 10.15 所示。其正截面受拉承载力可按下式计算

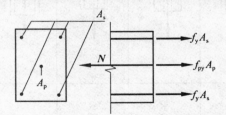

图 10.15　轴心受拉构件正截面受拉承载力计算

$$N \leqslant N_u = f_{py}A_p + f_yA_s \tag{10.49}$$

式中　　N——轴向拉力设计值;

　　　f_{py},f_y——预应力钢筋、非预应力钢筋的抗拉强度设计值;

　　　A_p,A_s——预应力钢筋、非预应力钢筋的截面面积。

10.3.3　裂缝控制验算

预应力混凝土轴心受拉构件的裂缝控制验算,根据不同的抗裂度等级要求,可分别进行计算。

1. 严格要求不出现裂缝的构件

要求在按荷载效应标准组合计算时,构件的混凝土中不应产生拉应力,即应满足

$$\sigma_{ck} - \sigma_{pc\,II} \leqslant 0 \tag{10.50}$$

式中　$\sigma_{pc\,II}$ —— 扣除全部预应力损失后抗裂验算边缘混凝土的预压应力,按公式
（10.25）或式（10.41）计算;

　　　　σ_{ck} —— 荷载效应标准组合下抗裂验算边缘的混凝土法向应力,按下式计算

$$\sigma_{ck} = \frac{N_k}{A_0} \tag{10.51}$$

式中　N_k —— 按荷载效应标准组合计算的轴向力值;

　　　　A_0 —— 构件换算截面面积,$A_0 = A_c + \alpha_E A_s + \alpha_E A_p$。

2. 一般要求不出现裂缝的构件

要求在按荷载效应标准组合计算时,构件受拉边缘混凝土拉应力不应大于混凝土轴心抗拉强度标准值,即应符合下列条件

$$\sigma_{ck} - \sigma_{pc\,II} \leqslant f_{tk} \tag{10.52}$$

同时要求在按荷载准永久组合计算时,构件受拉边缘混凝土不宜产生拉应力（当有可靠经验时可适当放松）,即宜符合下列条件

$$\sigma_{cq} - \sigma_{pc} \leqslant 0 \tag{10.53}$$

式中　f_{tk} —— 混凝土轴心抗拉强度标准值;

　　　　σ_{cq} —— 荷载效应准永久组合下抗裂验算边缘的混凝土法向应力,按下式计算

$$\sigma_{cq} = \frac{N_q}{A_0} \tag{10.54}$$

式中　N_q —— 按荷载效应准永久组合计算的轴向拉力值。

3. 允许出现裂缝的构件

对于允许出现裂缝的预应力混凝土轴心受拉构件,应验算其裂缝宽度。按荷载效应标准组合并考虑长期作用影响计算时,构件的最大裂缝宽度不应超过表 9.2 规定的最大裂缝宽度限值,即应符合下列条件

$$\omega_{max} = \alpha_{cr}\psi\frac{\sigma_{sk}}{E_s}\left(1.9c + 0.08\frac{d_{eq}}{\rho_{te}}\right) \leqslant \omega_{min} \tag{10.55}$$

式中　α_{cr} —— 构件受力特征系数,对预应力混凝土轴心受拉构件,取 $\alpha_{cr} = 2.2$;

　　　　σ_{sk} —— 按荷载效应标准组合计算的预应力混凝土构件纵向受拉钢筋的等效应
　　　　力,$\sigma_{sk} = \dfrac{N_k - N_{p0}}{A_p + A_s}$;

　　　　ρ_{te} —— 按有效受拉混凝土截面面积计算的纵向受拉钢筋配筋率,$\rho_{te} = \dfrac{A_s + A_p}{A_{te}}$,
　　　　当 $\rho_{te} < 0.01$ 时,取 $\rho_{te} = 0.01$;

　　　　A_p, A_s —— 受拉区纵向预应力、非预应力钢筋截面面积。

10.3.4　施工阶段验算

预应力混凝土拉构件在制作、运输、吊装等施工阶段的受力状态,不同于使用阶段的受力状态,所以除了应对构件使用阶段的承载力和裂缝控制进行验算外,还应对施工阶段的受力情况进行验算。它包括施工阶段的承载力验算和后张法构件锚固区的局部承压验算。

1.承载力验算

当放张预应力钢筋(先张法构件)或张拉预应力钢筋(后张法构件)时,混凝土将承受最大的预压应力 σ_{cc},而此时混凝土强度一般尚未达到其设计强度(例如,仅达到其设计强度等级值的 75%)。为了保证施工阶段混凝土的受压承载力,当张拉(或放张)预应力钢筋时,构件截面边缘混凝土法向应力应符合下列规定

$$\sigma_{cc} \leqslant 0.8 f'_{ck} \tag{10.56}$$

式中　　f'_{ck}——张拉(或放张)预应力钢筋时,与混凝土立方体抗压强度 f'_{cu} 相应的轴心抗压强度标准值,可按附表 2 以线性内插法取用;

σ_{cc}—— 相应施工阶段计算截面边缘纤维的混凝土压应力,可按下列公式计算。

先张法构件按第一批预应力损失出现后计算 σ_{cc},即

$$\sigma_{cc} = \frac{(\sigma_{con} - \sigma_{lI})A_p}{A_0} \tag{10.57}$$

后张法构件按不考虑预应力损失值计算 σ_{cc},即

$$\sigma_{cc} = \frac{\sigma_{con}A_p}{A_n} \tag{10.58}$$

2.后张法构件端部锚固区局部受压分析

后张法预应力混凝土构件的预压力,是通过锚具经垫板传递给混凝土的。一般锚具下的垫板与混凝土的接触面积很小,而预压力又很大,因此锚具下的混凝土将承受较大的压应力,如图 10.16 所示。在这种局部压应力的作用下,可能引起构件端部出现纵向裂缝,甚至导致局部受压破坏。故对后张法预应力混凝土构件端部的局部受压验算,应包括抗裂和承载能力的验算。

构件端部锚具下的应力状态是很复杂的,根据圣维南原理,锚具下的局部压应力是要经过一段距离才能扩散到整个截面上的。因此,要把图 10.16(a)、(b)中所示作用在截面 AB 的面积 A_l 上的局部压应力 F_l,逐渐扩散到整个截面上,使得在这个截面上构件全截面均匀受压,就需要有一定的距离(大约是构件的高度)。常把从构件端部局部受压到全截面均匀受压的这个区段,称为预应力混凝土构件的锚固区。

混凝土受局部压力作用时,混凝土内的应力分布是很不均匀的,如图 10.16(c)所示,沿 x 方向的正应力 σ_x,在块体 ABCD 中的绝大部分都是压应力;沿 y 方向的正应力 σ_y,在块体的 AOBGFE 部分是压应力,而在 EFGDC 部分是拉应力,最大拉应力发生在 H 点。当外荷载逐渐增加,H 点的拉应变超过混凝土的极限拉应变值时,混凝土就会出现纵向裂缝,若承载力不足,则会导致局部受压破坏。

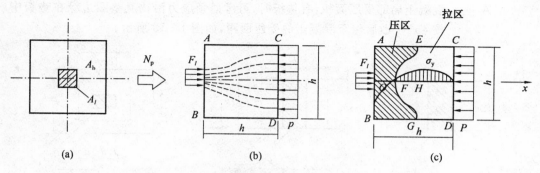

图 10.16　构件端部混凝土局部受压时的内力分布

试验表明,影响混凝土局部受压纵向裂缝及承载能力的主要因素有:

(1)混凝土局部受压的计算底面积 A_b 与局部受压面积 A_l 之比

由局部受压的试验结果可知,其中局部受压强度提高系数 $\beta_l = f_{cl}/f_c$(f_{cl} 为混凝土的局部受压强度),在一定范围内,随 A_b/A_l 的增大而增大,但增长逐渐趋缓。

(2)间接钢筋体积与混凝土体积之比

间接钢筋体积与混凝土体积之比即间接钢筋的体积配筋率 ρ_v。当构件配有间接钢筋或螺旋钢筋时,由于横向钢筋产生径向压力,限制了混凝土的横向变形,抑制了微裂缝的发展,使混凝土处于三向受压状态,提高了混凝土的抗压强度和抗变形能力。试验表明,在一定范围内,ρ_v 越大,构件的局部受压承载能力越高。

3. 锚固区抗裂验算(端部受压区截面尺寸验算)

为了满足构件端部局部受压区的抗裂要求,防止由于构件端部受压面积太小而在施加预应力时出现沿构件长度方向的裂缝,对配置间接钢筋的预应力混凝土构件,其局部受压区的截面尺寸应符合下列要求

$$F_l \leqslant 1.35\beta_c\beta_l f_c A_{ln} \tag{10.59}$$

$$\beta_l = \sqrt{\frac{A_b}{A_l}} \tag{10.60}$$

式中　F_l——局部受压面上作用的局部荷载或局部压力设计值,对后张法预应力混凝土构件中的锚头局压区的应力设计值,应取 $F_l = 1.2\sigma_{con}A_p$;

f_c——混凝土轴心抗压强度设计值;在后张法预应力混凝土构件的张拉阶段验算中,应根据相应阶段的混凝土立方体抗压强度值按附表 7 以线性内插法确定;

β_c——混凝土强度影响系数,当混凝土强度等级不超过 C50 时,取 $\beta_c = 1.0$;当混凝土强度等级为 C80 时,取 $\beta_c = 0.8$;其间按线性内插法确定;

β_l——混凝土局部受压时的强度提高系数;

A_{ln}——混凝土局部受压净面积;对后张法构件,应在混凝土局部受压面积中扣除孔道、凹槽等部分的面积;

A_b——局部受压的计算底面积,可由局部受压面积与计算底面积按同心、对称的原则确定;对常用情况,可按图 10.17 所示取用;

A_l—— 混凝土局部受压面积,有垫板时,可考虑预应力沿锚具垫圈边缘在垫板中按 45° 扩散后传至混凝土的受压面积,如图 10.18 所示。

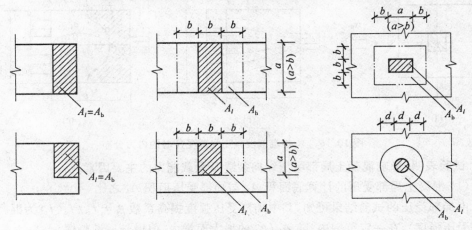

图 10.17　局部受压的计算底面积

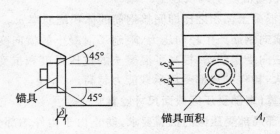

图 10.18　有垫板时预应力传递至混凝土的受压面积

4.局部受压承载力计算

为防止构件在锚固区段发生局部受压破坏,应配置间接钢筋(钢筋网片或螺旋式钢筋)以加强对混凝土的约束,从而提高局部受压承载力。当配置方格网式或螺旋式间接钢筋且其核心面积 $A_{cor} \geqslant A_l$ 时,局部受压承载力应符合下列规定

$$F_l \leqslant 0.9(\beta_c \beta_l f_c + 2\alpha \rho_v \beta_{cor} f_y)A_{ln} \qquad (10.61)$$

式中　α—— 间接钢筋对混凝土约束的折减系数:当混凝土强度等级不超过 C50 时,取 $\alpha = 1.0$;当混凝土强度等级为 C80 时,取 $\alpha = 0.85$;其间按线性内插法确定;

β_{cor}—— 配置间接钢筋的局部受压承载力提高系数,可按下列公式计算:$\beta_{cor} = \sqrt{\dfrac{A_{cor}}{A_l}}$。

A_{cor}—— 方格网式或螺旋式间接钢筋内表面范围内的混凝土核心面积,其重心应与 A_l 的重心重合,计算中按同心、对称的原则取值,当 $A_{cor} \geqslant A_b$ 时,应取 $A_{cor} = A_b$;

f_y—— 间接钢筋抗拉强度设计值；

ρ_v—— 间接钢筋的体积配筋率（核心面积 A_{cor} 范围内单位混凝土体积所含间接钢筋的体积）。

当为方格网配筋时，如图 10.19(a) 所示，即

$$\rho_v = \frac{n_1 A_{s1} l_1 + n_2 A_{s2} l_2}{A_{cor} s} \tag{10.62}$$

此时，钢筋网两个方向上单位长度内钢筋截面面积的比值不宜大于 1.5。

当为螺旋式配筋时，如图 10.19(b) 所示，即

$$\rho_v = \frac{4 A_{ss1}}{d_{cor} s} \tag{10.63}$$

式中　n_1 , A_{s1}—— 方格网沿 l_1 方向的钢筋根数、单根钢筋的截面面积；

n_2 , A_{s2}—— 方格网沿 l_2 方向的钢筋根数、单根钢筋的截面面积；

A_{ss1}—— 单根螺旋式间接钢筋的截面面积；

d_{cor}—— 螺旋式间接钢筋内表面范围内的混凝土截面直径；

s—— 方格网式或螺旋式间接钢筋的间距，宜取 $30 \sim 80$ mm。

间接钢筋应布置在如图 10.19 所示规定的高度 h 范围内，对方格网式钢筋，不应少于 4 片；对螺旋式钢筋，不应少于 4 圈。

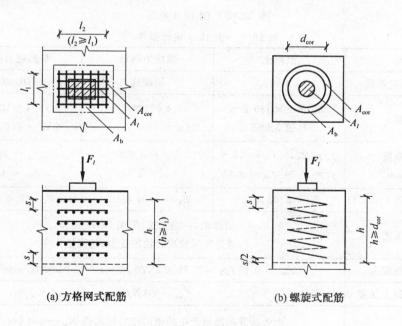

(a)方格网式配筋　　　　(b)螺旋式配筋

图 10.19　局部受压区的间接钢筋

例 10.1　某 18 m 跨度预应力拱形屋架下弦，如图 10.20 所示，设计条件见表 10.7，试对该下弦进行使用阶段及施工阶段强度计算和抗裂度验算。

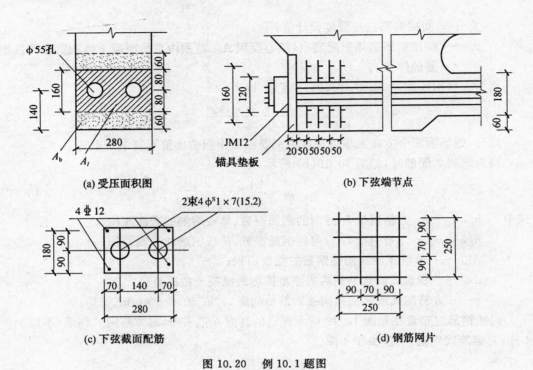

(a) 受压面积图

(b) 下弦端节点

(c) 下弦截面配筋

(d) 钢筋网片

图 10.20　例 10.1 题图

表 10.7　例 10.1 设计条件

材料	混凝土	预应力钢筋	非预应力钢筋
品种和强度等级	C60	钢绞线	HRB400
截面	280 mm × 180 mm 孔道 2 φ 55	4 φˢ1 × 7 ($d = 15.2$ mm)	4 φ 12 ($A_s = 452$ mm²)
材料强度 /(N·mm⁻²)	$f_c = 27.5, f_{ck} = 38.5$ $f_t = 2.04, f_{tk} = 2.85$	$f_{py} = 1\,220$ $f_{ptk} = 1\,720$	$f_y = 360$ $f_{yk} = 400$
弹性模量 /(N·mm⁻²)	$E_c = 3.60 \times 10^4$	$E_s = 1.95 \times 10^5$	$E_s = 2.0 \times 10^5$
张拉工艺	后张法，一端张拉，采用 JM12 锚具 孔道为充压橡皮管抽芯成型，超张拉 5%		
张拉控制应力	$\sigma_{con} = 0.75 f_{ptk} = 0.75 \times 1\,720$ N/mm² $= 1\,290$ N/mm²		
张拉时混凝土强度	$f'_{cu} = 60$ N/mm²		
杆件内力	永久荷载标准值产生的轴向拉力标准值 $N_k = 650$ kN 可变荷载标准值产生的轴向拉力标准值 $N_k = 300$ kN 可变荷载的准永久值系数为 0.4		
裂缝控制等级	严格要求不出现裂缝构件		

解　1. 按使用阶段承载力计算所需预应力钢筋面积

由公式(10.49)，得

$$A_{\mathrm{p}}/\mathrm{mm}^2 = \frac{N - f_y A_s}{f_{\mathrm{py}}} = \frac{(1.2 \times 650 \times 10^3 + 1.4 \times 300 \times 10^3) - 360 \times 452}{1\ 220} = 850.2$$

采用 2 束普通松弛钢绞线,每束 4 $\phi^{\mathrm{s}}1 \times 7$($d = 15.2\ \mathrm{mm}$,$A_{\mathrm{p}} = 1\ 112\ \mathrm{mm}^2$),如图 10.20(c) 所示。

2. 使用阶段抗裂度验算

(1) 截面几何特征值

混凝土的截面面积

$$A_{\mathrm{c}}/\mathrm{mm}^2 = (280 \times 180 - 2 \times \frac{\pi}{4} \times 55^2 - 452) = 45\ 196$$

预应力钢筋与混凝土的弹性模量比

$$\alpha_{\mathrm{E1}} = \frac{E_s}{E_c} = \frac{1.95 \times 10^5}{3.60 \times 10^4} = 5.42$$

非预应力钢筋与混凝土的弹性模量比

$$\alpha_{\mathrm{E2}} = \frac{E_s}{E_c} = \frac{2.0 \times 10^5}{3.60 \times 10^4} = 5.56$$

混凝土的净截面面积

$$A_{\mathrm{n}}/\mathrm{mm}^2 = A_{\mathrm{c}} + \alpha_{\mathrm{E2}} A_s = 45\ 196 + 5.56 \times 452 = 47\ 709$$

混凝土的换算截面面积

$$A_0/\mathrm{mm} = A_{\mathrm{n}} + \alpha_{\mathrm{E1}} A_{\mathrm{p}} = (47\ 709 + 5.42 \times 1\ 112) = 53\ 736$$

(2) 计算预应力损失值

① 锚具变形和钢筋内缩损失 σ_{l1}

采用 JM12 型锚具(夹片式锚具),由表 10.2 查得 $a = 5\ \mathrm{mm}$,则

$$\sigma_{l1}/(\mathrm{N} \cdot \mathrm{mm}^{-2}) = \frac{a}{l} E_s = \frac{5}{18\ 000} \times 1.95 \times 10^5 = 54.17$$

② 孔道摩擦损失 σ_{l2}

直线配筋,一端张拉,故 $\theta = 0$,$x = 18\ \mathrm{m}$。

充压橡皮管抽芯成形,由表 10.3 查得,$k = 0.001\ 4$,$\mu = 0.55$,则

$$kx + \mu \theta = 0.001\ 4 \times 18 = 0.025 < 0.2$$

故由式(10.5)得

$$\sigma_{l2}/(\mathrm{N} \cdot \mathrm{mm}^{-2}) = (kx + \mu \theta) \sigma_{\mathrm{con}} = 0.025\ 2 \times 1\ 290 = 32.51$$

则第一批预应力损失为

$$\sigma_{l\mathrm{I}}/(\mathrm{N} \cdot \mathrm{mm}^{-2}) = \sigma_{l1} + \sigma_{l2} = (54.17 + 32.51) = 86.68$$

③ 预应力钢筋的应力松弛损失 σ_{l4}

采用 2 束普通松弛钢绞线,超张拉工艺张拉,由式(10.8)得

$$\sigma_{l4}/(\mathrm{N} \cdot \mathrm{mm}^{-2}) = 0.36 \left(\frac{\sigma_{\mathrm{con}}}{f_{\mathrm{ptk}}} - 0.5 \right) \sigma_{\mathrm{con}} = 0.36 \times \left(\frac{1\ 290}{1\ 720} - 0.5 \right) \times 1\ 290 = 116.1$$

④ 混凝土的收缩和徐变损失 σ_{l5}

此时混凝土预压应力 σ_{pc} 仅考虑第一批预应力损失,故由式(10.38),可得

$$\sigma_{\mathrm{pc}}/(\mathrm{N} \cdot \mathrm{mm}^{-2}) = \sigma_{\mathrm{pcI}} = \frac{N_{\mathrm{pI}}}{A_{\mathrm{n}}} = \frac{(\sigma_{\mathrm{con}} - \sigma_{l\mathrm{I}}) A_{\mathrm{p}}}{A_{\mathrm{c}} + \alpha_{\mathrm{E}} A_s} = \frac{(1\ 290 - 86.68) \times 1\ 112}{47\ 709} = 28.05$$

$$\frac{\sigma_{pc}}{f'_{cu}} = \frac{28.05}{60} = 0.468 < 0.5$$

$$\rho = \frac{A_p + A_s}{A_n} = \frac{1\ 112 + 452}{47\ 709} = 0.032\ 8$$

由式(10.15),有

$$\sigma_{l5}/(\text{N} \cdot \text{mm}^{-2}) = \frac{35 + 280\frac{\sigma_{pc}}{f'_{cu}}}{1 + 15\rho} = \frac{35 + 280 \times \frac{28.05}{60}}{1 + 15 \times 0.032\ 8} = 111.19$$

第二批预应力损失

$$\sigma_{l\text{II}}/(\text{N} \cdot \text{mm}^{-2}) = \sigma_{l4} + \sigma_{l5} = (116.1 + 111.19) = 227.29$$

总预应力损失

$$\sigma_l/(\text{N} \cdot \text{mm}^{-2}) = \sigma_{l\text{I}} + \sigma_{l\text{II}} = 86.68 + 227.29 = 313.97 > 80$$

(3) 抗裂度验算

混凝土的有效预压应力 $\sigma_{pc\text{II}}$,由式(10.41) 求得

$$\sigma_{pc\text{II}}/(\text{N} \cdot \text{mm}^{-2}) = \frac{(\sigma_{con} - \sigma_l)A_p}{A_n} = \frac{(1\ 290 - 313.97) \times 1\ 112}{47\ 709} = 22.75$$

在荷载效应的标准组合下

$$N_k/\text{kN} = 650 + 300 = 950$$

$$\sigma_{ck}/(\text{N} \cdot \text{mm}^{-2}) = \frac{N_k}{A_0} = \frac{950 \times 10^3}{53\ 736} = 17.68$$

$$(\sigma_{ck} - \sigma_{pc})/(\text{N} \cdot \text{mm}^{-2}) = 17.68 - 22.75 < 0$$

满足抗裂要求。

在荷载效应的准永久组合下

$$N_{cq}/\text{kN} = 650 + 0.4 \times 300 = 770$$

$$\sigma_{cq}/(\text{N} \cdot \text{mm}^{-2}) = \frac{N_{cq}}{A_0} = \frac{770 \times 10^3}{53\ 736} = 14.33$$

$$\sigma_{cq} - \sigma_{pc} = (14.33 - 22.75)\text{N}/\text{mm}^2 < 0$$

满足抗裂要求。

3. 施工阶段承载力验算

达到最大张拉力时构件截面上混凝土压应力为

$$\sigma_{cc}/(\text{N} \cdot \text{mm}^{-2}) = \frac{\sigma_{con}A_p}{A_n} = \frac{1\ 290 \times 1\ 112}{47\ 709} = 30.07$$

而 $f'_{ck} = 38.5\ \text{N}/\text{mm}^2$,故有

$$\sigma_{cc} < 0.8 f'_{ck}/(\text{N} \cdot \text{mm}^{-2}) = 0.8 \times 38.5 = 30.8$$

满足要求。

4. 施工阶段构件端部锚固区局部受压验算

(1) 锚固区抗裂验算

计算混凝土局部受压面积 A_l 时,可考虑预应力沿锚具垫圈边缘在垫板中按 45° 扩散后传至混凝土的受压面积。JM12 型锚具的直径为 100 mm,锚具下垫板厚 20 mm,在此近似取为如图 10.20(a) 所示阴影矩形面积。

$$A_l/\mathrm{mm^2} = 280 \times (120 + 2 \times 20) = 44\ 800$$

局部受压的计算底面积

$$A_\mathrm{b}/\mathrm{mm^2} = 280 \times (160 + 2 \times 60) = 78\ 400$$

混凝土局部受压净面积

$$A_{ln}/\mathrm{mm^2} = 44\ 800 - 2 \times \frac{\pi}{4} \times 55^2 = 40\ 048$$

$$\beta_l = \sqrt{\frac{A_\mathrm{b}}{A_l}} = \sqrt{\frac{78\ 400}{44\ 800}} = 1.323$$

当 $f_{cu,k} = 60\ \mathrm{N/mm^2}$ 时，按线性内插法得 $\beta_c = 0.933$。由式(10.59)，可得

$$1.35\beta_c\beta_l f_c A_{ln} = (1.35 \times 0.933 \times 1.323 \times 27.5 \times 40\ 048)\mathrm{N} = 1\ 835\ 223\ \mathrm{N} \approx 1\ 835.2\ \mathrm{kN}$$

$$F_l = 1.2\sigma_{con}A_p = (1.2 \times 1\ 290 \times 1\ 112)\mathrm{N} = 1\ 721\ 376\ \mathrm{N} \approx 1\ 721.4\ \mathrm{kN} <$$
$$1.35\beta_c\beta_l f_c A_{ln} = 1\ 835.2\ \mathrm{kN}$$

满足要求。

（2）局部受压承载力计算

设置 $4\phi8$ 钢筋网片，间距 $s = 50\ \mathrm{mm}$，钢筋直径 $d = 8\ \mathrm{mm}$，$f_y = 210\ \mathrm{N/mm^2}$，$A_{s1} = A_{s2} = 50.3\ \mathrm{mm^2}$，如图 10.20(b)、(d) 所示，则

$$A_{cor}/\mathrm{mm^2} = 250 \times 250 = 62\ 500 < A_\mathrm{b} = 78\ 400\ \mathrm{mm^2}$$

$$\beta_{cor} = \sqrt{\frac{A_{cor}}{A_l}} = \sqrt{\frac{62\ 500}{44\ 800}} = 1.181$$

$$\rho_v = \frac{n_1 A_{s1} l_1 + n_2 A_{s2} l_2}{A_{cor} s} = \frac{4 \times 78.5 \times 250 + 4 \times 50.3 \times 250}{62\ 500 \times 50} = 0.032$$

按线性内插法，求得折减系数 $\alpha = 0.95$。则由式(10.61)，可得

$$0.9(\beta_c\beta_l f_c + 2\alpha\rho_v\beta_{cor}f_y)A_{ln}/\mathrm{N} =$$

$$0.9 \times (0.933 \times 1.323 \times 27.5 + 2 \times 0.95 \times 0.032 \times 1.181 \times 210) \times 40\ 048 =$$
$$1\ 766\ 978\ \mathrm{N} = 1\ 767\ \mathrm{kN} > F_l = 1\ 721.4\ \mathrm{kN}，满足要求。$$

10.4　预应力混凝土构件的基本构造要求

预应力混凝土构件的构造，是关系到构件设计能否实现的实际问题，因而预应力混凝土构件应根据其张拉工艺、锚固措施及预应力钢筋种类的不同，满足相应的构造要求。

10.4.1　先张法构件

1.预应力钢筋（丝）的配筋方式

当先张法预应力钢丝按单根方式配筋困难时，可采用相同直径钢丝并筋的配筋方式。并筋的等效直径，对双并筋应取为单筋直径的 1.4 倍，对三并筋应取为单筋直径的 1.7 倍。

当预应力钢绞线、热处理钢筋采用并筋方式时，应有可靠的构造措施。

2.预应力钢筋（丝）的净间距

先张法预应力钢筋之间的净间距应根据浇注混凝土、施加预应力及钢筋锚固等要求

确定。预应力钢筋之间的净间距不应小于其直径（或等效直径）的 1.5 倍，且应符合下列规定：对热处理钢筋及钢丝，不应小于 15 mm；对三股钢绞线，不应小于 20 mm；对七股钢绞线，不应小于 25 mm。

3.预应力钢筋的保护层

为保证钢筋与周围混凝土的粘结锚固，防止放松预应力钢筋时在构件端部沿预应力钢筋周围出现纵向裂缝，必须有一定的混凝土保护层厚度。纵向受力的预应力钢筋，其混凝土保护层厚度取值同普通钢筋混凝土构件，且不小于 15 mm。

对有防火要求、海水环境、受人为或自然的侵蚀性物质影响的环境中的建筑物，其混凝土保护层厚度尚应符合国家现行有关标准的要求。

4.构件端部的加强措施

(1) 对单根配置的预应力钢筋，其端部宜设置长度不小于 150 mm 且不少于 4 圈的螺旋筋；当有可靠经验时，亦可利用支座垫板上的插筋，但插筋数量不应少于 4 根，其长度不宜小于 120 mm。

(2) 对分散布置的多根预应力钢筋，在构件端部 $10d$（d 为预应力钢筋直径）范围内应设置 3～5 片与预应力钢筋垂直的钢筋网。

(3) 当构件端部与下部支承结构焊接时，应考虑混凝土收缩、徐变及温度变化所产生的不利影响，宜在构件端部可能产生裂缝的部位设置足够的非预应力纵向构造钢筋。

10.4.2 后张法构件

1.预留孔道的构造要求

后张法预应力钢丝束、钢绞线束的预留孔道应符合下列规定：

(1) 对预制构件，孔道之间的水平净间距不宜小于 50 mm；孔道至构件边缘的净间距不宜小于 30 mm，且不宜小于孔道直径的 1/2。

(2) 预留孔道的内径应比预应力钢丝束或钢绞线束外径及需穿过孔道的连接器外径大 10～15 mm。

(3) 在构件两端及中部应设置灌浆孔或排气孔，灌浆孔或排气孔孔距不宜大于 12 m。

(4) 凡制作时需要预先起拱的构件，预留孔道宜随构件同时起拱。

(5) 灌浆用的水泥浆宜采用不低于 425 号普通硅酸盐水泥配置的水泥浆，水泥浆应有足够的强度，较好的流动性、干缩性和泌水性；灌浆顺序宜先灌注下层孔道，再灌注上层孔道；对较大的孔道或预埋管孔道，宜采用二次灌浆法。

要求预留孔道位置应正确，孔道平顺，接头不漏浆，端部预埋钢板应垂直于孔道中心线等。

2.锚具

后张法预应力钢筋所用锚具的形式和质量应符合国家现行有关标准的规定。

3.构件端部的加强措施

(1) 构件端部尺寸应考虑锚具和布置、张拉设备的尺寸和局部受压的要求，必要时应适当加大。

（2）构件端部锚固区，应按10.4节的相关规定进行局部受压承载力计算，并配置间接钢筋。

（3）在预应力钢筋锚具下及张拉设备的支承处，应设置预埋钢垫板并按上述规定设置间接钢筋和附加构造钢筋。

（4）当构件在端部有局部凹进时，应增设折线构造钢筋或其他有效的构造钢筋，如图10.21所示。当有足够依据时，亦可采用其他的端部附加钢筋的配置方法。

（5）对外露金属锚具，应采取涂刷油漆、砂浆封闭等可靠的防锈措施。

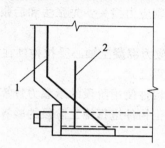

图 10.21　端部凹进处的构造钢筋
1— 折线构造钢筋；2— 竖向构造钢筋

小　结

1. 对混凝土构件施加预应力，是克服混凝土构件自重大、易开裂的最有效途径之一。与普通钢筋混凝土结构相比，预应力混凝土结构具有许多显著的优点，因而在目前的工程中正得到越来越广泛的应用。

2. 预应力损失是预应力混凝土结构中特有的现象。预应力混凝土构件中，引起预应力损失的因素较多，不同预应力损失出现的时刻和延续的时间受许多因素制约，给计算工作增加了复杂性。深刻认识预应力损失现象，把握其变化规律，对于理解预应力混凝土构件的设计计算十分重要。

3. 在施工阶段，预应力混凝土构件的计算分析是基于材料力学的分析方法，先张法构件和后张法构件采用不同的截面几何特征；在使用阶段，构件开裂前，材料力学的方法仍适用于预应力混凝土构件的分析，且先张法构件和后张法构件都采用换算截面进行。

4. 预应力混凝土轴心受拉构件的应力分析是预应力混凝土受弯构件应力分析的基础。预应力混凝土构件的承载力计算和正常使用极限状态验算都与钢筋混凝土构件有着密切的联系。

5. 与普通钢筋混凝土构件相比，预应力混凝土构件的计算较麻烦，构造较复杂，施工制作要求一定的机械设备与技术条件，这给预应力混凝土结构的广泛应用带来一定的限制。但随着高强度材料、现代设计方法和施工工艺的不断改进与完善，新型、高效预应力结构体系将在我国基本建设中发挥越来越大的作用。

练 习 题

1. 何谓预应力？为什么要对构件施加预应力？

2. 与普通钢筋混凝土构件相比，预应力混凝土构件有何优缺点？

3. 预应力混凝土构件对材料有何要求？为什么预应力混凝土构件所选用的材料都要求有较高的强度？

4. 什么是张拉控制应力？为什么对预应力钢筋的张拉应力要进行控制？

5. 预应力损失有哪些？如何减小各项预应力损失值？

6. 什么是第一批和第二批预应力损失？先张法和后张法构件各项预应力损失是怎样组合的？

7. 试述先张法、后张法预应力混凝土轴心受拉构件在施工阶段和使用阶段各自的应力变化过程及相应应力值的计算公式。

8. 预应力混凝土轴心受拉构件使用阶段的承载力计算和抗裂度验算的内容是什么？

9. 为什么要对预应力混凝土构件进行施工阶段的验算？对后张法构件如何进行构件端部锚固区局部受压验算？

10. 预应力混凝土构件的主要构造要求有哪些？

附　　录

附表 1　普通钢筋强度标准值

种类		符号	d/mm	$f_{yk}/(\text{N}\cdot\text{mm}^{-2})$
热轧钢筋	HPB300	φ	$8\sim20$	300
	HRB335(20MnSi)	$\underline{\Phi}$	$6\sim50$	335
	HRB400(20MnSiV、20MnSiNb、20MnTi)	$\underline{\Phi}$	$6\sim50$	400
	RRB400(K20MnSi)	$\underline{\Phi}^{R}$	$8\sim40$	400

注：① 热轧钢筋直径 d 系指公称直径；

　　② 当采用直径大于 40 mm 的钢筋时，应有可靠的工程经验。

附表 2　预应力钢筋强度标准值

种类		符号	d/mm	$f_{ptk}/(\text{N}\cdot\text{mm}^{-2})$
钢绞线	1×3	ϕ^{S}	8.6,10.8	1 860,1 720,1 570
			12.9	1 720,1 570
	1×7		9.5,11.1,12.7	1 860
			15.2	1 860,1 720
消除应力钢丝	光面	ϕ^{P}	4,5	1 770,1 670、1 570
	螺旋助	ϕ^{H}	6	1 670,1 570
			7,8,9	1 570
	刻痕	ϕ^{I}	5,7	1 570
热处理钢筋	40Si2Mn	ϕ^{HT}	6	1 470
	48Si2Mn		8.2	
	45Si2Cr		10	

注：① 钢绞线直径 d 系指钢绞线外接圆直径，即现行国家标准《预应力混凝土用钢绞线》(GB/T 5224) 中的公称直径 D_g，钢丝和热处理钢筋的直径 d 均指公称直径。

　　② 消除应力光面钢丝直径 d 为 $4\sim9$ mm，消除应力螺旋肋钢丝直径 d 为 $4\sim8$ mm。

附表 3　普通钢筋强度设计值

种类		符合	$f_y/(N \cdot mm^{-2})$
热轧钢筋	HPB300	φ	270
	HRB335(20MnSi)	$\underline{\Phi}$	300
	HRB400(20MnSiV, 20MnSib,20MnTi)	$\underline{\Phi}$	360
	RRB400(K20MnSi)	$\underline{\Phi}^R$	360

附表 4　预应力钢筋强度设计值(N/mm²)

种类		符号	f_{ptk}	f_{py}	f'_{py}
钢绞线	1×3	ϕ^S	1 860	1 320	
			1 720	1 220	390
			1 570	1 110	
	1×7		1 860	1 320	390
			1 720	1 220	
消除应力钢丝	光面	ϕ^P	1 770	1 250	
	螺旋肋	ϕ^H	1 670	1 180	410
			1 570	1 110	
	刻痕	ϕ^I	1 570	1 110	410
热处理钢筋	40Si2Mn	ϕ^{HT}	1 470	1 040	400
	48Si2Mn				
	45Si2Cr				

注:当预应力钢绞线、钢丝的强度标准值不符合附表 2 的规定时,其强度设计值应进行换算。

附表 5　钢筋弹性模量(×10⁵ N/mm²)

种类	E_s
HPB300 级钢筋	2.1
HRB335 级钢筋、HRB400 级钢筋、RRB400 级钢筋、热处理钢筋	2.0
消除应力钢丝(光面钢丝、螺旋肋钢丝、刻痕钢丝)	2.05
钢绞线	1.95

注:必要时钢绞线可采用实测的弹性模量。

附表 6　混凝土强度标准值(N/mm²)

强度种类	混凝土强度等级													
	C15	C20	C25	C30	C35	C40	C45	C50	C55	C60	C65	C70	C75	C80
f_{ck}	10.0	13.4	16.7	20.1	23.4	26.8	29.6	32.4	35.5	38.5	41.5	44.5	47.4	50.2
f_{tk}	1.27	1.54	1.78	2.01	2.20	2.39	2.51	2.64	2.74	2.85	2.93	2.99	3.05	3.11

附表 7　混凝土强度设计值(N/mm²)

强度种类	混凝土强度等级													
	C15	C20	C25	C30	C35	C40	C45	C50	C55	C60	C65	C70	C75	C80
f_c	7.2	9.6	11.9	14.3	16.7	19.1	21.1	23.1	25.3	27.5	29.7	31.8	33.8	35.9
f_t	0.91	1.10	1.27	1.43	1.57	1.71	1.80	1.89	1.96	2.04	2.09	2.14	2.18	2.22

附表 8　混凝土弹性模量(×10⁴N/mm²)

混凝土强度等级	C15	C20	C25	C30	C35	C40	C45	C50	C55	C60	C65	C70	C75	C80
E_c	2.20	2.55	2.80	3.00	3.15	3.25	3.35	3.45	3.55	3.60	3.65	3.70	3.75	3.80

附表 9　纵向受力钢筋的混凝土保护层最小厚度(mm)

环境类型		板、墙、壳	梁	柱
一		15	20	20
二	a	20	25	25
	b	25	35	35
三		30	40	40

注:① 基础中纵向受力钢筋的混凝土保护层厚度不应小于 40 mm;当无垫层时不应小于 70 mm。

② 混凝土强度等级不大于 C25 时,表中保护层厚度数值应增加 57 mm。

附表 10　钢筋的计算截面面积及公称质量表

直径 d/mm	不同根数钢筋的计算截面面积 /mm²									单根钢筋公称质量/(kg·m⁻¹)
	1	2	3	4	5	6	7	8	9	
2.5	4.9	9.8	14.7	19.6	24.5	29.4	34.3	39.2	44.1	0.039
3	7.1	14.1	21.2	20.3	35.3	42.4	49.3	56.5	63.6	0.055
4	12.6	25.1	37.7	50.2	62.8	75.4	87.9	100.5	113	0.099
5	19.6	39	59	79	98	118	138	157	177	0.154
6	28.3	57	85	113	142	170	198	226	255	0.222
6.5	33.2	66	100	133	166	199	232	265	299	0.260
8	50.3	101	151	201	252	302	352	402	453	0.395
8.2	52.8	106	158	211	264	317	370	423	475	0.432
10	78.5	157	236	314	393	471	550	628	707	0.617
12	113.1	226	339	452	565	678	791	904	1 017	0.888
14	153.9	308	461	615	769	923	1 077	1 230	1 387	1.21
16	201.1	402	603	804	1 005	1 206	1 407	1 608	1 809	1.58
18	254.5	509	763	1 017	1 272	1 526	1 780	2 036	2 290	2.00
20	314.2	628	941	1 256	1 570	1 884	2 200	2 513	2 827	2.47
22	380.1	760	1 140	1 520	1 900	2 281	2 661	3 041	3 421	2.98
25	490.9	982	1 473	1 964	2 454	2 945	3 436	3 927	4 418	3.85
28	615.3	1 232	1 847	2 463	3 079	3 695	4 310	4 926	5 542	4.83
32	804.3	1 609	2 418	3 217	4 021	4 826	5 630	6 434	7 238	6.31
36	1 017.9	2 036	3 054	4 072	5 089	6 107	7 125	8 143	9 161	7.99
40	1 256	2 513	3 770	5 027	6 283	7 540	8 796	10 053	11 310	9.87

附表 11　钢筋混凝土板每米宽的钢筋面积表(mm²)

钢筋间距 /mm	钢筋直径 /mm												
	3	4	5	6	6/8	8	8/10	10	10/12	12	12/14	14
70	101	179	281	404	561	719	920	1 121	1 369	1 616	1 907	2 199
75	94.3	167	262	377	524	671	859	1 047	1 277	1 508	1 780	2 052
80	88.4	157	245	354	491	629	805	981	1 198	1 414	1 669	1 924
85	83.2	148	231	333	462	592	758	924	1 127	1 331	1 571	1 811
90	78.5	140	218	314	437	559	716	872	1 064	1 257	1 483	1 710
95	74.5	132	207	298	414	529	678	826	1 008	1 190	1 405	1 620
100	70.6	126	196	283	393	503	644	785	958	1 131	1 335	1 539
110	64.2	114	178	257	357	457	585	714	871	1 028	1 214	1 399
120	58.9	105	163	236	327	419	537	654	798	942	1 113	1 283
125	56.5	100	157	226	314	402	515	628	766	905	1 068	1 231
130	54.4	96.6	151	218	302	387	495	604	737	870	1 027	1 184
140	50.5	89.7	140	202	281	359	460	561	684	808	954	1 099
150	47.1	83.8	131	189	262	335	429	523	639	754	890	1 026
160	44.1	78.5	123	177	246	314	403	491	599	707	834	962
170	41.5	73.9	115	166	231	296	379	462	564	665	785	905
180	39.2	69.8	109	157	218	279	358	436	532	628	742	855
190	37.2	66.1	103	149	207	265	339	413	504	595	703	810
200	35.3	62.8	98.2	141	196	251	322	393	479	565	668	770
220	32.1	57.1	89.3	129	179	229	293	357	435	514	607	700
240	29.4	52.4	81.9	118	164	210	268	327	399	471	556	641
250	28.3	50.2	78.5	113	157	201	258	314	383	451	534	616
260	27.2	48.3	75.5	109	151	193	248	302	369	435	513	592
280	25.2	44.9	70.1	101	140	180	230	280	342	404	477	555
300	23.6	41.9	65.5	94	131	168	215	262	319	377	445	513
320	22.1	39.2	61.4	88	123	157	201	245	299	353	417	481

参考文献

[1] 中华人民共和国国家标准. GB 50010—2010 混凝土结构设计规范[M]. 北京:中国建筑工业出版社,2010.

[2] 中华人民共和国国家标准. GB 50009—2012 建筑结构荷载规范[M]. 北京:中国建筑工业出版社,2010.

[3] 中华人民共和国国家标准. GB 50068—2001 建筑结构可靠度设计统一标准[M]. 北京:中国建筑工业出版社,2002.

[4] 东南大学,同济大学,天津大学. 混凝土结构(上册)[M]. 北京:中国建筑工业出版社,2008.

[5] 哈尔滨工业大学,大连理工大学,等. 混凝土及砌体结构(上册)[M]. 北京:中国建筑工业出版社,2002.

[6] 马利耕. 钢筋混凝土及砌体结构(上册)[M]. 哈尔滨:哈尔滨工业大学出版社,2007.

[7] 汪霖祥. 钢筋混凝土结构及砌体结构[M]. 北京:机械工业出版社,2001.

[8] 滕智明,朱金铨. 混凝土结构及砌体结构[M]. 北京:中国建筑工业出版社,1994.

[9] 滕智明,张惠英. 混凝土结构及砌体结构(上册)[M]. 北京:中央广播电视大学出版社,1995.

[10] 沈蒲生,罗国强. 混凝土结构(上册)[M]. 武汉:武汉工业大学出版社,1994.

[11] 侯治国,杨锡琪. 钢筋混凝土结构[M]. 北京:冶金工业出版社,1996.

[12] 滕智明. 混凝土结构及砌体结构学习指导[M]. 北京:清华大学出版社,1994.

[13] 同济大学混凝土结构研究室. 混凝土结构基本原理[M]. 1 版. 北京:中国建筑工业出版社,2000.

[14] 杨鼎久. 建筑结构[M]. 北京:机械工业出版社,2008.

[15] 程文瓖,康谷贻,颜德姐. 混凝土结构(上册)[M]. 北京:中国建筑工业出版社,2001.

[16] 中国机械工业教育协会. 钢筋混凝土及砌体结构[M]. 北京:机械工业出版社,2001.

[17] 吕志涛,孟少平. 现代预应力设计[M]. 1 版. 北京:中国建筑工业出版社,1998.